DUOKONG NAMI CAILIAO JIQI YINGYONG

多孔纳米材料及其应用

李雪梅　著

化学工业出版社

·北京·

内容提要

全书围绕无机和有机多孔纳米材料的合成、表征及应用展开。内容涵盖磁性介孔二氧化硅吸附去除水中铜离子、可回收的磁性核壳结构亚硝酸盐荧光传感纳米材料研究、利用罗丹明分子功能化核壳结构纳米材料实现亚硝酸盐光学传感、罗丹明衍生物修饰的MOF对炭疽生物指示剂的比色荧光传感响应、介孔二氧化硅/聚吡咯纳米材料修饰微生物燃料电池阳极、磁性核壳Fe_3O_4@MCM-41/多壁碳纳米管复合材料修饰微生物燃料电池阳极性能研究、Fe_3O_4@SiO_2/多壁碳纳米管/聚吡咯修饰阳极的微生物燃料电池-人工湿地系统研究。理论新颖，内容全面，为多孔纳米材料的应用提供一定的理论指导。

本书可供从事纳米复合材料、污染物检测与处理、微生物燃料电池及相关交叉学科研究的人员参考使用。

图书在版编目（CIP）数据

多孔纳米材料及其应用/李雪梅著. —北京：化学工业出版社，2020.8（2021.2重印）

ISBN 978-7-122-36836-2

Ⅰ.①多… Ⅱ.①李… Ⅲ.①多孔性材料-纳米材料-研究 Ⅳ.①TB383

中国版本图书馆CIP数据核字（2020）第080158号

责任编辑：金林茹 张兴辉　　文字编辑：林 丹 段曰超
责任校对：宋 夏　　装帧设计：王晓宇

出版发行：化学工业出版社(北京市东城区青年湖南街13号 邮政编码100011)
印 装：北京七彩京通数码快印有限公司
710mm×1000mm 1/16 印张11½ 字数206千字 2021年2月北京第1版第3次印刷

购书咨询：010-64518888　　售后服务：010-64518899
网 址：http://www.cip.com.cn
凡购买本书，如有缺损质量问题，本社销售中心负责调换。

定 价：79.00元

前言

纳米多孔材料在原子、分子和纳米尺度上存在着可控尺度的空隙，具有重要的科研意义和应用价值。在过去十年中，有关纳米多孔材料的合成、表征、功能化、分子建模和设计等的研究成果不断增多。生物传感器、药物传递、气体分离、能量存储和燃料电池技术、纳米催化和光子学等新兴应用的迅速发展也推动了这一领域的研究工作。

在人类生产生活中，许多有害物质会通过多种渠道进入生态系统。这些物质在复杂的生化体系中扮演重要的角色，但有些情况可能会危及生命，因此检测以及去除这些有害物质具有重要意义。本书围绕亚硝酸盐和炭疽孢子标志物的检测、铜离子的去除以及微生物燃料电池废水处理等内容开展。

本书是详细介绍纳米多孔材料合成、表征及应用的学术专著。全书共分8章，第1章概述了多孔纳米材料及相关领域的研究背景。第2章研究了磁性介孔二氧化硅的合成、表征及应用。第3章设计并合成了磁性核壳结构的亚硝酸根离子传感纳米复合材料。第4章重点合成了两个可回收的由磁性导向元件、二氧化硅分子筛支撑基质和罗丹明衍生物化学传感器组合而成的亚硝酸盐传感纳米材料。第 5 章研究了一种用于炭疽孢子标志物 DPA 光学传感的复合荧光传感器，以 Eu（Ⅲ）掺杂金属-有机骨架（MOF）作为支撑晶格，罗丹明衍生染料作为传感探针。第 6 章提供了一种应用于微生物燃料电池（MFC）的介孔二氧化硅/聚吡咯修饰石墨毡电极。第 7 章制备了 Fe_3O_4@MCM-41/MWCNT 纳米复合材料修饰 MFC 石墨毡阳极，研究了纳米材料对阳极性能的改性以及对 MFC 功率密度和污水处理能力的影响。第 8 章主要研究了微生物燃料电池阳极的 Fe_3O_4@SiO_2/MWCNT/PPy 纳米材料修饰优化对提高 MFC 功率密度的影响，并且进一步将 MFC 与人工湿地结合提高废水处理能力。

本书得以完成要感谢在实验和数据处理过程中提供帮助的各位老师和同学，在此对邵媛媛、马永山、朱艳艳、姜天翼、魏小锋、贾祥凤等老师，王雅楼、韩泰森等同学表示深深的谢意。

本书中论述不完善或疏漏之处，恳请同行专家和读者批评指正。

著者

目录

第1章

绪论

1.1 概述

新材料或先进材料，是指最新发展起来或正在发展之中的、具有特殊功能和效用的材料。高技术新材料，是指当今高技术时代发展起来的、具有传统材料无法比拟的完全新的特点功能，或具有明显优异性能的新材料[1]。纳米材料作为纳米科技的一个重要研究发展方向，近年来已经成为材料科学与工程研究的热点，并辐射到凝聚态物理、信息科学、化学、生物学、环境科学等诸多领域。它的迅猛发展势必对人类科学技术的进步产生深远的影响[2]。

纳米材料的基本特性包括：量子尺寸效应；表面效应；小尺寸效应；宏观量子隧道效应。除了以上的“四大效应”，纳米材料还有许多其他相关特性[3]。

纳米粒子在制备、储存及使用过程中，由于其比表面积大、表面能高，因此极易发生团聚或与其他物质吸附，进而丧失纳米粒子的优异特性，导致实际使用性能不佳。所以随着材料性能指标的逐渐攀升，科研人员对复合型纳米功能材料的探索也在不断地深入和拓展[4]。复合材料最大的优势是将个体材料既完美地结合在一起，又相对独立地保持了各自的功能结构或特性，可以实现更加优异的理化性质。人们可以通过控制颗粒尺寸、组成、结构而获得具有优异的光学、电学、磁学、力学、化学性能的新型纳米颗粒，核壳结构的纳米复合颗粒（core-shell nanoparticles，CSNs）就是其中之一。因为这类纳米复合颗粒应用领域广泛，如作为光子晶体、高性能催化剂、药物载体与靶向释放、微电子器件等基础建构单元，正日益受到高度重视[5]。

在各种人类生产生活中，许多有害物质会通过多种渠道进入生态系统。这些物质虽然结构简单，却在复杂的生化体系中扮演至关重要的角色甚至危及生命，因此检测以及去除这些有害物质具有重大意义。

微量的铜、硒、锌等元素对维持人体的新陈代谢至关重要。然而，在高剂量的情况下，它们会伤害身体健康。摄入过多的铜可能导致胃肠道疾病，如恶心、胃痛、抑郁、肺癌、抽搐甚至死亡。此外，某些有毒金属离子被广泛用于各种工业的原料或添加剂（金属加工、颜料工业、化肥和木材制造业），因此被认为是最危险的污染物。铜是工业生产中应用较为广泛且具有回收价值的一种重金属，探究废水中铜的有效处理和回收显得尤为重要。目前治理含铜废水的方法主要有物理吸附法、化学沉淀法、离子交换法、电解法、膜分离法等[6]。其中，物理吸附法因有高效、经济、绿色等优点而被广泛应用[7,8]。传统吸附剂普遍存在再生成本高、使用寿命短、难以回收重金属资源等问题，尤其是 Cu^{2+} 浓度非常低时，宏观的吸附界面往往难以将极微量金属离子短时间内有效去除[9]。因此，制备高效率、低成本、易于回收的新型吸附剂具有重要意义。磁性吸附材料可用于重金属离子的吸附去除，并且材料可回收。

亚硝酸盐（NO_2^-）是餐桌上最重要的污染物之一，在餐饮行业繁荣发展的今天引起人们的日益关注。加之过量的亚硝酸盐也会危害生态环境的平衡，因此精确测量 NO_2^- 含量无论在食品安全还是环境监督方面都在扮演重要角色。罗丹明衍生物作为测定亚硝酸盐的传感探针，具有特异性好、灵敏度高的优点，被广泛应用于水和食品中 NO_2^- 的测定[10]。然而纯有机荧光探针分子的性质单一，将其与纳米材料相结合可以使材料兼具发光、磁性、传感等多种功能。

炭疽孢子是一种潜在的生化武器，通常人体染病后，需要在24～48h内及时就医[11]。因此，对其精确灵敏检测有益于预防生物恐怖袭击和疾病。目前的荧光方法大多是检测细菌孢子的主要标记物2,6-吡啶二羧酸钙（CaDPA）。然而大多数荧光分析方法都是采用单一发光强度的变化，大大限制了检测的精确度。若将比率型荧光传感纳米材料引入细菌孢子的检测中，可以有效避免上述限制[12]。

微生物燃料电池（MFC）是一种很有前途的绿色能源，在细菌作为催化剂的帮助下，从有机废物中产生电能。它通过生物电化学反应将有机废物中的化学能转化为电能[13,14]。MFC包括一个生物阳极，微生物在该生物阳极中将有机废物分解成小分子，同时产生电子和质子。由此产生的电子从微生物转移到阳极，并进一步通过外部电路到达阴极，在那里与电子受体结合。同时，质子通过质子交换膜（PEM）从阳极迁移到阴极，完成整个电路。这是MFC的基本工作机理，它既能产生电能，又能同时清除有机废物[15,16]。MFC在废水处理等方面具有潜在的巨大应用价值。但是微生物燃料电池的输出功率密度偏低，限制了其大规模的实际应用。电极材料的选择对输出功率的大小有着决定性的影响；产电微生物附着在阳极上，阳极不仅影响着产电微生物的附着量，还影响着电子从微生物向阳极的传递效率。因此，一个高效能的阳极材料对于提高微生物燃料电池的功率输出起着十分重要的作用。选作阳极的电极材料一般为吸附性强、电导率高、比表面积大、无腐蚀性、生物兼容性好的材料，如多孔碳材料、石墨基材料。目前对阳极材料的修饰、改性是研究的热点之一。通过纳米复合材料对MFC阳极的修饰，可以达到提高其功率密度，增加废水处理能力的目的。

基于上述背景，本书主要介绍以下内容：纳米复合材料构建荧光传感器实现亚硝酸盐和炭疽孢子标志物的检测；用核壳结构磁性材料去除铜离子；利用纳米复合材料进行微生物燃料电池的阳极修饰，提高微生物燃料电池功率密度和废水处理能力。下面首先介绍纳米多孔材料及其相关领域的应用背景。

1.2 纳米多孔材料研究现状

纳米多孔材料一般指孔道大小为0.2～50nm的多孔材料，包括微孔和介孔材料。因具有多孔的特性，长期以来受到研究人员的关注。按照成分的区别，能够将纳米多孔材料划分为三类：①由无机结构单元组成的无机纳米孔材料，如沸石和分子筛[17,18]；②由无机和有机杂化组成的有机-无机纳米孔材料，如金属有机骨架材料（MOF）和多孔配位聚合物材料[19,20]；③由纯有机单元组成的有机共价多孔材料[21]。然而单一功能的纳米孔材料仍然无法满足现今复杂多样的检测体系要求，具有多种特性的复合纳米多孔材料越来越受到研究人员的青睐。另外，将具有其他功能特性的材料与具有多孔结构的纳米孔材料相结合制备出的传感材料，不仅能够有效提升材料的传感性能，更有利于开发可实际应用的便携传感器件。下面主要介绍纳米磁性介孔材料和金属有机骨架材料（MOF）。

1.2.1 纳米磁性介孔材料研究背景

各国研究人员对于磁性材料的研究可谓渗透到每一个领域：催化剂、核磁成像、药物载体等[22～24]。磁性纳米粒子（如 Fe_3O_4）由于独特的磁响应性在分离纯化、催化、传感、载药、核磁成像等领域都有着潜在的应用价值。介孔二氧化硅（SiO_2）具备有序的介孔结构、比表面积大、易于化学修饰以及良好的生物相容性，在复合传感材料的应用上潜力无限。使用 SiO_2 对 Fe_3O_4 表面进行修饰和包裹具有以下几点优势：首先，无孔 SiO_2 能够有效阻止 Fe_3O_4 泄漏和团聚；其次，由于 SiO_2 生物相容性好并含有大量高反应活性的官能团，可以根据实际需要在复合微球的表面进一步进行特异性修饰；再次，SiO_2 良好的化学稳定性，能够保护内核不受外界环境影响；最后，介孔的 SiO_2 孔道可以提供大量的反应场所，并能够快速吸附待测物质，实现预富集待分析物、降低检测下限的目的[25]。

1.2.1.1 纳米磁性介孔材料的制备

目前，用来制备磁性介孔材料的途径多种多样，本书主要介绍两种最常见的用于制备磁性介孔二氧化硅的方法，即Stöber水解法以及反相微乳液法。

Stöber 水解法是指在氨水存在的碱性条件下，将 Fe_3O_4 均匀分散在水和乙醇中，逐滴滴加正硅酸乙酯（TEOS）进行水解，即可在 Fe_3O_4 表面生成的 SiO_2。这种方法在 2004 年由 Wu 等人首次报道，他们采用溶胶-凝胶法将介孔 SiO_2 薄层覆盖到已经包覆无孔 SiO_2 的 Fe_3O_4 纳米粒子上，如图 1.1 所示[26]。虽然这种复合材料的形状还不是很规则，但是为以后制备具有磁性和介孔特点的复合纳米材料奠定了基础。

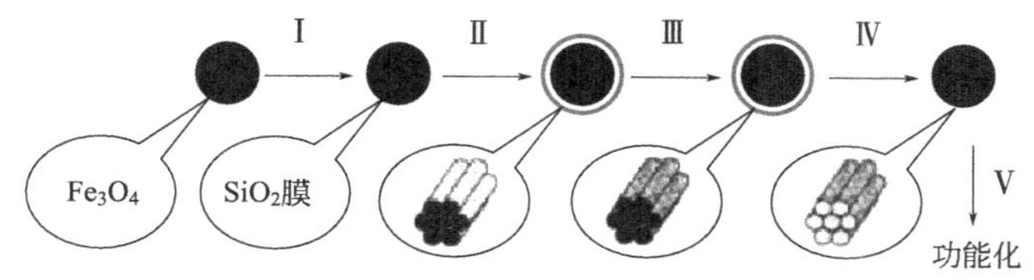

图 1.1 磁性介孔二氧化硅制备示意图

文献［27］介绍了利用水热法制备的 Fe_3O_4 为核，TEOS 为硅源，CTAB 作模板剂，采取 Stöber 水解法获得具有独特垂直于表面的开放式孔道结构磁性介孔材料，如图 1.2 所示。我们将这种方法进行了改进，在实验中也得到了相同的结构。

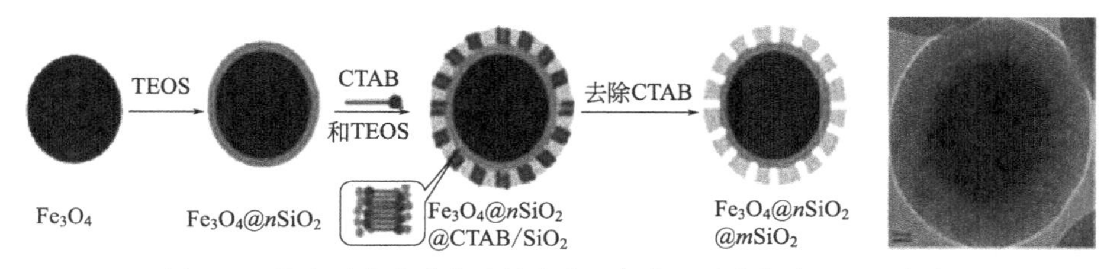

图 1.2 具有垂直孔道的磁性介孔二氧化硅纳米复合材料的制备

文献［28］介绍了一种各向异性（Janus）磁性介孔材料的生长方法。她选择 Fe_3O_4 作为内核，控制反应时间和用量等因素，可以制备出尺寸和形状在纳米尺度上精确可控的 Janus 磁性介孔纳米粒子复合材料。通过调节 TEOS 和 Fe_3O_4 的摩尔比还可得到不同长径比的 Janus 磁性粒子，如图 1.3 所示。

反相微乳液法也能获得磁性介孔材料[29]。将 Fe_3O_4 均匀分散在水中，加入表面活性剂和油相溶剂等，超声混合分散均匀，再加入氨水和 TEOS 强力机械搅拌一段时间后即可生成核壳型 Fe_3O_4-SiO_2 材料。Kim 和 Hyeon 等将用水合肼为沉淀剂制备的 Fe_3O_4 纳米粒子均匀分散于微乳液的反应器中，碱性条件加 TEOS，水与油相界面能够发生水解反应，制备出单分散的核壳型磁性复合材料[30]。

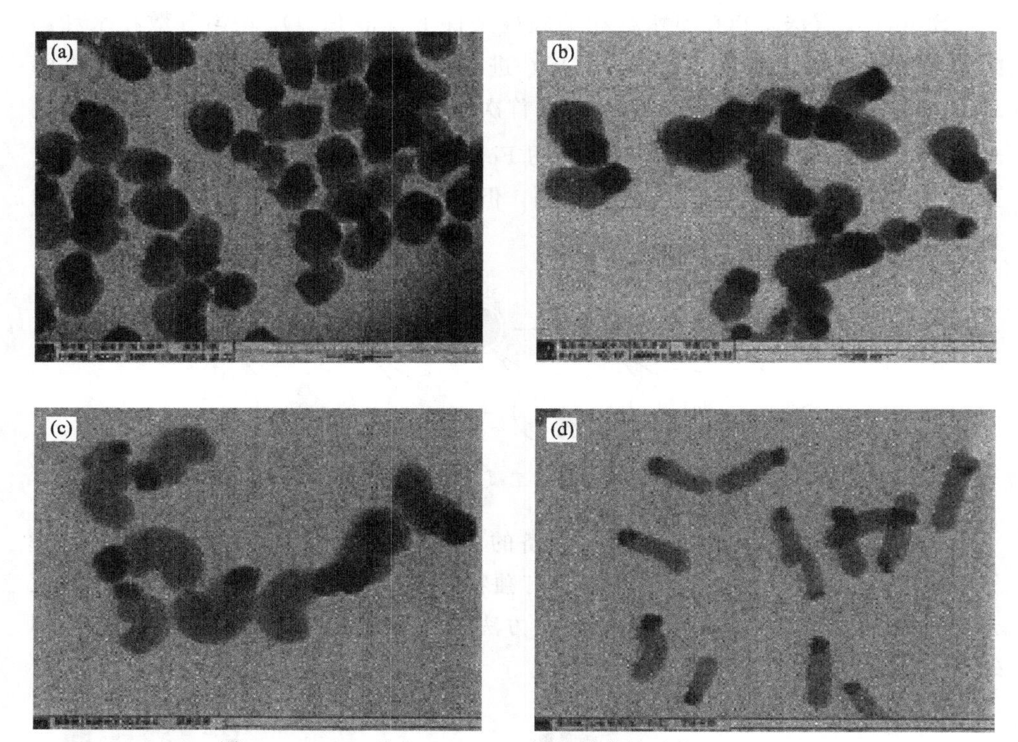

图 1.3 Janus 型 Fe_3O_4-SiO_2 棒状纳米粒子的 TEM 照片

1.2.1.2 纳米磁性介孔材料在重金属离子检测及分离去除方面的应用

近年来，各种工业活动的废水排放，释放出大量的重金属污染物，如 Cd^{2+}、Ni^{2+}、Cu^{2+}、Pb^{2+} 等，已经成为主要的环境问题之一。这些废水中的重金属污染物是不可生物降解的，很容易通过食物链在生物体内积累。大多数重金属都是有毒的，它们可能会对组织和器官造成危害，甚至在低浓度下也会导致畸形和癌变，对人体健康、动植物和城市生态系统构成严重威胁。因此重金属离子的检测与分离去除变得越来越重要。

由于磁性介孔材料的诸多优点，将对特定分析物具有识别功能的荧光探针分子连接到磁性纳米粒子上，能够获得具备磁性富集、分离和特异性识别功能的多功能复合材料。

磁性介孔材料用作荧光传感，不仅可以提高材料的传感性质，还能够重复利用。Sun 等[31] 合成的卟啉功能化的 $Fe_3O_4@SiO_2$ 磁性微球，展示出对 Hg^{2+} 的超灵敏特异性检测。在加入 Hg^{2+} 后，溶液的颜色在 1min 内由红色变为绿色，且荧光强度发生明显的猝灭。这种现象在平行试验的其他金属离子样品中并未发现，如图 1.4 所示。这种材料后期可以通过磁场分离移除，经过 EDTA 的处理后可重复使用，是一种潜在的环保检测材料。

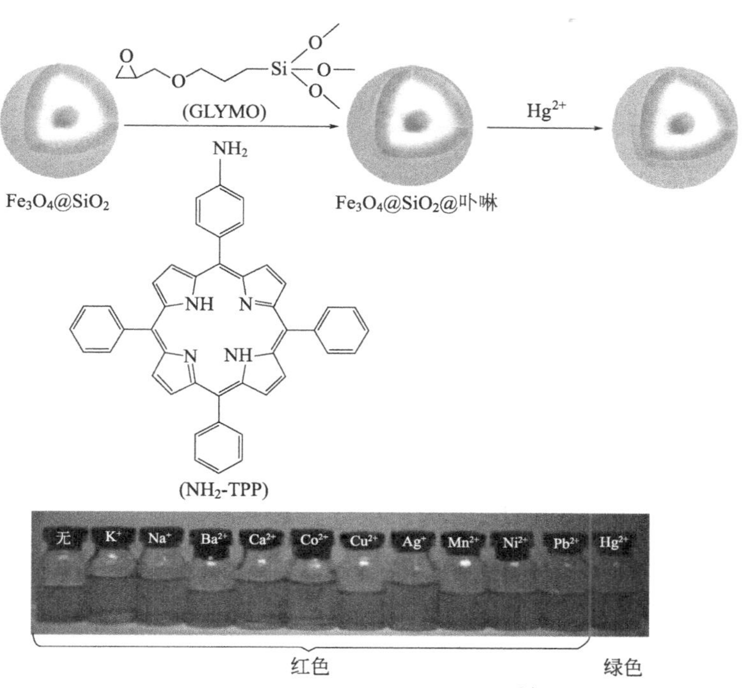

图 1.4　卟啉功能化的 $Fe_3O_4@SiO_2$ 对 Hg^{2+} 的比色传感

Qiu 等[32] 报道了一种新型的磁性纳米粒子 SDMA，能够选择性识别和移除水中的铜离子。如图 1.5 所示，该材料展示出良好的超顺磁性和吸附性质，吸附移除效率为 80%，平衡时间为 20min。如图 1.6 所示，Lu 等[33] 制备了一种 FRET 比率型传感材料，用来检测 Cu^{2+}。他们将双烷基化的蒽类材料与荧光素衍生物分别作为信号参比单元和识别基团，组成一对给受体 FRET 能量传递体系。传统的 FRET 型比率传感器需要将能量给体和受体共价嫁接到一起实现有效的能量传递过程，而文献［33］却无须共价连接，因为纳米级别的介孔环境（4.5nm）提供了更近的能量传递距离。Fe_3O_4 内核使得材料能够循环使用。

磁性纳米材料吸附法因其良好的选择性和去除速率快，在去除水中的重金属离子方面得到广泛研究。理想的吸附剂应具有以下特征：对重金属离子具有强亲和力；比表面积大；有大量活性位点；易于回收且再循环成本低等。磁性的米粒子由于其比表面积大和改性后具有的特殊表面性质，重金属的去除机理包括还原作用、螯合、离子交换、表面配位和静电吸引力等。

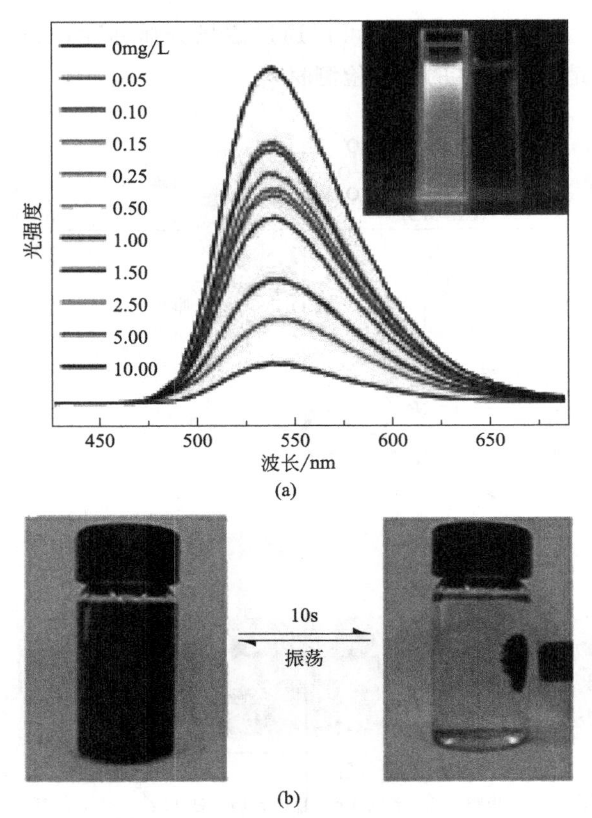

图 1.5　磁性介孔材料对铜离子的传感光谱及荧光照片（a）及材料磁性分离照片（b）

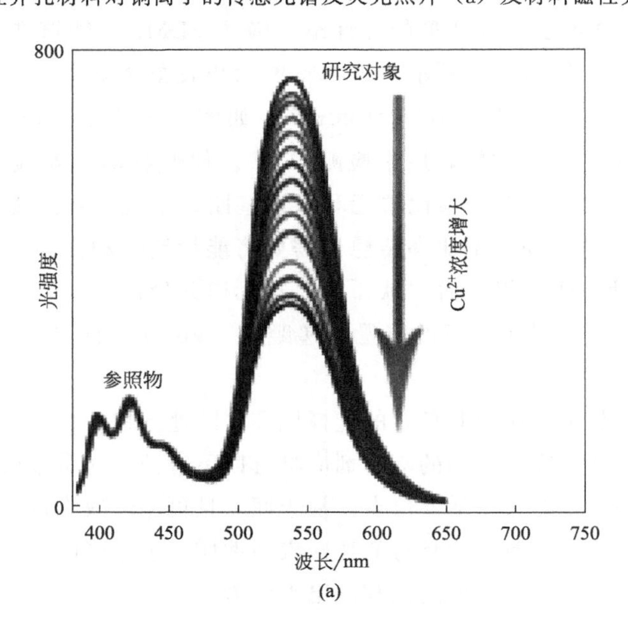

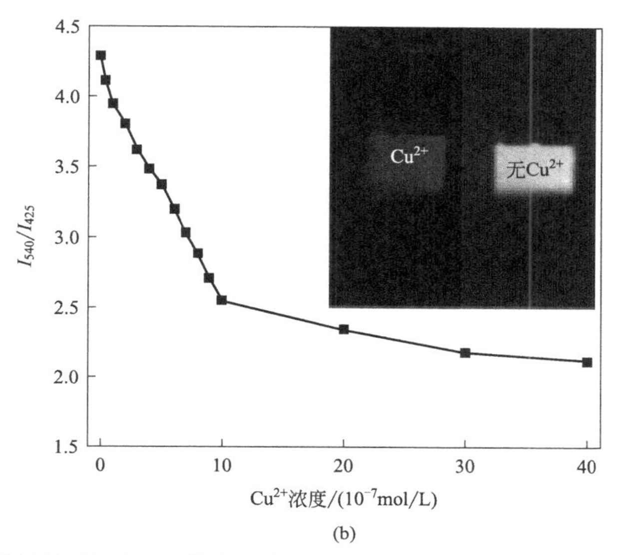

(b)

图 1.6 磁性介孔材料对铜离子的传感光谱（a）、浓度与荧光强度比值关系及荧光照片（b）

具有超顺磁性的 Fe_3O_4 在外加磁场作用下展示出随磁场富集的性质，而介孔结构又具备优良的吸附功能，因此磁性介孔材料可以作为分离提纯材料。利用有机官能团修饰过的磁性介孔材料可以对重金属离子进行简单、快速、有效地分离。Guo 等人[34] 报道了具有汞离子选择性的磁性介孔材料吸附和分离处理污水的例子。

增加功能化的涂层和对磁性纳米粒子进行改性是减少其在废水中附聚，增加其对重金属吸附亲和力的有效方法[35]。经二氧化硅涂覆、沸石包裹的磁性纳米吸附剂对水溶液中 Pb^{2+} 和 Cu^{2+} 的吸附性能明显上升，该吸附剂保留了沸石的高吸附性能，降低了纳米颗粒的团聚现象，还可通过外加磁场有效分离[36]。研究发现，利用膨润土与磁性纳米粒子结合可有效增加吸附剂的比表面积，其表面丰富的羟基活性位点可与砷离子和铜离子发生配位作用，使其在短时间内从水溶液中快速移动到吸附剂上，从而达到去除的目的[37]。大量研究表明，氨基、羧基和硫醇基等官能团对吸附性能有主要影响。磁性纳米材料表面含氧官能团和 H_2O 中的氢可与金属离子形成稳定的表面络合物，这在吸附过程中起重要作用[35]。由高分子聚合物腐殖酸（HA）涂覆的 Fe_3O_4 纳米粒子（Fe_3O_4/HA）在天然水和酸、碱溶液中都具有良好的稳定性。HA 具有与羧酸、酚羟基和醌官能团相连的烷基和芳香单元骨架，主要是通过含 O 和 N 的官能团与重金属发生配位作用，从而有效去除多种重金属[38]。聚吡咯（Ppy）具有良好的氧化还原和离子交换性能，研究表明，具有核壳结构的 Ppy@MNP 在离子交换、还原与吸附共同作用下可选择性去除 97%的 Cr^{6+}[39]。同样，具有核壳结构的新型功能化磁体邻苯二甲酸二辛基三乙烯四胺磁性纳米颗粒（DOP-TETAMNP）可有效去除锌离子，吸附剂与位于 TETA 分子结构内的 4 个供氮原子直接形成络合物，同时因其表面存在大量羟基和羰基，可与锌离子进行阳离子交换作用[40]。此外，具有核壳结构的壳聚糖壳表面含有丰富的氨基和羟基，能与重金属形成稳定的螯合物，可选择性吸附废水中的重金属离子，且磁性的引入使磁性壳聚糖纳米材料具有更好的固液分离能力[41,42]。壳聚糖可以通过氨基葡萄糖上的酰胺基螯合作用吸附重金属离子[43]。有学者制备了介孔材料磁性壳聚糖纳米颗粒（Fe_3O_4-CSN），能有效去除摄影、玻璃、橡胶、珠宝、制药等工业废水中的有毒金属钒和钯[44]。

近年来，各种官能团被固定在 Fe_3O_4@SiO_2 复合材料表面以改善其吸附性能，其中包括 EDTA 改性 Fe_3O_4@SiO_2[45]、二巯基琥珀酸修饰的 Fe_3O_4@SiO_2[46] 和（3-氨丙基）三甲氧基硅烷改性 Fe_3O_4@SiO_2[47]。聚乙烯亚胺（PEI）是一种亲水聚合物，由于其结构中含有丰富的功能氨基团，因此常被用于改善材料吸附金属离子的性能[48]。PEI 通常被嫁接到其他基质上，如不溶性聚合物、生物质和纤维素，以防止其在吸附过程中从基质表面解离；它还被用于构建重金属离子去除环境应用的磁性混合纳米材料。如图 1.7 和图 1.8 所示，Jia 等人[49] 将一种胺和

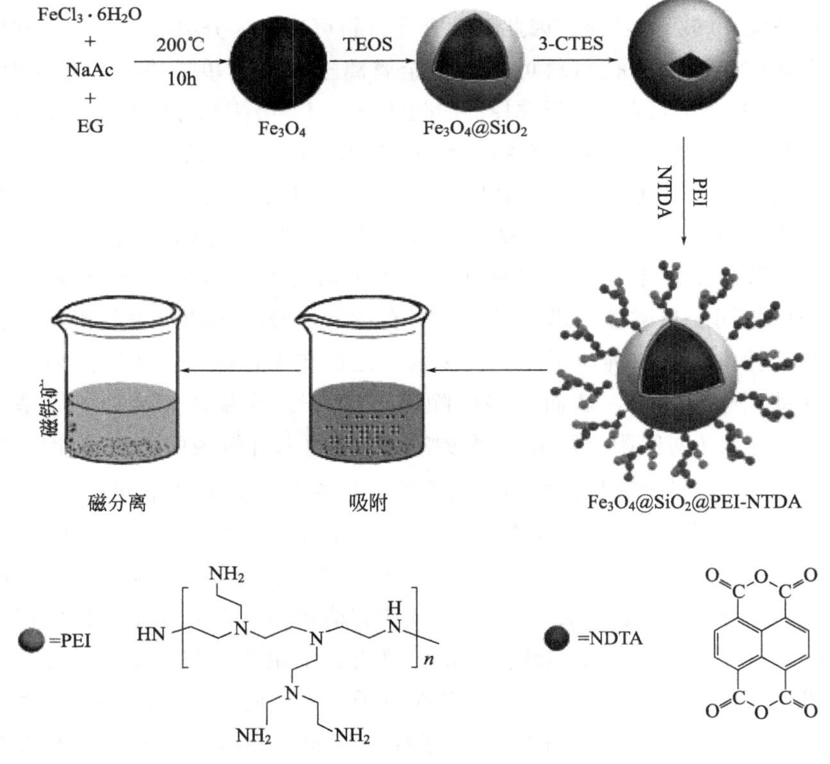

图 1.7　Fe_3O_4@SiO_2@PEI-NTDA NPs 合成工艺及在 Pb^{2+} 去除中的应用

酸酐固定在磁性 Fe_3O_4@SiO_2 纳米颗粒上，用聚乙烯亚胺（PEI）和1,4,5,8-萘甲酸二酐（NTDA）分别从水溶液中去除重金属离子，制备了一种新型吸附剂 Fe_3O_4@SiO_2@PEI-NTDA。Karami 等人[50] 利用 Fe_3O_4@SiO_2@纤维素与甲基丙烯酸缩水甘油酯（GMA）和乙二胺（EDA）的功能化反应制备可磁分离的有机-无机杂化纳米吸附剂（图1.9），并研究了此材料对重金属离子的去除作用。田庆华等人[51] 探究了2,3-二巯基丁二酸（DMSA）改性的 Fe_3O_4@SiO_2 核壳结构纳米复合材料（Fe_3O_4@SiO_2@DMSA）对水溶液中 Pb^{2+} 的去除效果，考察了溶液 pH、初始 Pb^{2+} 浓度、吸附时间、温度对 Pb^{2+} 吸附量的影响。师兰等[52] 采用三步法成功制备了透明质酸（HA）功能化的磁性纳米粒子（Fe_3O_4@SiO_2-HA），并首次用于铜离子的吸附研究。

元素	质量分数/%	原子分数/%
C	23.55	37.66
N	2.35	3.22
O	36.27	43.56
Si	7.50	5.13
Fe	30.33	10.43

图1.8 Fe_3O_4、Fe_3O_4@SiO_2、Fe_3O_4@SiO_2@PEI-NTDA NPs 的 SEM［(a)～(c)］、TEM 图像［(d)～(f)］及 Fe_3O_4@SiO_2@PEI-NTDA 的 EDXS 分析［(g)(h)］

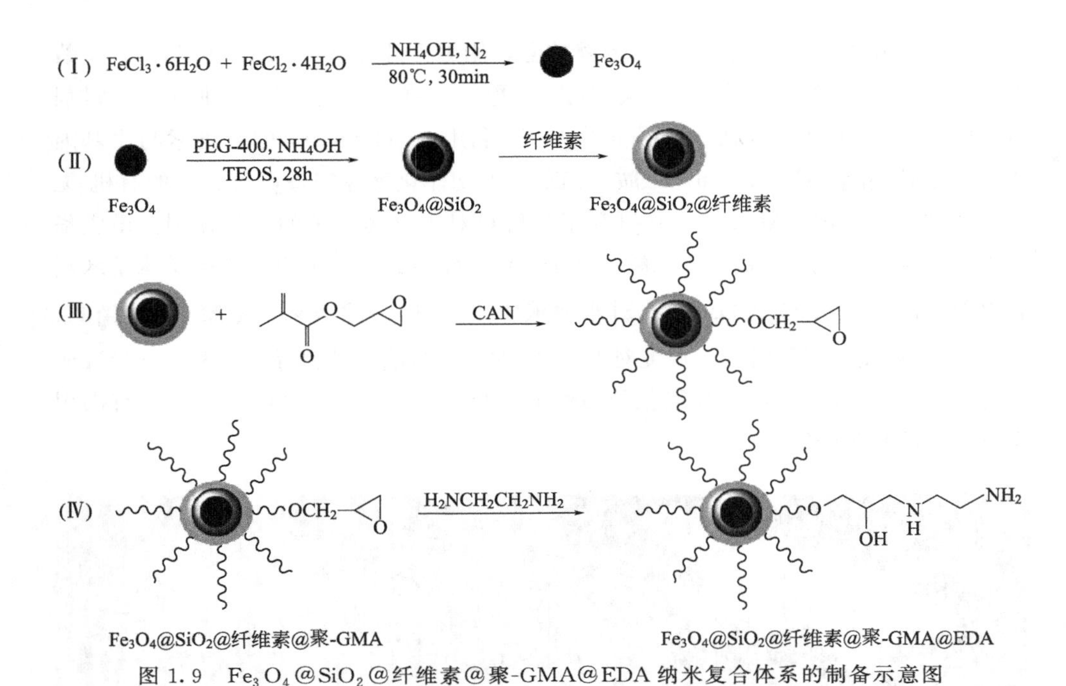

图 1.9　Fe_3O_4@SiO_2@纤维素@聚-GMA@EDA 纳米复合体系的制备示意图

1.2.2　金属有机骨架材料（MOF）研究背景介绍

金属有机框架化合物（metal-organic framework，MOF）是一类基于配位化学发展起来的新多孔功能材料，在 1995 年由美国化学家 Yaghi 首次提出[53]。它是由含氧、氮等多齿有机配体与金属离子或金属簇通过配位键自组装形成的具有周期性网络结构的晶体材料（图 1.10）。通过改变金属离子和有机配体的种类，可设计合成出孔径、孔型和拓扑结构各异的金属有机骨架材料。目前已被报道和研究的 MOFs 种类高达 20000 多种，孔径范围从几埃到几十埃，比表面积从 1000～10000m^2/g 不等。这类材料与传统的无机多孔材料如沸石、多孔碳等

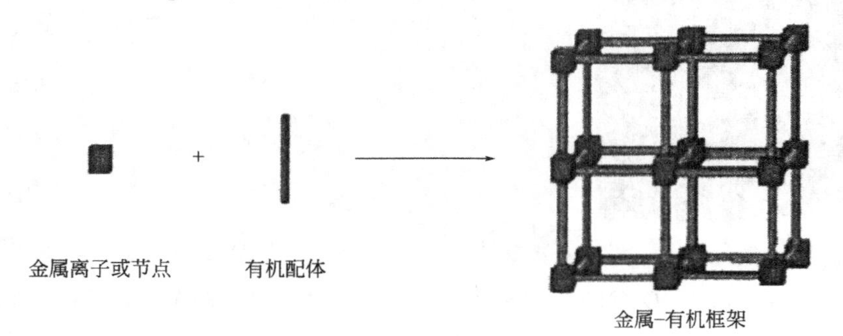

图 1.10　MOFs 的结构示意图

相比，具有下列优点：能够按照需求进行结构的设计，通过改变金属和配体的种类来调节孔道的性质；具备多孔材料的特性，并且无须后处理直接形成孔道，利于后期修饰；更大的比表面积，更低的材料密度，更高的孔隙度，更强的化学稳定性和热稳定性；合成方法简便多样。基于上述优点，使其在传感、催化、生物、医学、气体存储和吸附分离等领域都显示出了非常诱人的应用前景。

1.2.2.1 MOF 的制备

MOF 材料发展至今，已有许多不同的合成方法被成功报道出来。然而，不同的合成方法会对材料的尺寸大小、孔道分布、理化特性等具有重要影响，因此通过简单高效的合成方法制备稳定理想的 MOF 材料具有重要意义。目前常见的合成 MOF 材料的方法有以下五种。

（1）溶剂热法

溶剂热法是制备 MOF 最经典的方法之一。它将所有反应物加入反应釜中，在特定的高温和高压下发生反应得到晶体。该方法能够将各组分溶解度的差异最小化，从而制备出结晶性能良好的 MOF 晶体。Horcajada 等人利用 Fe^{2+} 与一系列有机羧酸配体通过溶剂热法合成了不同粒径的纺锤状 MOF*s* 材料[54]。文献［55］利用混合溶剂在加热的条件下成功合成出不同大小的棒状 MOF 纳米晶和微米晶。研究表明，MOF 材料的大小随混合溶剂的比例不同而改变。溶剂热法最大的优点是可应用范围广、操作简便，但是反应时间较长、能耗较大。

（2）超声合成法

超声合成法是最近兴起的 MOF 制备方法之一。在超声介质中，由于振动频率高，产生的空化作用能够使材料局部瞬间产生很大能量，快速形成晶粒。而且超声能够充分地分散反应物，使反应更彻底。肖娟定等人采取超声合成法迅速合成了稀土 MOF 纳米晶，结果表明，该方法合成的 MOF 材料合成速率快、产率高、粒径小[56]。Ahn 等人用超声合成法仅需 30min 就成功制备了尺寸为 5～25μm 的 MOF-5[57]。超声合成法简单、高效，被广泛应用于各种 MOF 材料的快速合成[58]。

（3）微波辅助法

微波辅助法的主要原理是电磁场高频转换方向，使得被加热物质来不及切换方向而产生摩擦热，可以利用在短时间内产生大量的热来制备晶体。由于反应时间短，微波辅助法有利于高效制备尺寸较小的纳米级 MOF 材料[59]。Ni 和 Masel 等人[60] 首次以 Zn^{2+} 为金属中心、均苯三甲酸为有机配体，通过微波辅助法在 25min 内制备了 IR-MOF-1，2，3。文献［61］中，通过微波辅助法在短短 10min 内就可合成粒径为 200nm 的 Fe-MIL-101。与其他方法相比，除反应时间短以外，这种方法更容易生成小尺寸结构，可用于催化等领域。

(4) 电化学方法

电化学方法通常被用来制备 MOF 薄膜。该方法利用金属阳极提供离子，并与溶液中的有机配体反应进行制备。2005 年，巴斯夫公司首次利用电化学的方法得到 HKUST-1。Ameloot 等人[62] 也通过电化学方法制备了不同厚度的 HKUST-1 MOF 膜。与传统合成方法相比，电化学方法在常温下就可以反应，且无须使用金属盐，一定程度上避免了阴离子的干扰，是制备 MOF 薄膜快捷有效的方法。

(5) 机械研磨法

机械研磨法是通过机械搅拌、充分研磨，在分子水平上破坏配体的化学键，将机械能转化为化学能的 MOF 合成方法之一。2010 年，Yuan 等人[63] 用该方法成功制备了 ZnBDC。与其他 MOF 的合成方法相比，该方法几乎不需有机溶剂，是一种环保的合成方法，有利于工业大量生产。

1.2.2.2 MOF 在重金属离子及炭疽杆菌检测方面的应用

在众多应用中，MOF 作为化学传感器拥有很大发展潜力。大量报道显示，MOF 被成功用于离子、分子、pH 以及温度的传感[64]。此外，发光 MOF 材料还被应用于生物检测领域。

如图 1.11 所示，芘功能化的 CPP-16 MOF 微球能够在众多金属离子存在的环境选择性地检测 Cu^{2+}，并发生明显的荧光猝灭现象[65]。Sun 等人[66] 构建了一种 Eu-MOF 材料能够在 21 种不同离子存在的情况下，通过与 $[H_2N(CH_3)_2]^+$ 进行离子交换，选择性对 Fe^{3+} 和 Al^{3+} 分别产生荧光猝灭和增强的响应。将稀土离子 Eu^{3+} 引入 UiO-66(Zr)-(COOH) 的孔道内可以在水溶液中检测 Cd^{2+}，其荧光强度可以增加八倍左右，并且具有优异的灵敏度（检测限为 0.06mmol/L）和快速的响应时间（约 1min）[67]。DNA 修饰的 Fe-卟啉 MOF 材料能够利用电学信号增强精确检测 Pb^{2+}，其检测下限为 0.034nmol/L[68]。

细菌芽孢是产芽孢杆菌在孢内形成的一种休眠体，对环境具有极强耐性。在一定条件下，芽孢在休眠状态下可以保持活性数年至数十年，甚至数百年。因此，检测细菌芽孢及其浓度在医疗、环境及食品加工等许多领域十分重要。许多孢子（如炭疽芽孢杆菌孢子）对人类和动物极其危险。在吸入超过 10^4 个炭疽芽孢杆菌孢子时，即使在 24～48h 内进行药物治疗，死亡率仍高达 75%[69]。炭疽芽孢杆菌孢子已被不法分子用作生化武器或者生化恐怖主义的传递载体。比如 2001 年，美国受到炭疽芽孢杆菌孢子的生物攻击，自此之后生化武器受到世界各地的特别关注[70]。因此，准确和灵敏地检测炭疽芽孢对于预防和控制生物攻击及疾病暴发是至关重要的。

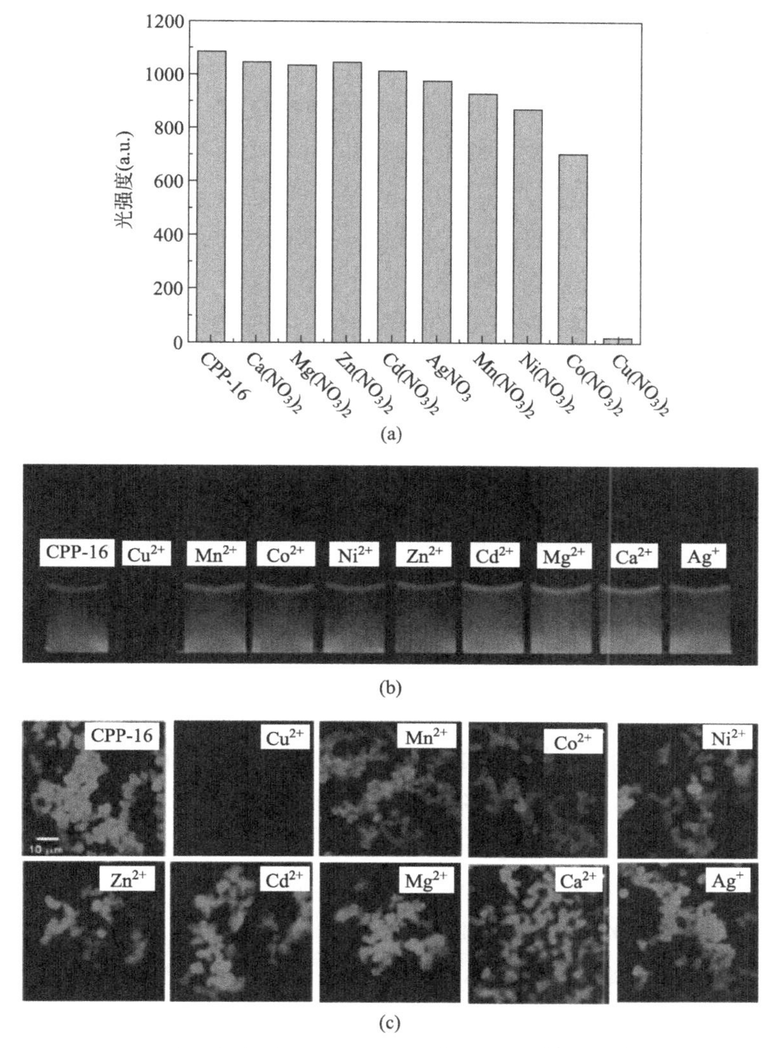

图 1.11 芘功能化的 CPP-16 MOF 微球对 Cu^{2+} 的选择性检测

镧系元素荧光传感技术能够快速、灵敏和选择性传感具有低检测限的芽孢杆菌孢子，同时具有低成本、易操作等优良特性，更适合于炭疽芽孢杆菌的高效检测。该技术主要基于对 2,6-吡啶二羧酸钙（calcium dipicolinate，CaDPA）的检测，CaDPA 是细菌芽孢中特有的成分，约占芽孢干重的 10%，可通过孢子的物理、化学裂解或者萌芽等方式释放出来。所以，CaDPA 可作为细菌芽孢的重要生物标志物用于检测细菌芽孢的存在[71]。

镧系元素的发光是基于它们的 4f 电子在 f-f 组态之内或 f-d 组态之间的跃迁。具有未充满的 4f 壳层的稀土原子或离子，其光谱大约有 30000 条可观察到的谱线，它们可以发射从紫外光、可见光到红外光区的各种波长的电磁辐射[72]。镧系元素丰富的能级和4f电子的跃迁特性，使其成为巨大的发光宝库，可开发许多新型的荧光材料。镧系元素也可作为配合物的中心离子，其配位数丰富多变，可通过镧系离子与丰富多变配体的相互作用，在很大程度上改变、修饰和增强其发光特性。如某些镧系离子（Eu^{3+}和Tb^{3+}）具有在可见光区的通道，如果选择恰当的配体形成配合物，则可通过配体对某一定波长的入射光吸收，随后将能量传递给中心镧系离子，使镧系离子发出荧光。对于镧系元素荧光传感器即为炭疽生物标记物DPA与镧系离子（Ln^{3+}）键合后，通过DPA吸收入射光子后，把能量传递给Ln^{3+}，从而有效增加Ln^{3+}的荧光强度[73,74]。同时，Ln^{3+}具有独特的发光特性，包括大斯托克斯位移，窄发射带和长荧光寿命等[75,76]。因此，镧系元素离子官能化荧光传感器已被认为是快速、灵敏和选择性检测CaDPA最有前途的方法。

目前为止，已经建立了基于镧系元素离子的MOF[77]荧光检测平台。由于DPA对铽离子（Tb^{3+}）具有高荧光放大倍率，因此目前认为Tb是检测炭疽杆菌孢子最有效的元素之一。Cable[78]在2007年报道了一种将Tb固定在大环配体中且只对DPA有响应的传感平台。如图1.12所示，Tb首先与大环配体DO_2A配位，显示出微弱荧光；当加入DPA时，DPA取代配位水，荧光显著增强。2014年Tan等人[79]也报道了一种柔性的AMP/Tb金属-有机配位聚合物。当体系中引入DPA后，DPA能够与AMP/Tb表面的Tb离子配位，敏化稀土离子的发光，达到很好的检测效果。当然，稀土离子检测DPA也有通过荧光猝灭机理实现的实例。例如，Bhardwaj[80]在室温下合成了一种水溶性Tb-MOF材料，能够通过荧光猝灭机理对DPA进行检测。产生荧光猝灭的主要原因是Tb-BTC的配位方式被Tb与DPA配位所取代，使得有机羧酸配体对Tb的能量传递效率降低。

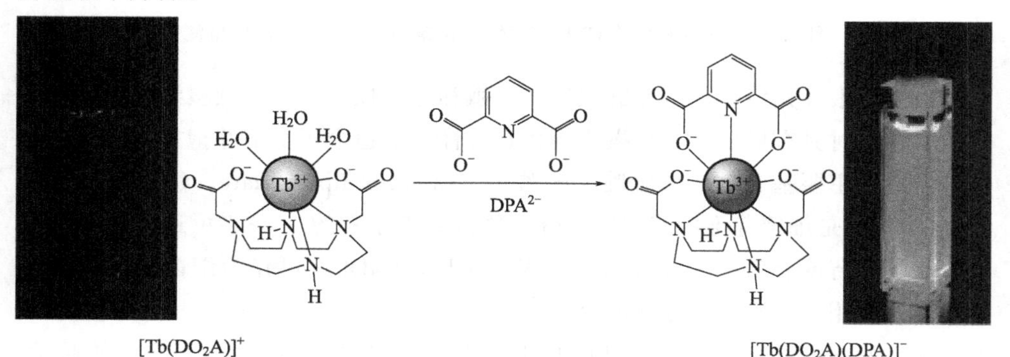

图1.12 $[Tb(DO_2A)]^+$对DPA的传感机理及其荧光照片

Tb^{3+}与芳香化合物的配位没有选择性，经常引起假阳性结果，这种现象在Eu的传感器中可一定程度避免。而且Eu离子也能够表现出一些优于Tb离子的特性，比如大斯托克斯位移、红光发射以及在最大发射强度位置能够避免二级散射的干扰。这些优势在纳米传感器中适用，尤其是分析复杂环境中的样品。因此，研究快速响应、选择性好的Eu基传感材料尤为重要。文献[81]报道的Eu基纳米MOF材料能够对DPA展示出高选择性、高灵敏度以及瞬时响应的性能。结果表明，当DPA浓度为0.4×10^{-6}时就可以观察到荧光增强的效果。Bilge Eker[82]利用Eu(Ⅲ)-EDTA与β-环糊精通过主客体相互作用制备了一种超分子材料，能够检测与生物体相关的磷酸盐和细菌孢子标记物DPA（荧光响应如图1.13所示）。Eu(Ⅲ)-EDTA共轭化合物和萘β-二酮能够通过“天线效应”敏化在微孔道表面稀土的发光。当加入待分析的阴离子时，新加入的客体阴离子取代了“天线分子”，从而使Eu的发光大大降低。该材料对DPA的特异响应主要是DPA有两个羧酸基团，并且芳香环上含有N原子，因此与Eu有更好的亲和能力，其对DPA的检测限为40nmol/L。

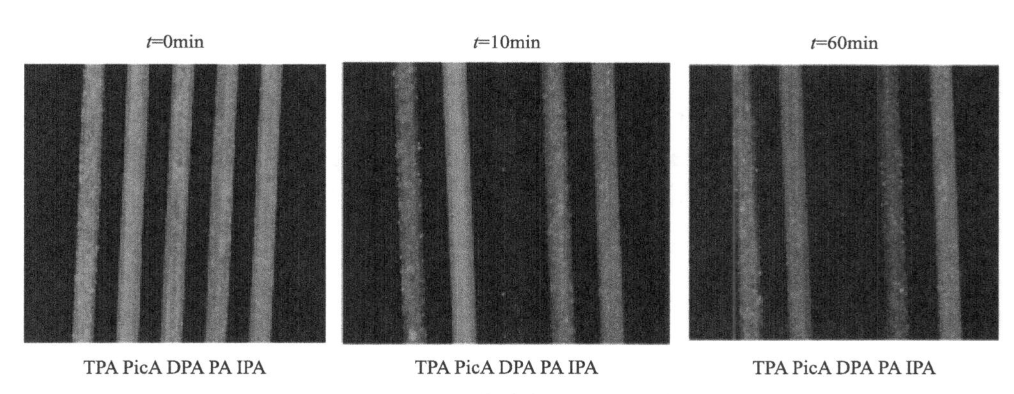

图1.13 Eu(Ⅲ)-EDTA复合物对DPA的荧光响应照片

由于单一的稀土离子复合物的发光强度在检测极低浓度CaDPA时受到外界环境干扰的影响很大，记录的数值也会随之波动，大大限制了检测的精确度。比率型荧光可以记录两个不同波长位置荧光的相对变化，可以有效避免上述干扰。文献[83]中，将稀土Eu-EDTA复合物链接在柔性PVA表面，制备出具有荧光增强效果的DPA传感薄膜，如图1.14所示。由于DPA与Eu^{3+}发生配位作用，有效减少了Eu离子的非辐射跃迁，红光发射显著增强。而体系内的染料DNS发光不受DPA浓度影响，进而实现对DPA的比率传感和目视比色传感。这种检测方法在水中对DPA的检测限为100nmol/L，并能够应用于实际生理液（血清和尿液）中DPA的检测。

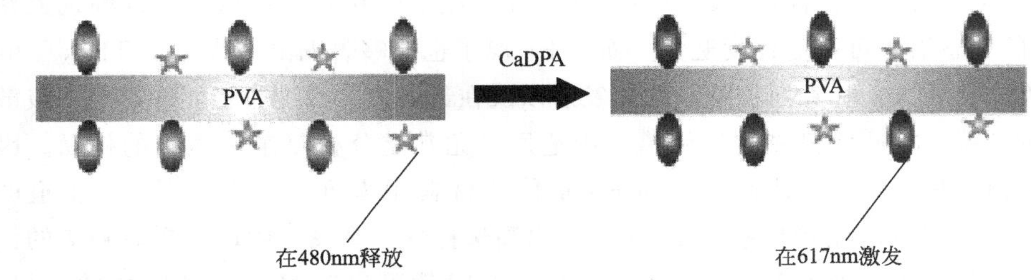

图 1.14 Eu-EDTA 柔性 PVA 薄膜对 DPA 的比率传感示意图

Rieter[84] 报道了一种新型的核壳纳米 MOF 材料，能够对 DPA 进行比率荧光传感。如图 1.15 所示，该材料以 Eu 配合物内核作为内参，包覆一层 SiO_2 保护 Eu 的稳定发光，再在表面功能化修饰一层稀土 Tb-EDTA 单酰胺衍生物。未加 DPA 时，体系整体显示 Eu 的红光；加入 DPA 后，由于形成 Tb-EDTM-DPA 复合物敏化表面 Tb 的发光，而 Eu 发光不受影响。这类比率型传感器在有其他常见生物干扰物质存在的条件下依旧表现出极好的选择性，这是首次在 MOF 表面功能化制备传感材料。

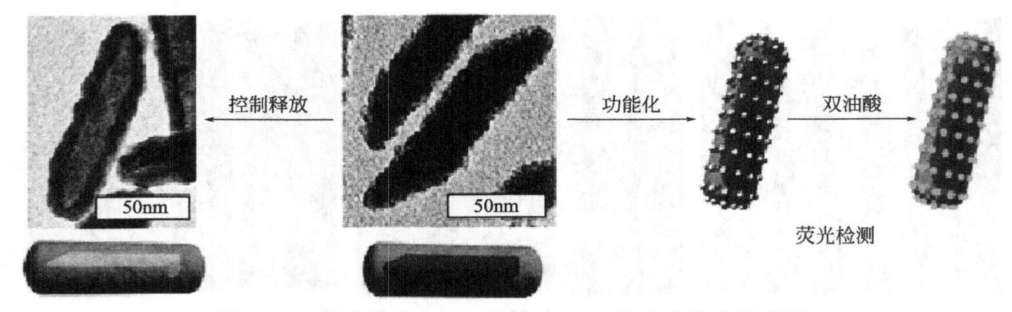

图 1.15 复合纳米 MOF 材料对 DPA 的比率传感示意图

Ai[85] 报道了一种基于 Eu 元素的炭疽杆菌孢子纳米荧光传感器，该传感器可在水中进行探测。如图 1.16 所示，将 Eu 配合物共价嫁接到有机染料掺杂的 SiO_2 纳米粒子表面，成功分离了作为参照的有机染料内核与表面传感单元。这样的炭疽杆菌孢子传感器具有如下优点：参比有机染料与传感部分通过共价键连接使得传感器具有良好的稳定性，且弱背景荧光信号使得传感材料可以探测低浓度待分析物存在时的荧光信号；引入不参与反应的参比有机染料作为内参，使得该纳米传感材料具备比率传感的性质；将传感单元与参比单元分离，这样的结构有利于改善传感材料的热稳定性质以及机械性质，利于拓展材料的实际应用。此传感器可以在 2min 内检测浓度低至 0.2nmol/L 的 CaDPA，这比人体感染的浓度低六个数量级，比之前报道的 $TbCl_3$ 类探针低两个数量级[86]。

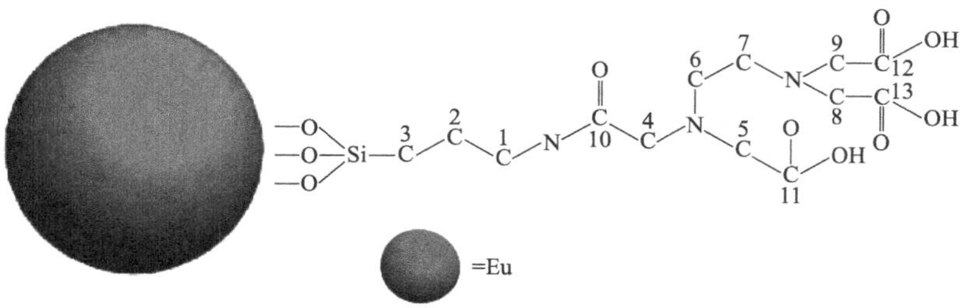

图 1.16 复合 Eu 纳米微球对 DPA 的比率荧光传感示意图

截至目前，大量基于稀土离子的 DPA 传感材料被报道出来，包括 Tb 离子、Eu 离子、复合有机染料、MOF 材料等。在 DPA 传感领域，尤其是新材料对 DPA 的比率传感方面，还有许多工作值得深入开展。

1.3 本书的主要内容

本书主要围绕无机和有机多孔材料的合成、表征及应用展开。分别合成基于 Fe_3O_4、介孔二氧化硅和 MOF 的多种复合纳米材料，进行重金属吸附去除、亚硝酸盐荧光检测、炭疽杆菌生物标记物荧光传感及微生物燃料电池阳极修饰等应用探讨。

1.3.1 磁性介孔二氧化硅吸附去除水中铜离子

通过改进的 Stöber 法合成 Fe_3O_4@SiO_2。先利用离子液体合成 Fe_3O_4 纳米颗粒，再以 Fe_3O_4 纳米颗粒为种子，在加热条件下慢慢滴加 TEOS 形成核，再以 CTAB 为模板剂合成 Fe_3O_4@SiO_2，最后除去模板剂，得到以 Fe_3O_4 为磁核的介孔二氧化硅。通过实验证明先合成 Fe_3O_4@SiO_2 核的必要性。用核壳结构的介孔 Fe_3O_4@SiO_2 去除水体中的微量铜离子。结果表明，磁性介孔二氧化硅表面及内部存在着大量的介孔结构，当 pH 6、温度在 60℃时，磁性介孔二氧化硅对铜离子有较强的吸附能力；吸附时间为 7h 左右，磁性介孔二氧化硅对铜离子的吸附容量达到饱和。

1.3.2 可回收的磁性核壳结构亚硝酸盐荧光传感纳米材料研究

设计并合成磁性核壳结构的亚硝酸根离子传感纳米复合材料。分别以 Fe_3O_4 颗粒作为核心，SiO_2 分子筛 MCM-41 作为支撑基质，罗丹明衍生物作为荧光传感器，用电子显微镜、介孔分析、磁响应、红外光谱和热稳定性分析等手段对复合传感样品进行了细致的表征。纳米复合材料检测亚硝酸根离子的最低检测限为1.2μmol/L。详细的分析表明，这些传感器通过加成反应对亚硝酸根离子进行响应。可通过氨基磺酸化对传感器进行再生和重复利用。因此，该材料在检测实际生活中饮用水、食品或环境中的亚硝酸盐具有潜在应用价值。

1.3.3 利用罗丹明分子功能化核壳结构纳米材料实现亚硝酸盐光学传感

本节的重点是合成两个可回收的亚硝酸盐传感纳米材料（RB-MCM-41@Fe_3O_4和RS-MCM-41@Fe_3O_4），由磁性导向元件Fe_3O_4、二氧化硅分子筛支撑基质和罗丹明衍生物化学传感器组合而成。详细分析表明，这两种复合样品的荧光信号来自于它们的罗丹明衍生的化学传感器。亚硝酸盐能使传感器荧光猝灭，遵循静态猝灭机制。两种材料具有超顺磁性（53.8emu/g和51.2emu/g）、高比表面积（622.4m^2/g和598.2m^2/g）和低的检测下限（0.8μmol/L和0.7μmol/L）。使用后，这些复合样品可以通过硫酸回收，从而实现其可回收性。

1.3.4 罗丹明衍生物修饰的MOF对炭疽生物指示剂的比色荧光传感响应

本节研究了一种用于DPA光学传感的复合纳米结构，分别以Eu(Ⅲ)掺杂金属-有机骨架（MOF）作为支撑晶格，罗丹明衍生染料作为传感探针。通过XRD、IR、TGA和光物理分析，对这种复合结构进行了仔细的讨论。发现罗丹明的吸收和发射被DPA增强，而Eu发射被DPA猝灭。因此，从这种复合结构中观察到了两种传感方式，即基于吸收光谱的比色传感和基于发射光谱的比率荧光传感。在DPA浓度高于140μmol/L的情况下，观察到两个传感通道的线性传感响应。最低检测限LOD值为0.52μmol/L，具有良好的选择性。经研究，传感原理应为：由于EuBTC向DPA的电子转移使得DPA释放质子，从而引发发射开启效应和发射关闭效应相结合的现象。

1.3.5 介孔二氧化硅/聚吡咯纳米材料修饰微生物燃料电池阳极

本节的目的是提供一种应用于微生物燃料电池的介孔二氧化硅/聚吡咯修饰石墨毡电极。采用溶胶-凝胶法和聚合反应制得的MS/PPy纳米复合材料，在Nafion液中常温超声分散后，涂敷在石墨毡上，最后烘干黏结负载在石墨毡载体表面。经SEM、IR、电化学等表征，该电极具有很好的微生物燃料电池产电性能，并且具有活性高、稳定性好等优点。

1.3.6 磁性核壳 Fe_3O_4@MCM-41/多壁碳纳米管复合材料修饰微生物燃料电池阳极性能研究

本节利用改进的 Stöber 水解法合成 Fe_3O_4@MCM-41-NH_2，再将其与羧基化的多壁碳纳米管复合，制备 Fe_3O_4@MCM-41/MWCNT 纳米复合材料，最后用复合材料修饰 MFC 石墨毡阳极，研究此纳米材料对阳极性能的改性以及对 MFC 功率密度和污水处理能力的影响。Fe_3O_4@MCM-41/MWCNT 比表面积大，将其应用到 MFC 上可以增加微生物的附着量；修饰石墨毡电极具有较好的氧化还原性，电阻较低，具有较好的电化学性能，在 MFC 阳极上更容易发生氧化还原反应，可以降低 MFC 的内阻，从而提高 MFC 的功率密度、产电性能和 COD 去除率。

1.3.7 Fe_3O_4@SiO_2/多壁碳纳米管/聚吡咯修饰阳极的微生物燃料电池-人工湿地系统研究

本节主要针对微生物燃料电池阳极的纳米材料修饰优化来提高 MFC 废水处理能力和功率密度，并且进一步将 MFC 与人工湿地结合提高废水处理能力。首先制备 Fe_3O_4@SiO_2/多壁碳纳米管复合纳米材料，将此材料固定在微生物燃料电池阳极，再用电化学方法将聚吡咯修饰在阳极表面，最后测试修饰后 MFC 阳极的系统性能。Fe_3O_4@SiO_2/MWCNT/PPy 修饰石墨毡作为阳极时，MFC 最大功率密度为 $2583mW/m^2$。

以微生物燃料电池为模型，结合人工湿地的结构特征，构建微生物燃料电池（MFC)-人工湿地（CW）系统，考察 MFC-CW 系统对生活污水中污染物降解效果及产电性能。利用 MFC-CW 系统处理生活污水，采用 Fe_3O_4@SiO_2/MWCNT/PPy 修饰石墨毡电极作为阳极，填料中加入 SiO_2@Fe_3O_4 纳米材料，结果显示污水处理效果较好：COD 去除率为 93.8%，NH_4^+-N 去除率最佳达到 48%，SS 去除率可达 98.2%，最大功率密度为 $3067mW/m^2$。当 HRT 为 12h 时，该系统可获得较好的污染物去除效率，明显低于普通人工湿地 2d 的水力停留时间。

参考文献

[1] 唐小真. 材料化学导论 [M]. 北京：高等教育出版社，1997：1.

[2] 张立德. 纳米材料 [M]. 北京：化学工业出版社，2000：4.

[3] 张立德，牟季美. 纳米材料和纳米结构 [M]. 北京：科学出版社，2001.

[4] WEI S，WANG Q，ZHU J，et al. Multifunctional composite core-shell nanoparticles [J]. Nanoscale,

2011, 3 (11): 4474～4502.

[5] HUANG C L, MATIJEVIC E J. Coating of uniform inorganic particles with polymers: Ⅲ. Polypyrrole on different metal oxides [J]. Mater Res, 1995, 10 (5): 1327～1336.

[6] MULLIGAN C, YONG R, GIBBS B. An evaluation of technologies for the heavy metal remediation of dredged sediments [J]. J Hazard Mater, 2001, 85: 145～163.

[7] BAILEY S, OLIN T, BRICK R, et al. Copper removal from aqueous systems with coffee wastes as low-cost materials [J]. Water Res, 1999, 1: 2469～2479.

[8] NASSAR N N. Rapid removal and recovery of Pb(Ⅱ) from waste water by magnetic nanoadsorbents [J]. Journal of Hazardous Materials, 2010, 184 (1-3): 538～546.

[9] CUI H J, CAI J K, ZHAO H, et al. Fabrication of magnetic porous Fe-Mn binary oxide nanowires with superior capability for removal of As(Ⅲ) from water [J]. Journal of Hazardous Materials, 2014, 279: 26～31.

[10] JIANG Z L, SUN S J, KANG C Y, et al. A new and sensitive resonance-scattering method for determination of trace nitrite in water with rhodamine 6G [J]. Anal Bioanal Chem, 2005, 381 (4): 896～900.

[11] LI Q, SUN K, CHANG K, et al. Ratiometric Luminescent Detection of Bacterial Spores with Terbium Chelated Semiconducting Polymer Dots [J]. Anal Chem, 2013, 85 (19): 9087～9091.

[12] CHEN H, XIE Y, KIRILLOV A M, et al. A ratiometric fluorescent nanoprobe based on terbium functionalized carbon dots for highly sensitive detection of an anthrax biomarker [J]. Chem Commun, 2015, 51 (24): 5036～5039.

[13] LOGAN B E, HAMELERS B, ROZENDAL R, et al. Microbial fuel cells: Methodology and technology [J]. Environ. Sci. Technol, 2006, 40 (17): 5181～5192.

[14] LOVELY D R. Bug juice: harvesting electricity with microorganisms [J]. Nat. Rev. Microbiol, 2006. 4: 497～508.

[15] DELANEY G M, BENNETTO H P, MASON J R, et al. Electron-transfercoupling in microbial fuel cells. 2. Performance of fuel cells containingselected microorganism-mediator-substrate combinations [J]. J. Chem. Tech. Biotechnol, 1984, 34B: 13～27.

[16] ROLLER H D, BENNETTO H P, DELANEY G M, et al. Electron-transfer coupling in microbial fuel cells, 1; comparison of redox mediator reduction rates and respiratory rates of bacteria [J]. J. Chem. Tech. Biotechnol, 1984, 34B: 3～12.

[17] NG E P, MINTOVA S. Nanoporous materials with enhanced hydrophilicity and high water sorption capacity [J]. Micropor Mesopor Mat, 2008, 114 (1-3): 1～26.

[18] MA Y, TONG W, ZHOU H, et al. A review of zeolite-like porous materials [J]. Micropor Mesopor Mat, 2000, 37 (1-2): 243～252.

[19] STOCK N, BISWAS S. Synthesis of Metal-Organic Frameworks (MOFs): Routes to Various MOF Topologies, Morphologies and Composites [J]. Chem. Rev., 2012, 112 (2): 933～969.

[20] ZHOU H C, LONG J R, YAGHI O M. Introduction to Metal-Organic Frameworks [J]. Chem. Rev, 2012, 112 (2): 673～674.

[21] DING S Y, WANG W. Covalent organic frameworks (COFs): from design to applications [J]. Chem. Soc. Rev, 2013, 42 (2): 548～568.

[22] SUN W, YANG W, XU Z, et al. Synthesis of Superparamagnetic Core-Shell Structure Supported Pd

Nanocatalysts for Catalytic Nitrite Reduction with Enhanced Activity, No Detection of Undesirable Product of Ammonium, and Easy Magnetic Separation Capability [J]. Acs. Appl. Mater. Inter, 2016, 8 (3): 2035～2047.

[23] PAPASIMAKIS N, THONGRATTANASIRI S, ZHELUDEV N I, et al. The magnetic response of graphene split-ring metamaterials [J]. Light Sci. Appl., 2013, 2 (7): e78.

[24] VIVEK R, THANGAM R, KUMAR S R, et al. HER2 Targeted Breast Cancer Therapy with Switchable "Off/On" Multifunctional "Smart" Magnetic Polymer Core-Shell Nanocomposites [J]. Acs. Appl. Mater. Inter., 2016, 8 (3): 2262～2279.

[25] PEREZ J M, SIMEONE F J, SAEKI Y, et al. Viral-Induced Self-Assembly of Magnetic Nanoparticles Allows the Detection of Viral Particles in Biological Media [J]. J. Am. Chem. Soc., 2003, 125 (34): 10192～10193.

[26] WU P, ZHU J, XU Z. Template-Assisted Synthesis of Mesoporous Magnetic Nanocomposite Particles [J]. Adv. Funct. Mater., 2004, 14 (4): 345～351.

[27] DENG Y, QI D, DENG C, et al. Superparamagnetic High-Magnetization Microspheres with an Fe_3O_4@SiO_2 Core and Perpendicularly Aligned Mesoporous SiO_2 Shell for Removal of Microcystins [J]. J. Am. Chem. Soc., 2008, 130 (1): 28～29.

[28] ZHANG L, ZHANG F, DONG W F, et al. Magnetic-mesoporous Janus nanoparticles [J]. Chem. Commun., 2011, 47 (4): 1225～1227.

[29] TAGO T, HATSUTA T, MIYAJIMA K, et al. Novel Synthesis of Silica-Coated Ferrite Nanoparticles Prepared Using Water-in-Oil Microemulsion [J]. J. Am. Ceram. Soc, 2002, 85 (9): 2188～2194.

[30] LEE J, LEE Y, YOUN J K, et al. Simple Synthesis of Functionalized Superparamagnetic Magnetite/Silica Core/Shell Nanoparticles and their Application as Magnetically Separable High-Performance Biocatalysts [J]. Small, 2008, 4 (1): 143～152.

[31] SUN L, LI Y, SUN M, et al. Porphyrin-functionalized Fe_3O_4@SiO_2 core/shell magnetic colorimetric material for detection, adsorption and removal of Hg^{2+} in aqueous solution [J]. New J. Chem., 2011, 35 (11): 2697～2704.

[32] QIU X, LI N, YANG S, et al. A new magnetic nanocomposite for selective detection and removal of trace copper ions from water [J]. J. Mater. Chem. A, 2015, 3 (3): 1265～1271.

[33] LU D, TENG F, LIU Y, et al. Self-assembly of magnetically recoverable ratiometric Cu^{2+} fluorescent sensor and adsorbent [J]. RSC Adv., 2014, 4 (36): 18660～18667.

[34] GUO L, LI J, ZHANG L, et al. A facile route to synthesize magnetic particles within hollow mesoporous spheres and their performance as separable Hg^{2+} adsorbents [J]. J. Mater. Chem, 2008, 18 (23): 2733～2738.

[35] JI J J, CHEN G, ZHAO J. Preparation and characterization of amino/thiol bifunctionalized magnetic nanoadsorbent and its application in rapid removal of Pb(Ⅱ) from aqueous system [J]. Journal of Hazardous Materials, 2019, 368: 255～263.

[36] KHODADADI M, MALEKPOUR A, ANSARITABAR M. Removal of Pb(Ⅱ) and Cu(Ⅱ) from aqueous solutions by NaA zeolite coated magnetic nanoparticles and optimization of method using experimental design [J]. Microporous and Mesoporous Materials, 2017, 248: 256～265.

[37] SHABANI E, SALIMI F, JAHANGIRI A. Removal of arsenic and copper from water solution using

magnetic iron/bentonite nanoparticles (Fe_3O_4/bentonite) [J]. Silicon, 2018, 11 (2): 1～11.

[38] LIU J F, ZHAO Z S, JIANG G B. Coating Fe_3O_4 magnetic nanoparticles with humic acid for high efficient removal of heavy metals in water [J]. Environmental Science & Technology, 2008, 42 (18): 6949～6954.

[39] CHITHRA K, AKSHAYARAJ R T, PANDIAN K. Polypyrrole-protected magnetic nanoparticles as an excellent sorbent for effective removal of Cr(Ⅵ) and Ni(Ⅱ) from effluent water: Kinetic studies and error analysis [J]. Arabian Journal for Science and Engineering, 2018, 43 (11): 6219～6228.

[40] GHASEMI N, GHASEMI M, MOAZENI S, et al. Zn(Ⅱ) removal by amino functionalized magnetic nanoparticles: Kinetics, isotherm, and thermo dynamic aspects of adsorption [J]. Journal of Industrial and Engineering Chemistry, 2018, 62: 302～310.

[41] HOSSEINI F, SADIGHIAN S, HOSSEINI-MONFARED H, et al. Dye removal and kinetics of adsorption by magnetic chitosan nanoparticles [J]. Desalination and Water Treatment, 2016, 57 (51): 1～9.

[42] SAHBAZ D A, YAKAR A, GÜNDÜZ U. Magnetic Fe_3O_4-chitosan micro and nanoparticles for wastewater treatment [J]. Particulate Science & Technology, 2019, 37 (6): 728～736.

[43] LIU Z, WANG H S, LIU C, et al. Magnetic cellulose-chitosan hydrogels prepared from ionic liquids as reusable adsorbent for removal of heavy metal ions [J]. Chemical Communications, 2012, 48 (59): 7350～7352.

[44] OMIDINASAB M, RAHBAR N, AHMADI M, et al. Removal of vanadium and palladium ions by adsorption onto magnetic chitosan nanoparticles [J]. Environmental Science and Pollution Research, 2018, 25 (34): 34262～34276.

[45] REN Y, ABBOOD H A, HE F, et al. Magnetic EDTA-modfied chitosan/SiO_2/Fe_3O_4 adsorbent: Preparation, characterization, and application in heavy metal adsorption [J]. Chem. Eng. J, 2013, 226 (12): 300～311.

[46] ZHANG S, ZHANG Y, LIU J, et al. Thiol modified Fe_3O_4@SiO_2 as a robust, high effective, and recycling magnetic sorbent for mercury removal [J]. Chem. Eng. J, 2013, 226 (24): 30～38.

[47] WANG J H, ZHENG S R, SHAO Y, et al. Amino-functionalized Fe_3O_4@SiO_2 core-shell magnetic-nanomaterial as a novel adsorbent for aqueous heavy metals removal [J]. J. Colloid Interface Sci., 2010, 349 (1): 293～299.

[48] YAN Y, YUVARAJA G, LIU C, et al. Removal of Pb(Ⅱ) ions from aqueous media using epichlorohydrin crosslinked chitosan schiff's base@Fe_3O_4 (ECCSB@Fe_3O_4) [J]. Int. J. Biol. Macromol., 2018, 117: 1305～1313.

[49] JIA C Y, ZHAO J H, LEI L L, et al. Novel magnetically separable anhydridefunctionalized Fe_3O_4@SiO_2@PEI-NTDA nanoparticles as effective adsorbents: synthesis, stability and recyclable adsorption performance for heavy metal ions [J]. RSC Adv., 2019, 9: 9533～9545.

[50] KARAMI S, ZEYNIZADEH B. Reduction of 4-nitrophenol by a disused adsorbent: EDA-functionalized magnetic cellulose nanocomposite after the removal of Cu^{2+} [J]. Carbohydrate Polymers, 2019, 211: 298～307.

[51] 田庆华，王晓阳，毛芳芳，等. DMSA 改性 Fe_3O_4@SiO_2 核壳结构磁性纳米复合材料对 Pb^{2+} 的吸附行为 [J]. Journal of Central South University, 2018, 25 (04): 709～718.

[52] 师兰. 新型吸附材料的制备及对重金属离子和染料吸附性能研究 [D]. 长春：吉林大学，2014.

[53] YAGHI O M, LI G, LI H. Selective binding and removal of guests in a microporous metal-organic framework [J]. Nature, 1995, 378 (6558): 703～706.

[54] HORCAJADA P, CHALATI T, SERRE C, et al. Porous metal-organic-framework nanoscale carriers as a potential platform for drug delivery and imaging [J]. Nat. Mater., 2010, 9 (2): 172～178.

[55] OH M, MIRKIN C A. Ion Exchange as a Way of Controlling the Chemical Compositions of Nano-and Microparticles Made from Infinite Coordination Polymers [J]. Angew. Chem. Int. Ed, 2006, 45 (33): 5492～5494.

[56] XIAO J D, QIU L G, KE F, et al. Rapid synthesis of nanoscale terbium-based metal-organic frameworks by a combined ultrasound-vapour phase diffusion method for highly selective sensing of picric acid [J]. J. Mater. Chem. A, 2013, 1 (31): 8745.

[57] SON W J, KIM J, et al. Sonochemical synthesis of MOF-5 [J]. Chem. Commun., 2008, (47): 6336～6338.

[58] LI Z Q, QIU L G, XU T, et al. Ultrasonic synthesis of the microporous metal-organic framework $Cu_3(BTC)_2$ at ambient temperature and pressure: An efficient and environmentally friendly method [J]. Mater. Lett, 2009, 63 (1): 78～80.

[59] KAPPE C O. Controlled Microwave Heating in Modern Organic Synthesis [J]. Angew. Chem. Int. Ed, 2004, 43 (46): 6250～6284.

[60] NI Z, MASEL R I. Rapid Production of Metal-Organic Frameworks via Microwave-Assisted Solvothermal Synthesis [J]. J. Am. Chem. Soc, 2006, 128 (38): 12394～12395.

[61] TAYLOR-PASHOW K M L, ROCCA J D, XIE Z, et al. Postsynthetic Modifications of Iron-Carboxylate Nanoscale Metal-Organic Frameworks for Imaging and Drug Delivery [J]. J. Am. Chem. Soc, 2009, 131 (40): 14261～14263.

[62] AMELOOT R, STAPPERS L, FRANSAER J, et al. Patterned Growth of Metal-Organic Framework Coatings by Electrochemical Synthesis [J]. Chem. Mater, 2009, 21 (13): 2580～2582.

[63] YUAN W, FRIŠI T, APPERLEY D, et al. High Reactivity of Metal-Organic Frameworks under Grinding Conditions: Parallels with Organic Molecular Materials [J]. Angew. Chem. Int. Ed, 2010, 49 (23): 3916～3919.

[64] CUI Y, CHEN B, QIAN G. Lanthanide metal-organic frameworks for luminescent sensing and light-emitting applications [J]. Coordin. Chem. Rev, 2014, 273-274: 76～86.

[65] CHO W, LEE H, CHOI G, et al. Dual changes in conformation and optical properties of fluorophores within a metal-organic framework during framework construction and associated sensing event [J]. J. Am. Chem. Soc, 2014, 136 (35): 12201～12204.

[66] CHEN Z, SUN Y, ZHANG L, et al. A tubular europium-organic framework exhibiting selective sensing of Fe^{3+} and Al^{3+} over mixed metal ions [J]. Chem. Commun, 2013, 49 (98): 11557～11559.

[67] HAO J N, YAN B. A water-stable lanthanide-functionalized MOF as a highly selective and sensitive fluorescent probe for Cd^{2+} [J]. Chem. Commun, 2015, 51 (36): 7737～7740.

[68] CUI L, WU J, LI J, et al. Electrochemical Sensor for Lead Cation Sensitized with a DNA Functionalized Porphyrinic Metal-Organic Framework [J]. Anal. Chem, 2015, 87 (20): 10635～10641.

[69] HAJIPOUR M J, FROMM K M, ASHKARRAN A A, et al. Antibacterial properties of nanoparticles [J]. Trends in Biotechnology, 2012, 30 (10): 499～511.

[70] SCHUCH R, NELSON D, FISCHETTI V A. A bacteriolytic agent that detects and kills Bacillus anthracis [J]. Nature, 2002, 418 (6900): 884～889.

[71] LI Q, SUN K, CHANG K, et al. Ratiometric Luminescent Detection of Bacterial Spores with Terbium Chelated Semiconducting Polymer Dots [J]. Analytical Chemistry, 2013, 85 (19): 9087～9091.

[72] CROSBY G A, WHAN R E, ALIRE R M. Intramolecular Energy Transfer in Rare Earth Chelates. Role of the Triplet State [J]. Journal of Chemical Physics, 1961, 34 (3): 743～748.

[73] ZHANG H, SONG H, YU H, et al. Modified photoluminescence properties of rare-earthcomplex/polymer composite fibers prepared by electrospinning [J]. Applied Physics Letters, 2007, 90 (10): 103103～103103.

[74] KLINK S I, GRAVE L, REINHOUDT D N, et al. A systematic study of the photophysical processes in polydentate triphenylene-functionalized Eu^{3+}, Tb^{3+}, Nd^{3+}, Yb^{3+}, and Er^{3+} complexes [J]. Journal of Physical Chemistry A Molecules Spectroscopy Kinetics Environment & General Theory, 2000, 104 (23): 5457～5468.

[75] LI Z, LI P, XU Q, et al. Europium(Ⅲ)-β-diketonate complex-containing nanohybrid luminescent pH detector [J]. Chemical Communications, 2015, 51 (53): 10644～10647.

[76] AI K, ZHANG B, LU L. Europium-Based Fluorescence Nanoparticle Sensor for Rapid and Ultrasensitive Detection of an Anthrax Biomarker [J]. Angewandte Chemie, 2009, 48 (2): 304～308.

[77] OH W K, JEONG Y S, SONG J, et al. Fluorescent europium-modified polymer nanoparticles for rapid and sensitive anthrax sensors [J]. Biosensors & Bioelectronics, 2011, 29 (1): 172～177.

[78] CABLE M L, KIRBY J P, SORASAENEE K, et al. Bacterial Spore Detection by [Tb^{3+}(macrocycle) (dipicolinate)] Luminescence [J]. J. Am. Chem. Soc, 2007, 129 (6): 1474～1475.

[79] TAN H, MA C, CHEN L, et al. Nanoscaled lanthanide/nucleotide coordination polymer for detection of an anthrax biomarker [J]. Sensor Actuat B Chem, 2014, 190: 621～626.

[80] BHARDWAJ N, BHARDWAJ S, MEHTA J, et al. Highly sensitive detection of dipicolinic acid with a water-dispersible terbium-metal organic framework [J]. Biosens. Bioelectron, 2016, 86: 799～804.

[81] XU H, RAO X, GAO J, et al. A luminescent nanoscale metal-organic framework with controllable morphologies for spore detection [J]. Chem. Commun. , 2012, 48 (59): 7377～7379.

[82] EKER B, YILMAZ M D, SCHLAUTMANN S, et al. A Supramolecular Sensing Platform for Phosphate Anions and an Anthrax Biomarker in a Microfluidic Device [J]. International Journal of Molecular Sciences, 2011, 12 (11): 7335～7351.

[83] MA B, ZENG F, ZHENG F, et al. Fluorescent detection of an anthrax biomarker based on PVA film [J]. Analyst, 2011, 136 (18): 3649～3655.

[84] RIETER W J, TAYLOR K M L, LIN W. Surface Modification and Functionalization of Nanoscale Metal-Organic Frameworks for Controlled Release and Luminescence Sensing [J]. J. Am. Chem. Soc, 2007, 129 (32): 9852～9853.

[85] AI K, ZHANG B, LU L. Europium-Based Fluorescence Nanoparticle Sensor for Rapid and Ultrasensitive Detection of an Anthrax Biomarker [J]. Angew. Chem. Int. Ed, 2009, 48 (2): 304～308.

[86] PELLEGRINO P M, FELL N F, ROSEN D L, et al. Bacterial Endospore Detection Using Terbium Dipicolinate Photoluminescence in the Presence of Chemical and Biological Materials [J]. Anal. Chem, 1998, 70 (9): 1755～1760.

第2章

磁性介孔二氧化硅吸附去除水中铜离子

2.1 概述

随着现代工业的发展，自然界受到了大量的重金属废水的污染。我国水体重金属污染问题十分突出，重金属废水排入天然水体后对生物健康造成严重危害。铜是工业生产中应用较为广泛且具有回收价值的一种重金属，探究废水中铜的有效处理和回收显得尤为重要。

目前治理含铜废水的方法主要有物理吸附法、化学沉淀法、离子交换法、电解法、膜分离法等[1]。其中，物理吸附法因有高效、经济、绿色等优点而被广泛应用[2,3]。传统吸附剂普遍存在再生成本高、使用寿命短、难以回收重金属资源等问题，尤其是 Cu^{2+} 浓度非常低时，宏观的吸附界面往往难以将极微量金属离子短时间内有效去除[4]。因此，制备高效率、低成本、易于回收的新型吸附剂具有重要意义。

磁性吸附材料是目前的研究热点，在使用外部磁场的情况下很容易将其从溶液中分离出来，可重复使用，在水处理中的应用较为广泛[5,6]。磁性纳米粒子，特别是 Fe_3O_4，由于其特殊的磁性[7～9]、生物相容性、低毒性以及经济的合成工艺[10]，近年来引起了人们的广泛关注。此外，由于 Fe_3O_4 磁性纳米粒子的外部磁场不存在外部扩散阻力、高活性、高表面积和从液相中快速回收，Fe_3O_4 基纳米材料被归类为去除废水中污染物的有前途的吸附剂[11～15]，在重金属离子深度处理中亦有良好的应用前景[16,17]。然而，裸的 Fe_3O_4 纳米颗粒具有较高的表面能，往往会迅速形成聚集，从而消除了它们的吸附性能和磁效率。此外，已知裸 Fe_3O_4 容易氧化，在酸性条件下极易浸出。为了稳定和改性磁性 Fe_3O_4 颗粒，进一步提高其吸附性能，以聚合物、含二氧化硅的有机材料或其他材料为壳，在核壳结构中制备了复合材料，如 Fe_3O_4@MO_x（M：Si、Mn、Ti 和 Al）[18～20] 和 Fe_3O_4@聚合物[21]。最重要的方法之一是在磁铁矿 Fe_3O_4 颗粒表面引入致密的 SiO_2 层，在酸性条件下非常稳定，对氧化还原反应是惰性的；因此，它可以有效地保护内部在酸性介质中易浸出的磁铁矿芯[22]。采用无毒无害的 SiO_2 包覆 Fe_3O_4 可极大地改善颗粒在水中的分散性、化学稳定性和生物相容性[23～26]，同时 SiO_2 表面丰富羟基的存在可提高其表面功能化的可能[27]。介孔的 SiO_2 孔道可以提供大量的反应场所，并能够快速吸附污染物。

制备 Fe_3O_4 纳米粒子常用的方法包括水相化学共沉淀法[28,29]、微乳化法[30] 以及溶胶-凝胶法[31,32] 等。水相化学共沉淀法由于其低能耗、易制备的特点是目前最常用的方法之一。然而采用该制备方法存在产品粒径分布控制较难的问题，而且纳米粒子易团聚[28]。最近，室温离子液体在辅助无机纳米材料可控制备方面逐渐表现出潜在的优势[33~36]。室温离子液体（RTILs）是指在室温或接近室温下呈现液态、完全由阴阳离子所组成的有机熔融盐，具有零蒸气压，不易燃，电导率高，无污染等优点[37]。文献［38］中，采用不同组成的离子液体辅助合成纳米ZnO，制备出不同形貌的产品，包括棒状、星形以及花状。而Zheng等[39]则利用离子液体1-乙基-3-甲基-咪唑溴盐（[Emim]Br）辅助合成TiO_2纳米粒子，发现离子液体可以有效影响TiO_2纳米粒子的晶相组成。关于室温离子液体辅助合成Fe_3O_4纳米粒子的报道相对较少。Liu等[40]曾采用离子液体1-十六烷基-3-甲基咪唑氯盐（[C_{16}mim]Cl）辅助合成Fe_3O_4纳米粒子，但是其制备复杂、能耗较高(反应温度约为180℃)。本书采用室温离子液体1-丁基-3-甲基咪唑四氟硼酸盐（[Bmim]BF_4）作为添加剂，在30℃条件下一步合成了Fe_3O_4纳米粒子。

目前，Stöber法[41]是在Fe_3O_4纳米粒子表面修饰SiO_2最常用的方法，以溶胶-凝胶反应为基础，Fe_3O_4纳米粒子为种子，在醇/水溶液体系中，通过加入氨水使正硅酸乙酯（TEOS）在碱性环境下水解和缩合，生成的SiO_2包覆在种子表面。与其他SiO_2修饰方法相比，Stöber法具有操作简单、成本低廉、包覆率高等特点，但制备出的粒子大小难以控制，粒径分布不均匀。本章通过改进的Stöber法合成Fe_3O_4@SiO_2。先利用离子液体合成Fe_3O_4纳米颗粒，再以Fe_3O_4纳米粒子为种子，在加热条件下慢慢滴加TEOS形成核，再以CTAB为模板剂合成Fe_3O_4@SiO_2，最后除去模板剂，得到以Fe_3O_4为磁核的介孔二氧化硅。通过实验证明先合成Fe_3O_4@SiO_2核的必要性。用核壳结构的介孔Fe_3O_4@SiO_2去除水体中的微量铜离子，结果表明，磁性介孔二氧化硅表面及内部存在着大量的介孔结构，当pH 6、温度在60℃时，磁性介孔二氧化硅对铜离子有较强的吸附能力；吸附时间为7h左右，磁性介孔二氧化硅对铜离子的吸附容量达到饱和。

2.2 实验部分

2.2.1 试剂与仪器

六水合三氯化铁（$FeCl_3 \cdot 6H_2O$，国药集团，分析纯）；七水合硫酸亚铁（$FeSO_4 \cdot 7H_2O$，天津市光复精细化工厂，分析纯）；1-丁基-3-甲基咪唑四氟硼酸盐

([Bmim]BF_4，上海阿拉丁生化科技股份有限公司，≥97.0%)；氨水（$NH_3 \cdot H_2O$，成都科隆化学品有限公司，分析纯）；正硅酸乙酯（TEOS，天津大茂试剂厂，分析纯）；十六烷基三甲基溴化铵（CTAB，天津科密欧，色谱纯）；氢氧化钠（NaOH，西陇科学，分析纯）；无水乙醇（C_2H_5OH，天津富宇精细化工厂，分析纯）；硫酸铜（$CuSO_4$，天津大茂试剂厂，分析纯）；硫酸（H_2SO_4，天津富宇精细化工，分析纯）；丙酮（莱阳康德化工有限公司，分析纯）；二乙基二硫代氨基甲酸钠（DDTC-Na，天津沈新精细化工厂，分析纯）。

集热式恒温加热磁力搅拌器（DF-101Z 型，郑州科泰实验设备公司）；真空干燥箱（DZ-2A 型，天津泰斯仪器）；超声波清洗器（KQ2200D 型，昆山超声仪器有限公司）；pH 计（PHS-3C 型，上海元析仪器公司）；紫外可见分光光度计（UV-5800 型，上海元析仪器公司）。

X 射线衍射仪（Empyrean 型，荷兰帕纳科公司）；傅里叶变换红外光谱仪（Nicolet IS 10 型，赛默飞世尔科技）；扫描电子显微镜（S-4800 型，日立）；透射电子显微镜（JEOL JEM-2010 型）；超导量子干涉器件（SQUID）磁力计（MPM5-XL-5 型）。

2.2.2 溶液配制

1.00mol/L $FeCl_3$ 溶液：准确称取 13.5145g $FeCl_3 \cdot 6H_2O$ 于烧杯中，用体积比 1∶1 的 [Bmim] BF_4 与 H_2O 的混合溶液溶解，定容至 50mL。

0.50mol/L $FeSO_4$ 溶液：准确称取 6.9505g $FeSO_4 \cdot 7H_2O$ 于烧杯中，用体积比 1∶1 的 [Bmim] BF_4 与 H_2O 的混合溶液溶解，定容至 50mL。现用现配。

1.00mol/L NaOH 溶液：准确称取 40.00g 氢氧化钠于烧杯中，用水溶解，定容至 1L。

1.00mg/mL 铜离子标准储备液：准确称取 0.250g $CuSO_4$ 于烧杯中，用去离子水溶解，定容至 250mL。

20.0mg/L 铜离子标准溶液：移取 5mL 上述铜离子标准储备液，用去离子水定容至 250mL，所得溶液即为 20μg/mL 的铜离子标准溶液。

0.50mg/mL 铜试剂标准溶液：准确称取 0.1250g 二乙基二硫代氨基甲酸钠于烧杯中，用去离子水溶解，定容至 250mL。

2.2.3 四氧化三铁纳米颗粒的制备

采用共沉淀法制备 Fe_3O_4 纳米颗粒，具体操作为：分别取 25mL 的 1.00mol/L $FeCl_3$ 溶液与 0.50mol/L $FeSO_4$ 溶液于烧杯中混合均匀，同时用水浴加热并保温在 30℃。在搅拌条件下缓慢滴入 1.00mol/L NaOH 溶液约 50mL，再滴加浓氨水约10mL，直至溶液完全变黑，测pH值约10.0，直至溶液完全变黑，然后继续滴加少量氢氧化钠溶液保温2h，30℃下搅拌保温2h。

反应结束后，离心分离反应混合物。将分离得到的黑色固体用无水乙醇洗涤3次，再用去离子水洗涤3次，经磁分离后80℃真空干燥，得到Fe_3O_4纳米颗粒。

2.2.4 磁性介孔二氧化硅（Fe_3O_4@SiO_2）的合成

实验使用改进的Stöber法制备磁性介孔二氧化硅（Fe_3O_4@SiO_2）。分两步完成：

第一步，制备磁性SiO_2核：取制备得到的Fe_3O_4纳米颗粒0.5g，分散在100mL无水乙醇中，超声振荡使颗粒分散均匀。依次添加100mL无水乙醇、50mL去离子水、2.5mL浓氨水，溶液pH值约为9.0。将悬浊液在80℃下搅拌0.5h，缓慢滴加0.5g TEOS，在80℃下搅拌回流反应2h。将反应后的溶液离心得到固体产物，再用去离子水洗涤3次，制得磁性SiO_2核。

第二步，合成磁性介孔二氧化硅（Fe_3O_4@SiO_2）：将磁性SiO_2核分散在150mL无水乙醇中，超声0.5h，再依次加入100mL去离子水、0.97g CTAB、2.5mL浓氨水，溶液pH值约为9.0。将悬浊液在80℃下搅拌0.5h，缓慢滴加2.0g TEOS，在80℃下搅拌回流反应2h。将固体产物在200mL无水乙醇和10mL浓盐酸混合液中90℃回流48h以去除模板剂CTAB。此过程重复两次以上，直至红外光谱中CTAB的吸收峰消失，再将固体产物用无水乙醇、去离子水分别洗涤3次，经磁分离后，80℃真空干燥，得到磁性介孔二氧化硅（Fe_3O_4@SiO_2）。

2.2.5 磁性介孔二氧化硅（Fe_3O_4@SiO_2）的表征

通过扫描电镜、透射电镜表征磁性介孔二氧化硅的大小、形貌，用红外光谱、XPS表征结构，用磁力计表征材料的磁性。

2.2.6 磁性介孔二氧化硅吸附水中铜离子的实验

2.2.6.1 铜离子标准曲线绘制

① 向1～5号50mL比色管中分别加入0.00mL、1.00mL、2.00mL、3.00mL、4.00mL的20mg/L铜离子标准溶液；

② 向1～5号50mL比色管中分别加入2.00mL铜试剂标准溶液；

③ 向1～5号50mL比色管中加入去离子水，定容至刻度线；

④ 用1cm比色皿在波长450nm处用紫外分光光度计进行检测，以1号管中空白样作为参比溶液进行测定；

⑤ 记录不同铜离子浓度条件下吸光度 A 的值，测量三次，取平均值，绘制表格，并记录测量内容；

⑥ 以铜离子浓度（mg/L）作为横坐标，吸光度 A 作为纵坐标，绘制出吸光度 A-铜离子浓度（mg/L）标准曲线。

2.2.6.2 磁性介孔二氧化硅吸附水中铜离子

称取一定量的磁性介孔二氧化硅置于250mL锥形瓶中，向瓶中加入一定浓度的 Cu^{2+} 水溶液，在磁力搅拌器上以一定的转速搅拌一定时间，分离上清液并用分光光度法测定其中重金属离子的浓度。

为探索磁性介孔二氧化硅对铜离子的吸附应用，现选取硫酸铜溶液为实验对象，考察pH值、吸附时间、初始浓度和温度对磁性介孔二氧化硅吸附铜离子的影响。根据铜离子标准曲线计算出不同吸附时间下铜离子的浓度，计算铜离子及去除效率，并计算吸附量。

吸附量（q_t）用如下公式进行计算：

$$q_t=(c_0-c_t)\times\frac{V}{M} \tag{2.1}$$

式中，q_t 为 t 时刻时磁性介孔二氧化硅对铜离子的吸附量，mg/g；c_0 和 c_t 为铜离子溶液的初始浓度和 t 时刻时溶液中残留的铜离子浓度，mg/L；V 为铜离子溶液的体积，L；M 为所加入的磁性介孔二氧化硅质量，g。

2.3 结果与讨论

2.3.1 磁性介孔二氧化硅的合成步骤及条件

2.3.1.1 pH调节方法

在采用共沉淀法制备 Fe_3O_4 纳米颗粒时，调节溶液pH时，先滴加1.00mol/L NaOH溶液，再加浓氨水，而未像文献中描述直接用浓氨水调节pH。在实验中发现，若直接用浓氨水调节pH，反应过程中浑浊液颜色不是纯黑色，中间会出现棕红色，产物也不是纯黑色。在将产物做磁性分析的时候，发现直接用浓氨水调pH制得的产物，有一部分物质没有磁性，分析可能有棕红色的 Fe_2O_3 混杂在产物中。图2.1为两种不同调节pH方法所得纳米颗粒的外观形貌与颜色对照图。图2.1(a) 为用浓氨水直接调pH，图2.1(b) 为用1.00mol/L NaOH溶液调pH，很明显直接用浓氨水调pH得到的颗粒不是纯黑色。图2.2

是两种纳米颗粒的磁性对照图。图 2.2(a) 是用浓氨水直接调 pH 时得到的颗粒在乙醇中的分散液，图 2.2(b) 是用 1.00mol/L NaOH 溶液调 pH 得到的颗粒在乙醇中的分散液，图 2.2(c) 是用钕磁铁来验证两种颗粒的磁性。从图中能看到，当右侧 Fe_3O_4 颗粒已经完全被吸在有磁铁的那一侧，浑浊液完全变澄清的时候，左侧的溶液仍浑浊，最终左侧有些颗粒无法完全被吸附在比色皿的右侧。这也能证明当 pH 变化太快时，生产的 Fe_3O_4 纳米颗粒中可能有 Fe_2O_3 杂质。

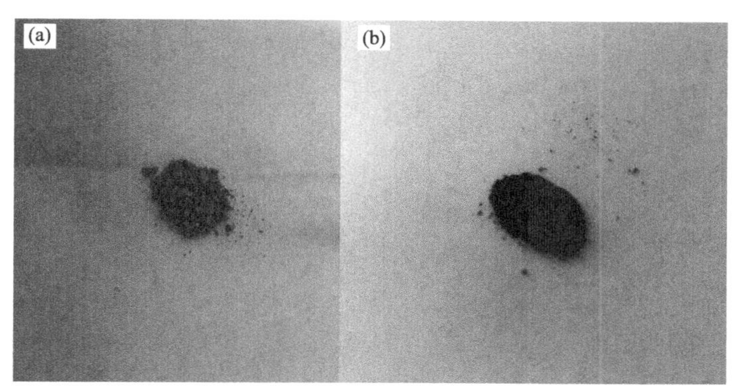

图 2.1 两种不同调节 pH 方法所得纳米颗粒的外观形貌与颜色对照

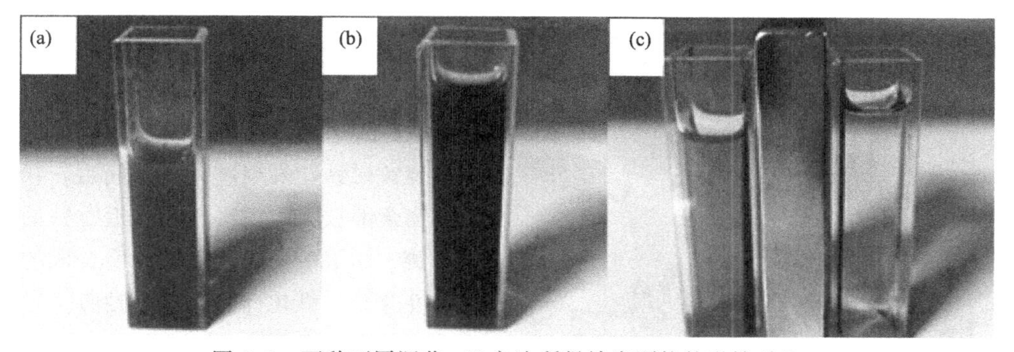

图 2.2 两种不同调节 pH 方法所得纳米颗粒的磁性对比

2.3.1.2 磁性 SiO_2 核合成的必要性

在 2.2.4 节磁性介孔二氧化硅的合成步骤中，分为两步，第一步是合成磁性 SiO_2 核。通过实验发现，若省略这一步，那么在用无水乙醇和浓盐酸混合液回流去除模板剂 CTAB 这步操作时，会发现溶液颜色由棕黑色变为亮黄色，反应完成回收到的固体变为白色。图 2.3 表示出了磁性介孔二氧化硅的合成步骤。图 2.3(a) 表示省略合成磁性二氧化硅核的第一步。从图 2.3(a) 和 (b) 的对照能看出，若省略第一步，那么 CTAB 模板直接与最里边的 Fe_3O_4 接触，在用盐酸去除模板剂 CTAB 的时候，盐酸把 CTAB 溶解后，会把 Fe_3O_4 也溶解，这就是实验过程中溶液变为亮黄色的原因，应该是盐酸与 Fe_3O_4 反应后产物的颜色。而图 2.3(b) 表示先合成 SiO_2 核，对内部的 Fe_3O_4 起到保护作用。

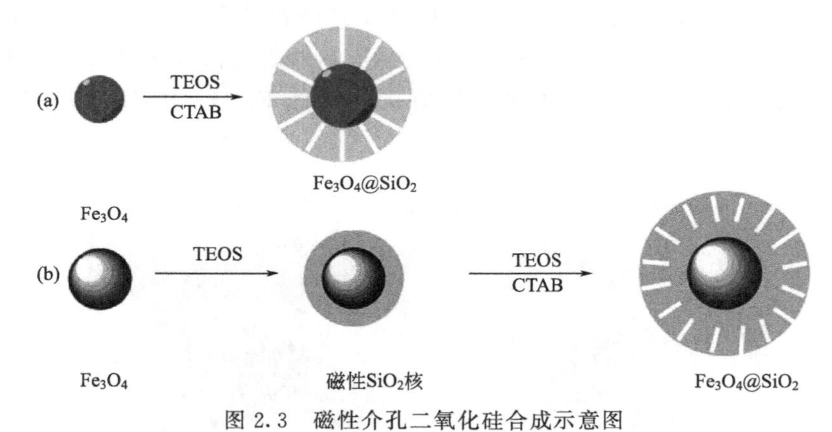

图 2.3　磁性介孔二氧化硅合成示意图

2.3.2　产物磁性

由于本章合成材料的主要目标是实现铜离子的吸附聚集和材料的可回收性，因此接下来研究了它们的磁性响应。我们先用钕磁铁简单验证了合成材料的磁性，见图 2.4。将 $Fe_3O_4@SiO_2$ 分散在无水乙醇中，超声均匀，旁边放置钕磁铁，发现过一段时间后，颗粒物全部被吸附在比色皿靠近磁铁的一侧，而溶液变为无色，说明合成的磁性介孔二氧化硅确实具有磁性。

图 2.4　钕磁铁验证 $Fe_3O_4@SiO_2$ 的磁性

接下来我们又研究了 Fe_3O_4 和 $Fe_3O_4@SiO_2$ 的磁性响应。Fe_3O_4 颗粒和 $Fe_3O_4@SiO_2$ 的磁响应曲线示于图 2.5。所合成的 Fe_3O_4 粒子，由于其大尺寸，所以其高饱和磁化强度值 (73.8emu/g) 略高于文献值。在经过二氧化硅包裹和介孔二氧化硅构建后，$Fe_3O_4@SiO_2$ 的饱和磁化强度值下降到 59.6emu/g，这是 SiO_2 壳层使纳米粒子的直径明显增大，使 Fe_3O_4 的相对含量降低所致。两种样品都没有可检测到的滞后现象，表明它们具有超磁性质。磁性纳米粒子的超顺磁性使它们在常温下团聚的可能性很小，并且当移除外加磁场时可以快速再分散。

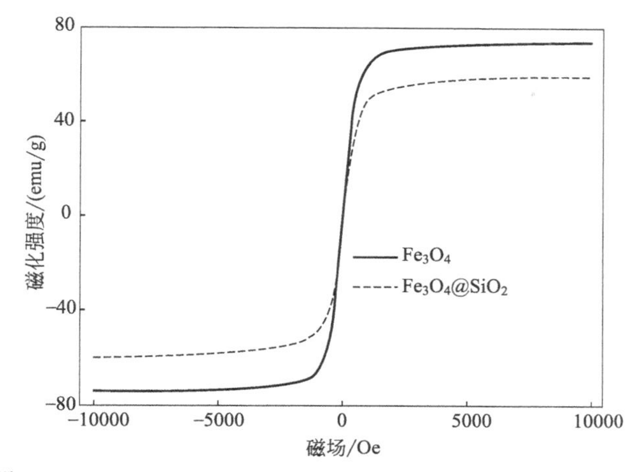

图 2.5 Fe_3O_4 和 $Fe_3O_4@SiO_2$ 的磁响应曲线（1Oe＝80A/m）

2.3.3 样品形貌分析

图 2.6 为制备的 $Fe_3O_4@SiO_2$ 纳米粒子的扫描电镜（SEM）图，图 2.6(b) 是图 2.6(a) 的放大图，图 2.6(b) 右下角为单个颗粒的透射电镜（TEM）图。从 TEM 图看到，内层深色的为 Fe_3O_4 内核，外层浅色的为 SiO_2 壳。外层的硅壳通过正硅酸乙酯（TEOS）在碱性环境中水解形成，磁性 Fe_3O_4 纳米粒子在包覆上 SiO_2 后可以有效地防止纳米粒子的团聚，有较好的分散性（图 2.7 是 Fe_3O_4 的扫描电镜图，很明显能看到颗粒团聚）。从图中可以看出，$Fe_3O_4@SiO_2$ 纳米粒子的直径大约在 300nm。

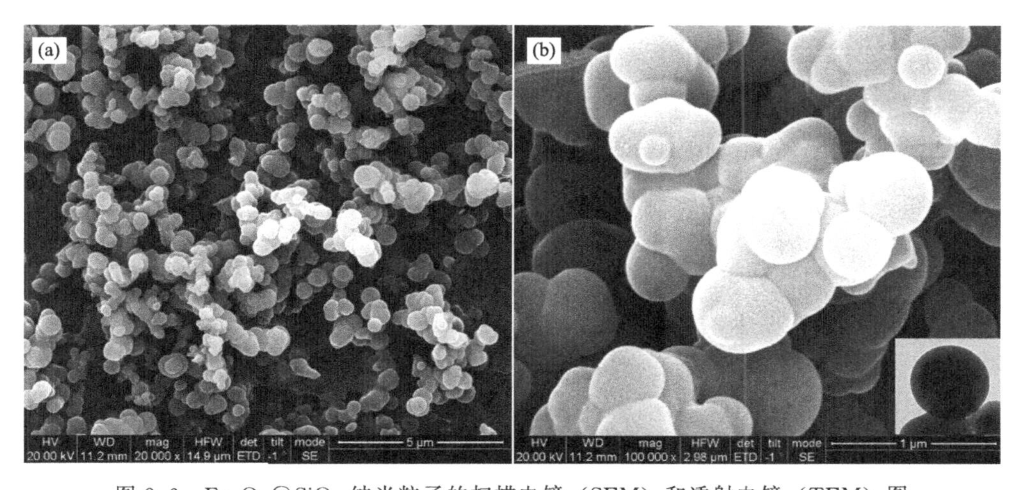

图 2.6 $Fe_3O_4@SiO_2$ 纳米粒子的扫描电镜（SEM）和透射电镜（TEM）图

图 2.7 Fe_3O_4 的扫描电镜（SEM）图

2.3.4 X射线衍射（XRD）分析

图 2.8 为 Fe_3O_4、Fe_3O_4@SiO_2 纳米粒子的 XRD 图谱。图 2.8(a) 是 Fe_3O_4 和 Fe_3O_4@SiO_2 纳米粒子的广角 X 射线衍射图谱（WAXRD），由图可见，尽管它们有不同的衍射强度值，但是衍射峰几乎相同，2θ 与标准纳米 Fe_3O_4 的文献值相近，出现了明显的（220）、(311)、(400)、(422)、(551)、(440）等特征衍射峰。此结果证实了磁芯 Fe_3O_4 已成功合成，并且在二氧化硅包裹、介孔 SiO_2 生长后仍完好。这也表明制备出的磁性纳米粒子物相为反尖晶石结构，峰形较尖锐，纳米粒子结晶较完整。

随着磁性核心的证实，Fe_3O_4@SiO_2 中二氧化硅的介孔结构通过小角 XRD（SAXRD）模式进行分析。据观察，在图 2.8(b) 中，曲线有三个很好的衍射峰，分别标为（100)、(110）和（200)。这些峰与标准的介孔二氧化硅相匹配，从而初步确认合成二氧化硅时的 CTAB 模板剂已被成功去除，形成了二氧化硅的介孔结构。

2.3.5 红外光谱（FT-IR）分析

图 2.9 为制备的 Fe_3O_4@SiO_2 纳米粒子的红外光谱图。在 $584cm^{-1}$ 处出现了 Fe—O 特征吸收峰。在 $3438cm^{-1}$ 处出现 O—H 的伸缩振动吸收峰。在 $462cm^{-1}$ 处、$806cm^{-1}$ 处和 $952cm^{-1}$ 处出现的红外峰是由于 δSi—O—Si、υ_sSi—O 和 υ_{as}Si—O 的振动（υ 表示拉伸，δ 表示平面弯曲，s 表示对称振动，as 表示非对称振动）。在 $1081cm^{-1}$ 处的强吸收峰对应的是 Si—O—S 的反对称伸缩振动。这些区带表明制备的 Fe_3O_4 表面介孔二氧化硅的存在。

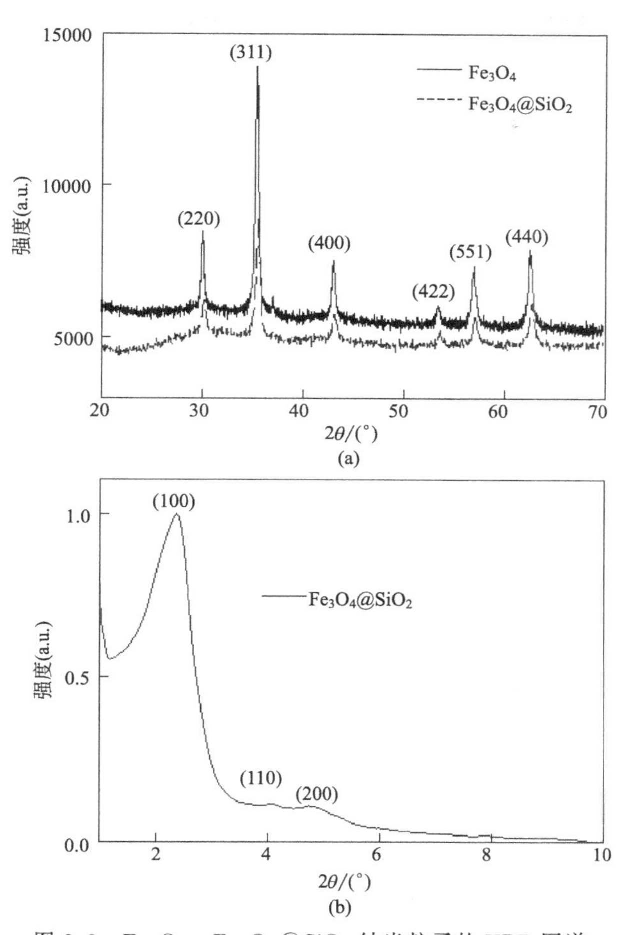

图 2.8 Fe_3O_4、$Fe_3O_4@SiO_2$ 纳米粒子的 XRD 图谱

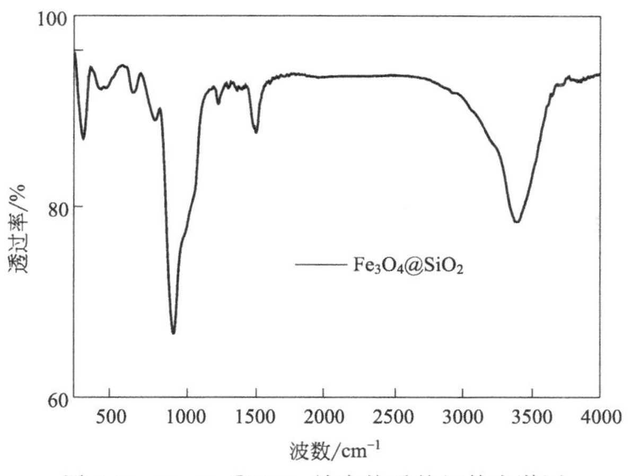

图 2.9 $Fe_3O_4@SiO_2$ 纳米粒子的红外光谱图

2.3.6 介孔结构分析

图 2.10 是 Fe_3O_4@SiO_2 纳米粒子的透射电镜（TEM）图，明显看到，颗粒表面有很多小孔。再进一步通过 N_2 吸附/脱附等温线（示于图 2.11）分析了 Fe_3O_4@SiO_2 颗粒表面的孔道。曲线显示出Ⅳ型等温线，与介孔二氧化硅的其中一种 MCM-41 分子筛标准样品的等温线相似。这样的结果证实了 MCM-41 的正六边形的隧道已经成功构建于 Fe_3O_4@SiO_2 中。其孔径、孔体积和表面积分别为 2.47nm、0.56cm^3/g 和 717.1m^2/g。

图 2.10 Fe_3O_4@SiO_2 透射电镜（TEM）图

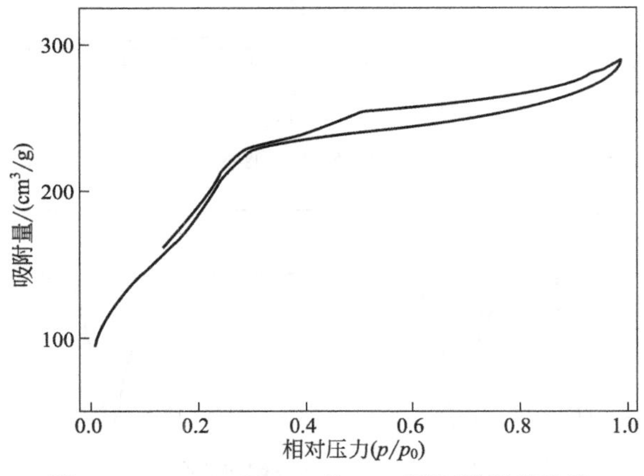

图 2.11 Fe_3O_4@SiO_2 的 N_2 吸附/脱附等温线

2.3.7 铜离子标准曲线绘制

标准曲线的绘制是后期进行磁性介孔二氧化硅吸附水体中铜离子实验，测定吸附后水体中剩余铜离子的重要内容，因此，必须要绘制出线性相关系数在

0.9990以上的标准曲线，否则将会导致最后所测定的经过吸附后的水体中铜离子的浓度出现较大误差。不同浓度铜离子溶液的吸光度见表2.1。

表2.1 不同浓度铜离子溶液的吸光度

编号	1	2	3	4	5
铜离子标准溶液体积 V_1/mL	0.00	1.00	2.00	3.00	4.00
铜试剂标准溶液体积 V_2/mL	2.00	2.00	2.00	2.00	2.00
定容后体积 V_3/mL	50.0	50.0	50.0	50.0	50.0
铜离子浓度 c/(mg/L)	0.0	0.4	0.8	1.2	1.6
吸光度 A_1	0.000	0.076	0.153	0.218	0.294
吸光度 A_2	0.000	0.077	0.152	0.217	0.289
吸光度 A_3	0.000	0.071	0.150	0.215	0.289
平均吸光度 A	0.000	0.075	0.152	0.217	0.291

依据表2.1数据，作出吸光度A-铜离子浓度c(mg/L)标准曲线，见图2.12。

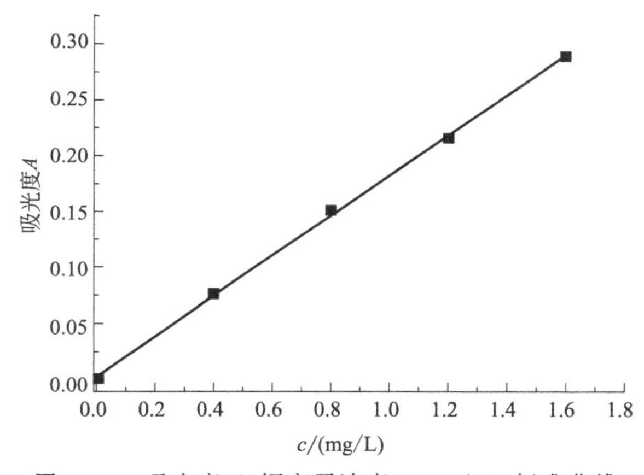

图2.12 吸光度A-铜离子浓度c(mg/L)标准曲线

由图2.12吸光度A-铜离子浓度c(mg/L)标准曲线图可以看出，随着溶液中铜离子浓度的不断提高，吸光度的值也不断提高，溶液中的铜离子浓度与通过实验测得的吸光度A之间具有良好的线性相关关系，符合朗伯比尔定律，该标准曲线的线性回归方程为$y=0.0472+0.181x$，相关系数为0.9993。

2.3.8 pH值对铜离子吸附效果的影响

pH值是影响吸附的一个重要因素。为了研究溶液的pH值对铜离子去除的影响，本书选择pH值范围为4.0～8.0。室温下，准确地量取初始浓度为150mg/L的铜离子溶液10mL于30mL锥形瓶中，然后称取50μg磁性介孔二氧化硅置于锥形瓶中，再将锥形瓶放置于恒温磁力搅拌器上搅拌2h。离心后取上清液用紫外可见分光光度计进行测试。

在不同 pH 值条件下铜离子溶液的吸光度见表 2.2。

表 2.2 在不同 pH 值条件下铜离子溶液的吸光度

pH 值	3.0	4.0	5.0	6.0	7.0
吸光度 A_1	0.209	0.200	0.134	0.008	0.106
吸光度 A_2	0.211	0.196	0.135	0.008	0.104
吸光度 A_3	0.210	0.198	0.133	0.008	0.105
平均吸光度 A	0.210	0.198	0.134	0.080	0.105

将上述测得的吸光度代入 2.3.7 节得到的铜离子标准曲线 $y=0.0472+0.181x$，即可得出溶液中铜离子，通过计算可得出铜离子去除率，据吸附量计算公式计算出 q_t 数值。在不同 pH 值条件下铜离子浓度、去除率及吸附量见表 2.3，根据表中数据可绘制出反应溶液的 pH 值与去除率关系曲线（图 2.13）。

表 2.3 在不同 pH 值条件下铜离子浓度、去除率及吸附量

溶液 pH 值	3.0	4.0	5.0	6.0	7.0
所测铜离子浓度/(mg/L)	0.899	0.833	0.479	0.181	0.319
稀释前铜离子浓度/(mg/L)	89.9	83.3	47.9	18.1	31.9
去除率/%	40.06	44.47	68.07	87.93	78.73
吸附量 q_t/(mg/g)	12.02	13.34	20.42	26.38	23.62

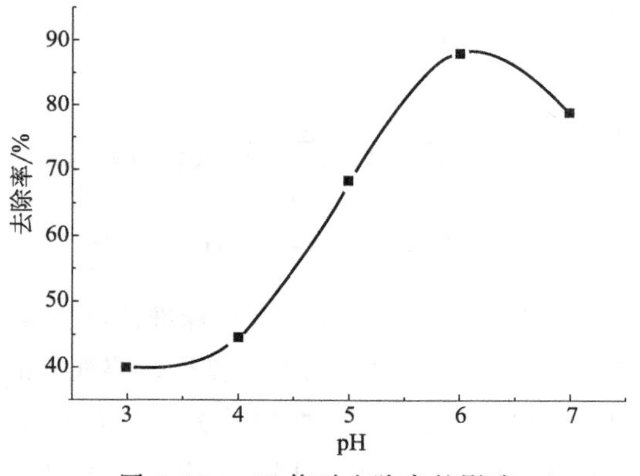

图 2.13 pH 值对去除率的影响

由图 2.13 的实验数据可以看到，磁性介孔二氧化硅对铜离子的最大去除率在 pH 6.0 附近。

2.3.9 初始浓度对铜离子吸附效果的影响

在研究初始铜离子浓度对铜离子吸附效果的影响时，我们选择溶液 pH 值为

6.0，进行下述实验。

在室温条件下，分别准确量取初始浓度为 20mg/L、40mg/L、60mg/L、80mg/L、100mg/L 的硫酸铜溶液 10mL 于 50mL 锥形瓶中，然后称取 50mg 磁性介孔二氧化硅于锥形瓶中，将锥形瓶放置于恒温磁力搅拌器上搅拌 2h。离心后取上清液用紫外可见分光光度计进行测试，数据列于表 2.4。

表 2.4 溶液在不同初始浓度条件下的吸光度

铜离子溶液初始浓度/(mg/L)	20	40	60	80	100
吸光度 A_1	0.074	0.063	0.059	0.053	0.054
吸光度 A_2	0.078	0.069	0.050	0.052	0.057
吸光度 A_3	0.076	0.067	0.049	0.051	0.058
平均吸光度 A	0.076	0.067	0.049	0.052	0.056

将上述测得的吸光度代入铜离子标准曲线 $y=0.0472+0.181x$，即可得出溶液中铜离子浓度，通过计算可得出铜离子去除率。根据吸附量计算公式计算出 q_t 数值，不同初始浓度的铜离子溶液吸附后铜离子浓度及去除率见表 2.5，根据表中数据可绘制出铜离子溶液初始浓度与去除率的关系曲线（图 2.14）。

表 2.5 不同初始浓度的铜离子溶液吸附后铜离子浓度及去除率

铜离子溶液初始浓度 c_0/(mg/L)	20	40	60	80	100
所测铜离子浓度/(mg/L)	0.159	0.109	0.010	0.027	0.049
稀释前铜离子浓度/(mg/L)	15.9	10.9	1.0	2.7	4.9
去除率/%	84.1	86.38	95.00	93.25	91.83
吸附量 q_t/(mg/g)	16.82	13.82	11.02	7.46	3.80

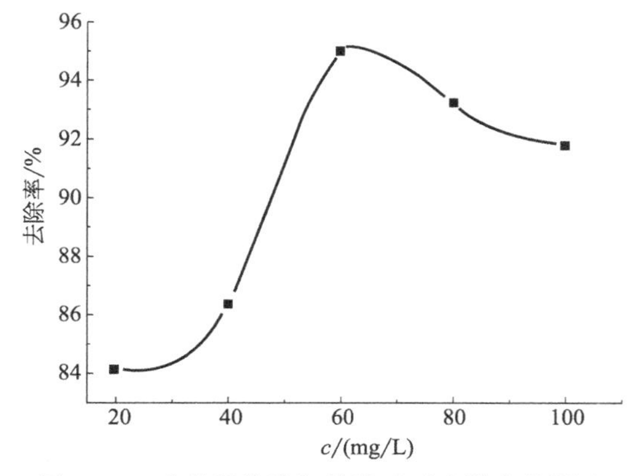

图 2.14 硫酸铜溶液初始浓度对去除率的影响

图 2.14 为铜离子溶液的初始浓度与去除率的关系曲线，从图中可以看见，随着铜离子初始浓度的逐渐增加，磁性介孔二氧化硅的吸附量也不断增加。磁性

介孔二氧化硅对铜离子的吸附量在铜离子溶液的初始浓度 60mg/L 时达到峰值，对应的最大吸附量为 16.82mg/g。

2.3.10 温度对铜离子吸附效果的影响

在研究溶液温度对铜离子吸附效果的影响时，我们选择 pH 值为 6.0 的溶液，进行下述实验。准确量取 10mL 150mg/L 的铜离子溶液 50mL 于五个锥形瓶中，然后称取 50mg 磁性介孔二氧化硅置于各锥形瓶中，在搅拌速度相同的条件下，分别于 30℃、40℃、50℃、60℃、70℃下，不断搅拌，2h 后取上清液，将稀释后的样品用分光光度法测定溶液中铜离子浓度。

在不同温度条件下铜离子溶液的吸光度见表 2.6。

表 2.6 在不同温度条件下铜离子溶液的吸光度

反应温度/℃	30	40	50	60	70
吸光度 A_1	0.091	0.083	0.074	0.064	0.071
吸光度 A_2	0.090	0.085	0.076	0.065	0.070
吸光度 A_3	0.088	0.089	0.074	0.062	0.069
平均吸光度 A	0.090	0.086	0.075	0.064	0.070

将上述测得的吸光度代入铜离子标准曲线 $y=0.0472+0.181x$ 中即可得出溶液中铜离子浓度，通过计算可得出铜离子去除率，据吸附量计算公式计算出 q_t 数值，不同反应温度条件下铜离子浓度、去除率及吸附量见表 2.7，根据表中数据可绘制出反应温度与去除率关系曲线（图 2.15）。

表 2.7 不同反应温度条件下铜离子浓度、去除率及吸附量

反应温度/℃	30	40	50	60	70
所测铜离子浓度/(mg/L)	0.236	0.216	1.54	0.093	0.126
稀释前铜离子浓度/(mg/L)	23.6	21.6	15.4	9.3	12.6
去除率/%	84.26	85.60	89.73	93.80	91.60
吸附量 q_t/(mg/g)	25.28	25.68	26.92	28.14	27.48

由表 2.7 及图 2.15 可以看出反应温度对磁性介孔二氧化硅的吸附性的影响。温度从 30℃上升至 40℃过程中，由图中曲线可以看出去除率随反应温度的升高而升高，但升高速度相对较慢。但温度从 40℃上升至 60℃时，可以根据图像看出去除率随温度升高明显升高，可见在此温度范围内温度对去除率有较大影响。通过分析可知，这是由于铜离子在较高的温度下具有较快的移动速率，从而加大了磁性介孔二氧化硅与铜离子的接触面积，导致磁性介孔二氧化硅对铜离子的去除率增大。当温度达到 60℃时，去除率达到最大值，60℃后去除率开始下降。从总体上看，磁性介孔二氧化硅对铜离子的去除率随着温度的升高而升高。

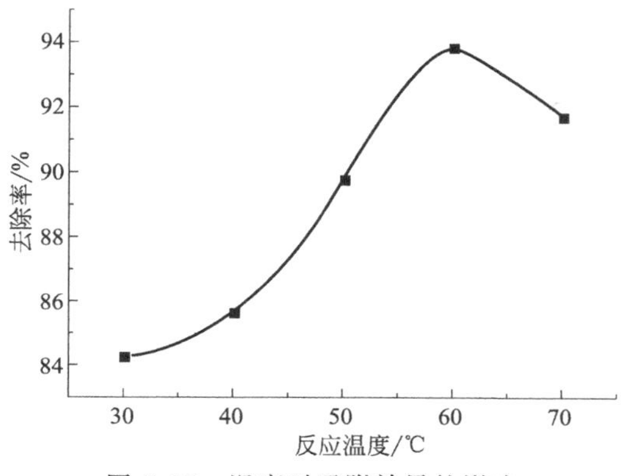

图 2.15 温度对吸附效果的影响

2.3.11 吸附时间对铜离子吸附效果的影响

在研究吸附时间对重金属离子吸附效果的影响时，我们选择溶液 pH 值为 6.0，溶液温度为 25℃。

准确地量取初始浓度为 150mg/L 的铜离子溶液 10mL 于 25mL 锥形瓶中，然后称取 50mg 磁性介孔二氧化硅置于锥形瓶中，再将锥形瓶放置于恒温磁力搅拌器上，时间范围为 0～8h。取样，用紫外分光光度计进行测试。

在不同吸附时间条件下铜离子溶液的吸光度见表 2.8。

表 2.8 在不同吸附时间条件下铜离子溶液的吸光度

吸附时间/h	0.0	3.0	5.0	6.0	7.0	8.0
吸光度 A_1	0.317	0.260	0.196	0.131	0.065	0.064
吸光度 A_2	0.319	0.261	0.199	0.127	0.067	0.062
吸光度 A_3	0.318	0.258	0.197	0.132	0.065	0.063
平均吸光度 A	0.317	0.260	0.197	0.130	0.066	0.063

将上述测得的吸光度代入铜离子标准曲线 $y=0.0472+0.181x$ 中即可得出溶液中铜离子浓度，通过计算可得出铜离子去除率，不同反应时间下铜离子浓度及去除率见表 2.9，根据表中数据可绘制出吸附时间与去除率关系曲线（图 2.16）。

表 2.9 在不同吸附时间条件下铜离子浓度、去除率及吸附量

吸附时间/h	0	3.0	5.0	6.0	7.0	8.0
所测铜离子浓度/(mg/L)	1.491	1.176	0.828	0.457	0.104	0.087
稀释前铜离子浓度/(mg/L)	149.1	117.6	82.8	45.7	10.4	8.7
去除率/%	0.60	21.60	44.8	69.53	93.07	94.20
吸附量 q_t/(mg/g)	0.18	6.48	13.44	20.86	27.92	28.26

吸附时间对铜离子吸附效果的影响见图 2.16，开始阶段吸附较快，随着时间的推移，后一阶段吸附速率降低，吸附量的增加变慢，当时间到达 7～8h 时趋于平衡。分析原因，主要是由于在吸附过程的初期，磁性介孔二氧化硅表面有大量的吸附位点，吸附反应很容易进行，所以吸附反应速率很快。随着吸附的继续，纳米材料表面的吸附位点越来越少，逐渐被占据，吸附也就变得越来越困难。

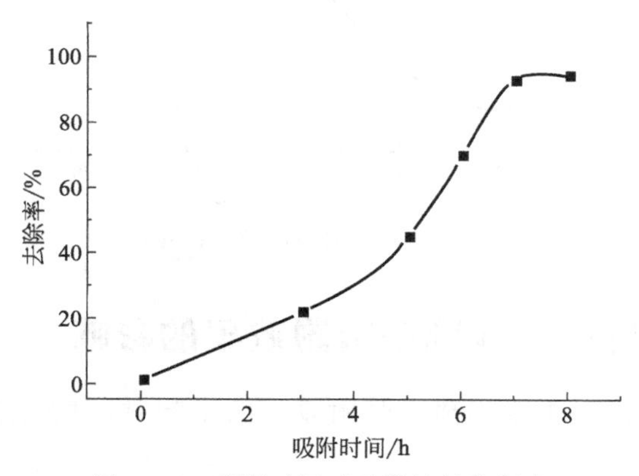

图 2.16 吸附时间对吸附效果的影响

2.3.12 最佳实验条件下铜离子吸附效果

准确地量取 10mL 150mg/L 的铜离子溶液 50mL 于三个锥形瓶中，然后调节溶液 pH 值到 6.0，在 60℃下，不断搅拌，2h 后取上清液，将稀释后的样品用分光光度法测定吸光度 A 为 0.064，将溶液中铜离子浓度代入铜离子标准曲线 $y=0.0472+0.181x$ 中即可得出溶液中铜离子，通过计算可得出铜离子去除率，据吸附量计算公式计算出 q_t 数值，最佳吸附条件下铜离子浓度、去除率及吸附量见表 2.10。

表 2.10 最佳吸附条件下铜离子浓度、去除率及吸附量

稀释前铜离子浓度/(mg/L)	所测铜离子浓度/(mg/L)	吸附量 q_t/(mg/g)	去除率/%
0.093	9.3	28.14	93.80

2.4 结论

本章通过改进的 Stöber 法合成 $Fe_3O_4@SiO_2$。先利用 1-丁基-3-甲基咪唑四氟硼酸盐溶解三氯化铁与硫酸亚铁，用共沉淀法合成 Fe_3O_4 纳米颗粒，以

Fe_3O_4纳米粒子为种子，在加热条件下慢慢滴加TEOS形成核，再以CTAB为模板剂合成Fe_3O_4@SiO_2，最后除去模板剂，得到以Fe_3O_4为磁核的介孔二氧化硅。用核壳结构的介孔Fe_3O_4@SiO_2去除水体中的微量铜离子，结果表明，磁性介孔二氧化硅表面及内部存在着大量的介孔结构，当pH 6、温度在60℃时，磁性介孔二氧化硅对铜离子有较强的吸附能力；吸附时间为7h左右，磁性介孔二氧化硅对铜离子的吸附容量达到饱和。

参考文献

[1] Mulligan C，Yong R，Gibbs B. An evaluation of technologies for the heavy metal remediation of dredged sediments [J]. J Hazard Mater，2001，85：145～63.

[2] Bailey S，Olin T，Brick R，et al. Copper removal from aqueous systems with coffee wastes as low-cost materials [J]. Water Res，1999，1：2469～79.

[3] Nassar N N. Rapid removal and recovery of Pb(Ⅱ) from waste water by magnetic nanoadsorbents [J]. Journal of Hazardous Materials，2010，184 (1-3)：538～546.

[4] Cui H J，Cai J K，Zhao H，et al. Fabrication of magnetic porous Fe-Mn binary oxide nanowires with superior capability for removal of As(Ⅲ) from water [J]. Journal of Hazardous Materials，2014，279：26～31.

[5] Cui H J，Shi J W，Yuan B，et al. Synthesis of porous magnetic ferrite nanowires containing Mn and their application in water treatment [J]. Journal of Materials Chemistry A，2013，1 (19)：5902～5907.

[6] Su C. Environmental implications and applications of engineered nanoscale magnetite and its hybrid nanocomposites：A review of recent literature [J]. Journal of Hazardous Materials，2017，322 (A)：48～84.

[7] Guo J，et al. Polypyrrole-interface-functionalized nano-magnetite epoxy nanocomposites as electromagnetic wave absorbers with enhanced flame retardancy [J]. J Mater Chem C，2017，5：5334～5344.

[8] Wang L，et al. Electromagnetic interference shielding MWCNT-Fe_3O_4@AG-/Epoxy nanocomposites with satisfactory thermal conductivity and high thermal stability [J]. Carbon，2019，141：506～514.

[9] Wu N，Liu C，Xu D，et al. Enhanced electromagnetic wave absorption of three-dimensional porous Fe_3O_4/C composite flowers [J]. ACS Sustain Chem Eng，2018，6：12471～12480.

[10] Zhang Z，Kong J. Novel magnetic Fe_3O_4@C nanoparticles as adsorbents for removal of organic dyes from aqueous solution [J]. J Hazard Mater，2011，193：325～329.

[11] Fosso-Kankeu E，Mittal H，Waanders F，et al. Preparation and characterization of gum karaya hydrogel nanocomposite flocculant for metal ions removal from mine effluents [J]. Int J Environ Sci Technol，2016，13：711～724.

[12] Kumar N，Mittal H，Parashar V，et al. Efficient removal of rhodamine 6G dye from aqueous solution using nickel sulphide incorporated polyacrylamide grafted gum karaya bionanocomposite hydrogel [J]. RSC Adv，2016，6：21929～21939.

[13] Mittal H，Alhassan S M，Ray S S. Efficient organic dye removal from wastewater by magnetic carbo-

naceous adsorbent prepared from corn starch [J]. J Environ Chem Eng，2018，6：7119～7131.

[14] Mittal H，Ballav N，Mishra S B. Gum ghatti and Fe_3O_4 magnetic nanoparticles based nanocomposites for the effective adsorption of methylene blue from aqueous solution [J]. J Ind Eng Chem，2014，20：2184～2192.

[15] Mittal H，Kumar V，Saruchi Ray S S. Adsorption of methyl violet from aqueous solution using gum xanthan/fe3o4 based nanocomposite hydrogel [J]. Int J Biol Macromol，2016，89：1～11.

[16] 薛娟琴，徐尚元，朱倩文，等. 氨基化修饰介孔 Fe_3O_4@SiO_2@mSiO_2 磁性核壳复合微球的可控制备及吸附性能 [J]. 无机化学学报，2016，32 (9)：1503～1511.

[17] Atta A M，El-Mahdy G A，Al-Lohedan H A，et al. Preparation and application of cross linked poly (sodium acrylate)-Coated magnetite nanoparticles as corrosion inhibitors for carbon steel alloy [J]. Molecules，2015，20 (1)：1244～1261.

[18] Dib S，Boufatit M，Chelouaou S，et al. Versatile heavy metals removal via magnetic mesoporous nanocontainers [J]. RSC Adv，2014，4：24838～24841.

[19] Munonde T S，Maxakato N W，Nomngongo P N. Preparation of magnetic Fe_3O_4 nanocomposites modified with MnO_2，Al_2O_3，Au and their application for preconcentration of arsenic in river water samples [J]. J Environ Chem Eng，2018，6 (2)：1673～1681.

[20] Liu C，Zhu X，Wang P，et al. Defects and interface states related photocatalytic properties in reduced and subsequently nitridized Fe_3O_4/TiO_2[J]. J Mater Sci Technol，2018，34 (6)：931～941.

[21] Wu Q，Li M，Huang Z，et al. Well defined nanostructured core-shell magnetic surface imprinted polymers (Fe_3O_4@SiO_2@MIPs) for effective extraction of trace tetrabromobisphenol A from water [J]. J Ind Eng Chem，2018，60：268～278.

[22] Yang Q，Ren S S，Zhao Q，et al. Selective separation of methyl orange from water using magnetic ZIF-67 composites [J]. Chem Eng J，2017，333：49～57.

[23] Wang Z，Zhu H，Cao N，et al. Superhydrophobic surfaces with excellent abrasion resistance based on benzoxazine/mesoporous SiO_2[J]. Mater Lett，2017，186：274～278.

[24] Wu Z，et al. Electrically insulated epoxy nanocomposites reinforced with synergistic core-shell SiO_2@MWCNTs and montmorillonite bifillers [J]. Macromol Chem Phys，2017，218：1700357.

[25] Xie P，et al. Silica microsphere templated self-assembly of a three-dimensional carbon network with stable radio-frequency negative permittivity and low dielectric loss [J]. J Mater Chem C，2018，6：5239～5249.

[26] Xu K，Liu C，Kang K，et al. Isolation of nanocrystalline cellulose from rice straw and preparation of its biocomposites with chitosan：physicochemical characterization and evaluation of interfacial compatibility [J]. Compos Sci Technol，2018，154：8～17.

[27] 董景伟，张志荣，张旸，等. 反相微乳液法制备超顺磁性核壳 Fe_3O_4@SiO_2 纳米颗粒 [J]. 材料导报，2010，24 (s1)：166～169.

[28] Song L N，Zang F C，Song M J，et al. Effective PEGylation of Fe_3O_4 Nanomicelles for In Vivo MR Imaging [J]. Journal of Nanoscience and Nanotechnology，2015，15 (6)：4111～4118.

[29] Shen W，Shi M M，Wang M M，et al. A simple synthesis of Fe_3O_4 nanoclusters and their electromagnetic nanocomposites with polyaniline [J]. Mater Chem Phys，2010，122 (2-3)：588～594.

[30] Qiu P H，Charity N，Towner R，et al. Oil Phase Evaporation-induced Self-assembly of Hydrophobic

Nanoparticles into Spherical Clusters with Controlled Surface Chemistry in an Oil-in-water Dispersion and Comparison of Behaviors of Individual and Clustered Iron Oxide Nanoparticles [J]. J Am Chem Soc, 2010, 132 (50): 17724~17732.

[31] Lemine O M, Omri K, Zhang B L, et al. Sol-gel Synthesis of 8 nm Magnetite (Fe_3O_4) Nanoparticles and Their Magnetic Properties [J]. Superlattices Microstruct, 2012, 52 (4): 793~799.

[32] Wang C Y, Zhou Y, Mo X, et al. Synthesis of Fe_3O_4 Powder by a Novel Arc Discharge Method [J]. Mater Res Bull, 2000, 35 (5): 755~759.

[33] 李秀萍，赵荣祥，徐铸德. 离子液体辅助超声法合成 $Zn_{1-x}Cd_xS$ 纳米粒子及光催化性能研究 [J]. 人工晶体学报，2013，42 (4)：707~711.

[34] Xu X, Zhang M, Feng J, et al. Shape-controlled Synthesis of Single-crystalline Cupric Oxide by Microwave Heating Using an Ionic Liquid [J]. Materials Letters, 2008, 62 (17): 2787~2790.

[35] Wang B, Li Y, Qin X J, et al. Electrochemical Fabrication of TiO_2 Nanoparticles/ [Bmim] BF_4 Ionic Liquid Hybrid Film Electrode and Its Application in Determination of p-acetaminophen [J]. Mater Sci Eng C, 2012, 32 (8): 2280~2285.

[36] Li Z, Jia Z, Luan Y, et al. Ionic Liquids for Synthesis of Inorganic Nanomaterials [J]. Current Opinion in Solid State and Materials Science, 2008, 12 (1): 1~8.

[37] Davis J H. Task-specific Ionic Liquids [J]. Chemistry Letters, 2004, 33 (9): 1072~1077.

[38] Avari I, Mahjoub A R, Kowsari E, et al. Synthesis of ZnO Nanostructures with Controlled Morphology and Size in Ionic Liquids [J]. Journal of Nanoparticle Research, 2009, 11 (4): 861~868.

[39] Zheng W J, Liu X D, Yan Z Y, et al. Ionic Liquid-Assisted Synthesis of Large-Scale TiO_2 Nanoparticles with Controllable Phase by Hydrolysis of $TiCl_4$ [J]. ACS Nano, 2009, 3 (1): 115~122.

[40] Liu X D, Duan X C, Qin Q, et al. Ionic liquid-assisted Solvothermal Synthesis of Oriented Self-assembled Fe_3O_4 Nanoparticles into Monodisperse Nanoflakes [J]. Cryst Eng Comm, 2013, 15 (17): 3284~3287.

[41] Stöber W, Fink A, Ernst B. Controlled growth of monodisperse silica spheres in the micron size range [J]. Journal of Colloid & Interface Science, 1968, 26 (1): 62~69.

第3章

可回收的磁性核壳结构亚硝酸盐荧光传感纳米材料研究

3.1 概述

世界卫生组织（WHO）规定：通常作为肉类、鱼类保鲜剂的亚硝酸盐在饮用水中的限量是65μmol/L。在活性生物体中高浓度的亚硝酸盐能够与胺反应，释放致癌的亚硝胺，增加患癌和畸形的风险[1~4]。作为分析化学中的目标分析物，亚硝酸盐可以用许多现代分析方法精确地测定，包括毛细管电泳法、电化学方法、色谱法和荧光光度法[5~9]。由于精密仪器和复杂样品预处理的要求，这些技术无论其结果如何，都不适合在线监测和现场检测。所以光学传感由于其对仪器的需求少、简易预处理程序及无创性，而成为一种很有吸引力的分析方法。更有趣的是，光信号不受电磁干扰，因此可以远距离传输，使光学传感成为在线监测的一个有吸引力的候选对象[10]。

光谱检测法包括紫外光[11]、化学发光[12]、荧光[13]、红外光谱[14]等检测方法。利用荧光光谱法检测 NO_2^- 具有用量少、灵敏度高、易于检测的特点，荧光光谱法是利用荧光探针在检测 NO_2^- 时荧光强度会发生来变化判断 NO_2^- 是否存在的。荧光探针有很多种，如量子点、有机染料等。量子点荧光探针具有较高的光化学稳定性；有机染料荧光探针具有很好的耐化学降解性和荧光性。但是合成量子点及有机染料的固有成分具有毒性，限制了它们的应用。而金纳米团簇荧光探针由于具有低毒性、优异的生物相容性、稳定性、良好的溶解性及优异的发光性能而受到特别关注。杜晓阳利用β-环糊精与纳米金粒子修饰形成的β-CD@AuNPs功能性金纳米粒子，与杂蒽环类染料中性红（neutral red，NR）作为荧光探针NR-β-CD@AuNPs，形成检测 NO_2^- 的灵敏的荧光传感器。杂蒽环类染料中性红在激发光下会有荧光产生，其伯胺基团在酸性条件下与 NO_2^- 发生重氮化反应，产生荧光猝灭，从而检测 NO_2^- 的存在。对自来水进行抽样检测，结果表明此方法回收率高，相对标准偏差小于5%。Liu等[15]采用声化学方法制备了近红外荧光金纳米团簇（AuNCs）检测 NO_2^-。AuNCs的荧光在 NO_2^- 存在时可选择性地猝灭，随着 NO_2^- 浓度的增加，荧光强度在 $2.0\times10^{-8}\sim5.0\times10^{-5}$ mol/L范围内呈线性下降，检测限为 1.0×10^{-9} mol/L。Xu[16]也报道了金纳米团簇检测亚硝酸盐的工作，不过他们利用氨基功能化的石墨烯通过静电引力和氢键对金纳米团簇进行修饰，制备出具有蓝光和红光双光发射的纳米复合物。研究中发现金纳米团簇的红光能够被亚硝酸盐猝灭，而石墨烯氧化物的蓝光保持不变，可作为很好的内参。这一比率型荧光传感器的检测限为46nmol/L，并可以很好地用于实际水样和腌肉等样品中亚硝酸盐的检测。

文献［17～21］探讨了基于荧光有机染料和增敏剂的亚硝酸盐的光学传感系统，如罗丹明及其衍生物[20]。Gerhard等人[22]在1996年报道了一种用罗丹明B制备的阴离子传感薄膜，可以在浓度为5～5000mmol/L范围内灵敏地检测出亚硝酸盐，最低检出限是0.5mmol/L。Kumar[23]报道了一种利用罗丹明B通过重氮化作用在pH=1的酸性溶液中检测亚硝酸盐的方法。该方法能够在众多阴离子存在的情况下选择性地识别亚硝酸盐，并使溶液由无色变为橙色。厦门大学的Xue等[24]也报道了一种能够用于实际水样检测的亚硝酸盐传感探针RB-PDA。RB-PDA可以通过触发罗丹明B的开环机制来进行目视比色传感。Zhang等人[25]利用罗丹明110荧光探针中的伯氨基发生重氮化反应，同时仲胺基发生亚硝化反应，使产物的发光猝灭，该反应最低检出限是0.7nmol/L。

大多数传感系统的传感器通常被固定并且分散在如硅酸盐、聚合物、金属氧化物等基质中，使探针分子之间的自猝灭达到最小化，以保证化学传感器分子周围均匀的微环境[26～28]。二氧化硅分子筛MCM-41具有化学稳定性高、相容性好、比表面积大的优点，且拥有能保证分析物扩散和运输的高度有序的隧道，已被证实优于其他候选分子。

尽管亚硝酸盐光学传感系统具有良好的传感性能，但是大多数都无法回收利用，因为它们在测试样品中分散后无法再聚合。这个问题可以通过复合材料解决，此类复合材料可以融合各个组成成分，并能够保持各组分的原有特征[29,30]。磁性样品在磁性靶向、样品筛选和分离等方面已被证明是有效的[31～33]。结合了磁性元件和亚硝酸根离子敏感传感器的复合材料的出现使构建可回收利用的亚硝酸根离子传感系统成为可能[34,35]。

鉴于以上考虑，本章针对良好的传感性能和可回收性，设计了两个磁性荧光复合样品。它们具有典型的核壳结构，分别以Fe_3O_4粒子为磁性核心，MCM-41作为支撑介质，两个罗丹明衍生物作为化学传感器。围绕这两个复合离子的亚硝酸根离子传感性能和可回收性，对它们进行了详细的表征。

3.2 实验部分

3.2.1 试剂与仪器

初始试剂，包括劳森试剂、罗丹明B、$NH_3 \cdot H_2O$（28%）、原硅酸四乙酯

(TEOS)、无水肼(95%)、3-缩水甘油醚氧基丙基三甲氧基硅烷(GPTS)、十六烷基三甲基溴化铵(CTAB)、十二烷基硫酸钠(SDS)、三氯化铁、无水乙酸钠、浓盐酸、乙二醇以及其他无机金属盐,均购自上海化学试剂公司(上海,中国)。有机溶剂,包括甲苯、正己烷、乙醇、乙腈、四氢呋喃(THF),由大发化学试剂公司(天津,中国)提供,并按照标准操作进行蒸馏和纯化。实验用水为去离子水。

样品的核磁(NMR)和红外光谱(IR)数据分别来自 Varian INOVA 300 光谱仪和 Bruker Vertex 傅里叶变换红外光谱仪($400\sim4000cm^{-1}$,KBr 压片法)。X 射线衍射图由 Rigaku D/Max-Ra 型 X 射线衍射仪测得($\lambda=1.5418Å$)。发射光谱由日立 F-4500 型荧光分光光度计测定。用 F900 型荧光分光光度计检测发射衰减寿命(荧光寿命)。样品形态分析由日立 S-4800 型显微镜和 JEOL JEM-2010 型透射电子显微镜完成。元素分析由 Carlo Erba 1106 型元素分析仪进行。磁性数据由 MPM5-XL-5 超导量子干涉器件(SQUID)磁力计测定。用 Perkin-Elmer 热分析仪分析了热降解和热稳定性。用 Nova 1000 分析仪 Barrett-Joyner-Halenda(BJH)方法对介孔结构进行分析。

3.2.2 化学传感器 $RB-NH_2$ 和 $RSB-NH_2$ 的合成

化学传感器 2-氨基-3′,6′-双(二乙氨基)酯[异吲哚-1,9′-氧杂蒽](${RB-NH_2}$)按照文献[36]方法合成。$POCl_3$(5mL)溶于 CH_2Cl_2(10mL)中,并且滴加到罗丹明的 CH_2Cl_2 溶液中(15mmol/30mL)。在氮气条件下,60℃加热该溶液 8h。经减压蒸馏去除溶剂和过量的 $POCl_3$。固体产物直接与无水乙腈(100mL)和无水肼(10mL)混合。在 0℃下搅拌该混合物 1h,然后在室温 N_2 条件下搅拌 10h。减压蒸馏去除溶剂和过量肼。粗品在乙醇/水(体积比为 2∶8)中重结晶。

核磁共振氢谱(^1H NMR)($CDCl_3$)化学位移 δ 数据:1.30ppm(三重峰,12H,NCH_2CH_3),3.22ppm(四重峰,8H,NCH_2CH_3),3.73ppm(单峰,2H,$N—NH_2$),6.31ppm(双二重峰,2H,氧杂蒽),6.39ppm(二重峰,2H,氧杂蒽),6.44ppm(二重峰,2H,氧杂蒽),7.12ppm(双二重峰,1H,苯环),7.43ppm(双二重峰,2H,苯环),8.16ppm(双二重峰,1H,苯环)。质谱(EI-MS)质荷比(m/e)数据显示有数值为 456.3 的碎片离子,与合成产物 $C_{28}H_{32}N_4O_2$ 的分子量(456.6)一致。

化学传感器 2-氨基-3′,6′-双(二乙基氨基)螺甾[异吲哚啉-1,9′-黄嘌呤]-3-硫磷($RSB-NH_2$)通过劳森试剂处理 $RB-NH_2$ 来合成。$RB-NH_2$(5mmol)、劳森试剂(8mmol)和无水甲苯(25mL)的混合物在 120℃、N_2 条件下加热反应

10h。减压提取溶剂。粗产物经过以二氯甲烷为洗脱剂的硅胶柱进行纯化。核磁共振氢谱（^1H NMR）（$CDCl_3$）化学位移 δ 数据：1.33ppm（三重峰，12H，NCH_2CH_3），3.27ppm（四重峰，8H，NCH_2CH_3），3.79ppm（单峰，2H，N—NH_2），6.30ppm（双二重峰，2H，氧杂蒽），6.41ppm（二重峰，2H，氧杂蒽），6.47ppm（二重峰，2H，氧杂蒽），7.15ppm（双二重峰，1H，苯环），7.44ppm（双二重峰，2H，苯环），8.17ppm（双二重峰，1H，苯环）。质谱（EI-MS）质荷比（m/e）数据显示有数值为 472.5 的碎片离子，与合成产物 $C_{28}H_{32}N_4OS$ 的分子量（472.2）一致。

3.2.3 支撑基质 Fe_3O_4&GPTS 的构建

化学传感器的支撑矩阵，记作 Fe_3O_4&GPTS，按照以下方法合成[37]。首先，将乙二醇（100mL）、$FeCl_3 \cdot 6H_2O$（3.2g）、SDS（1.5g）和乙酸钠（8g）混合，在室温下搅拌 30min，倒入特氟龙瓶中。200℃加热 8h 后，收集固体样品，得到 Fe_3O_4 颗粒。然后将这些 Fe_3O_4 颗粒（0.1g）分散在乙醇（20mL）中，超声振荡使颗粒分散。依次添加下列试剂，包括乙醇（20mL）、去离子水（10mL）、浓氨水（0.5mL）和正硅酸乙酯 TEOS（0.1g）。将浑浊液在室温下搅拌 6h，然后用去离子水清洗固体产物，制得二氧化硅核。将乙醇（30mL）、去离子水（40mL）、十六烷基三甲基溴化铵（CTAB，0.15g）、浓氨水（0.5mL）和正硅酸乙酯（TEOS）（0.4g），依次与二氧化硅核混合，在室温下搅拌 6h。将固体产物再分散在乙醇（200mL）和丙酮（15mL）中，在室温下搅拌 3 天以消除模板剂 CTAB，制得 Fe_3O_4&MCM-41。Fe_3O_4&MCM-41（0.1g）与 GPTS（0.05g）和无水甲苯（15mL）混合，在 N_2 条件下 120℃加热。固体产物进行分离后，用乙醇洗涤，80℃真空干燥，得到 Fe_3O_4&GPTS。产量：0.1g。元素分析：C 5.12%；N 0.06%。

3.2.4 Fe_3O_4&MCM-41&RB 和 Fe_3O_4&MCM-41&RSB 的合成

对于这两种复合材料样品（Fe_3O_4&MCM-41&RB 和 Fe_3O_4&MCM-41&RSB）的合成示意图如图 3.1 所示。传感器和支撑基质的共同水解，能得到我们所需的复合样品，即 Fe_3O_4&MCM-41&RB 和 Fe_3O_4&MCM-41&RSB。将 RB-NH_2（或 RSB-NH_2，0.05g）与 Fe_3O_4&GPTS（0.1g，过量）和无水甲苯（15mL）混合，该混合物在 120℃、N_2 条件下加热 8h。冷却后，将固体样品分离，用乙醇清洗，真空干燥 80℃，得到最终的亚硝酸根离子传感复合样品。产量：Fe_3O_4&MCM-41&RB 0.11g，Fe_3O_4&MCM-41&RSB 0.12g。元素分析：

对于 Fe_3O_4&MCM-41&RB，C 3.95%，N 0.55%；对于 Fe_3O_4&MCM-41&RSB，C 5.01%，N 0.68%。

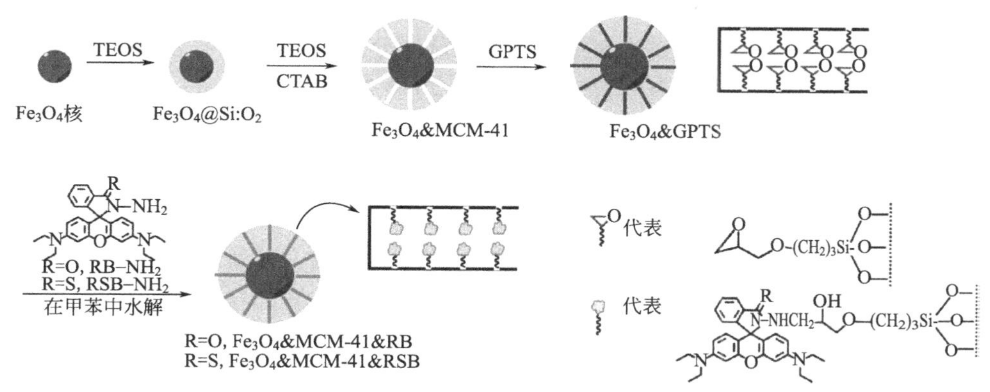

图 3.1 Fe_3O_4&MCM-41&RB 和 Fe_3O_4&MCM-41&RSB 的合成示意图

3.3 结果与讨论

3.3.1 设计思路与形貌分析

为了对我们的两个复合样品有一个清楚的了解，它们的每个组成部分解释如下。如上所述，主要目标是实现特定位点的聚集，从而达到再循环利用。因此，Fe_3O_4 颗粒以无定形的二氧化硅密封，并作为磁性核心以满足特定位点的聚集。这种无定形的二氧化硅层可以减少对化学传感器发射的磁效应，避免这些 Fe_3O_4 粒子的磁聚集，这有利于以后支撑基质的构建。选择一种二氧化硅分子筛 MCM-41 作为支撑基质，由于其具有良好的相容性、大的比表面积和规则的隧道，保证了分析物分子的良好扩散和运输能力。对于化学传感器，两种罗丹明衍生物因其具有良好的发射性能而被使用。在酸性条件下，它们能与亚硝酸根离子发生反应，并生成非发射性亚硝基化合物，显示出传感信号。为了更好的稳定性和最小的染料泄漏，将它们共价固定在 MCM-41 框架中。此外，对两种化学传感器中的一种进行了硫改性，以期进一步提高传感器的传感性能。根据上述组分及其特点，预测了 Fe_3O_4&MCM-41&RB 和 Fe_3O_4&MCM-41&RSB 的优良传感性能。

通过扫描电子显微镜（SEM）图（图 3.2）对 Fe_3O_4 颗粒、Fe_3O_4&SiO_2、

Fe_3O_4&MCM-41、Fe_3O_4&GPTS、Fe_3O_4&MCM-41&RB 和 Fe_3O_4&MCM-41&RSB 的扫描，实现了对这些制备样品的快速评价。通过图 3.2 我们观察到，Fe_3O_4 粒子是具有光滑表面的纳米球。它们的平均直径确定为 250nm，与文献值相当。由于磁性聚集，这些 Fe_3O_4 颗粒分散性差，表面粗糙。表面包覆无定形二氧化硅后，Fe_3O_4&SiO_2 粒子平均直径增加到 270nm，表面光滑。另外，似乎薄薄的二氧化硅层（10nm）太弱，难以隔离这些粒子之间的磁引力。MCM-41 的生长进一步提高了 Fe_3O_4&MCM-41 的平均粒径（为 340nm），改善了分散性，得到光滑的表面，从而成功地控制了这些颗粒之间的磁性聚集。这个 MCM-41 层厚度计算为 35nm，比文献值稍小，由于其生长时间稍短（见图 3.3，Fe_3O_4&MCM-41 的边缘放大图）。GPTS 修饰过程对样品表面的改变非常小。Fe_3O_4&GPTS 平均直径仍然是 340nm，这意味着 GPTS 已经嵌入 MCM-41 的隧道，而不是它们的表面。最后，加载上传感器 RB-NH_2 和 RSB-NH_2 后，核壳结构已在 Fe_3O_4&MCM-41&RB 和 Fe_3O_4&MCM-41&RSB 复合物中得到证实。分散性好、表面光滑，平均直径与 Fe_3O_4&GPTS 几乎相同。

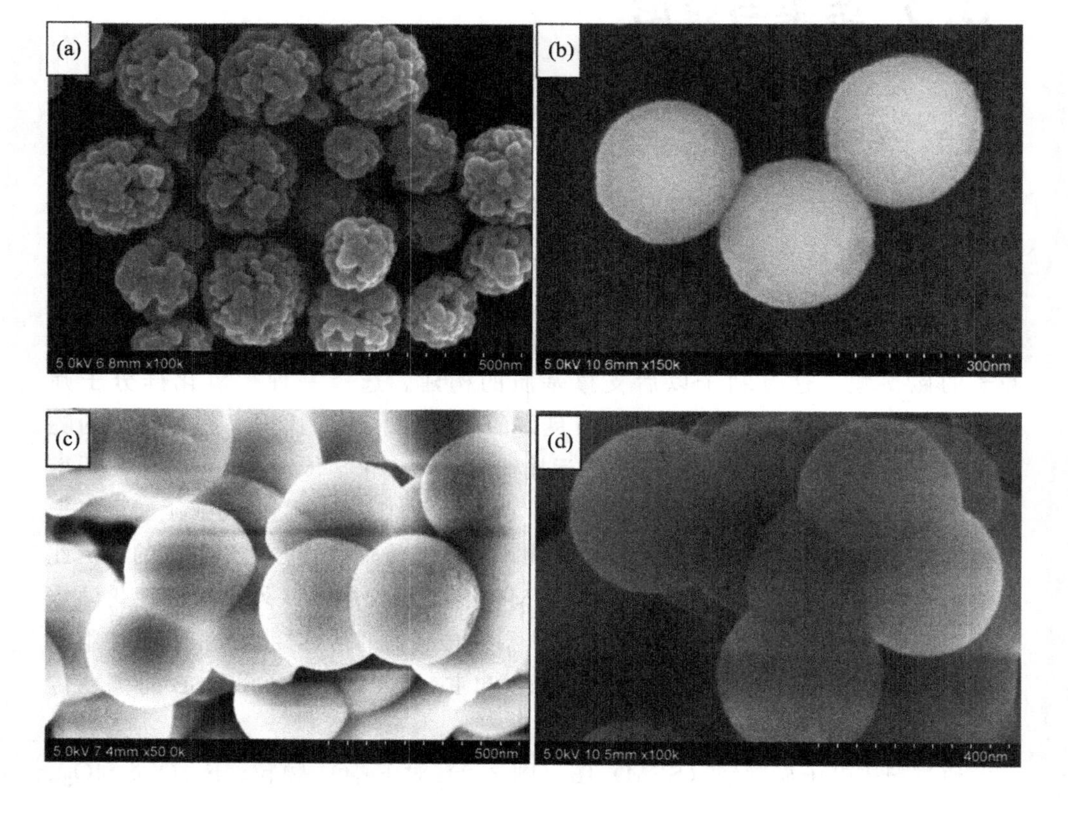

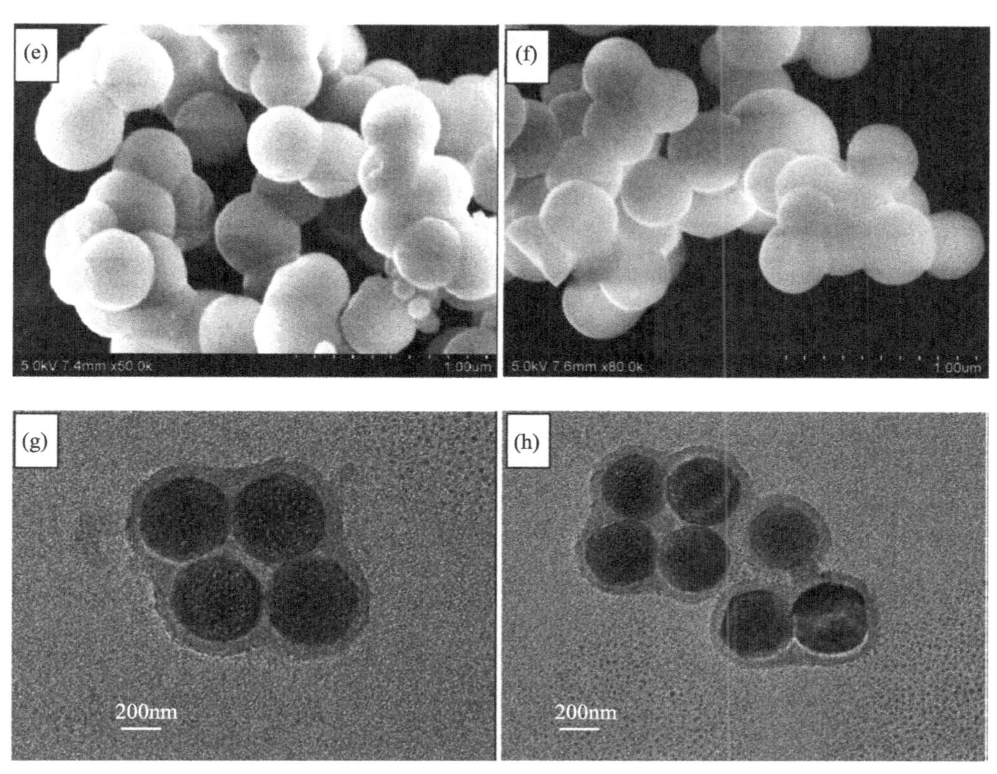

图 3.2 纳米材料的 SEM 图和 TEM 图

(a) Fe_3O_4；(b) Fe_3O_4&SiO_2；(c) Fe_3O_4&MCM-41；(d) Fe_3O_4&GPTS；(e) Fe_3O_4&MCM-41&RB；(f) Fe_3O_4&MCM-41&RSB；(g) Fe_3O_4&MCM-41&RB；(h) Fe_3O_4&MCM-41&RSB

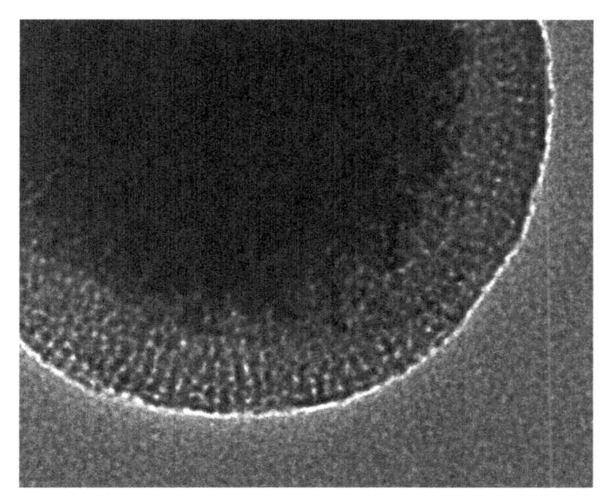

图 3.3 Fe_3O_4&MCM-41 边缘的 TEM 图

3.3.2 XRD图、介孔结构和磁性特征

图3.4(a) 是 Fe_3O_4 颗粒、Fe_3O_4& 二氧化硅、Fe_3O_4&MCM-41、Fe_3O_4&MCM-41&RB 和 Fe_3O_4&MCM-41&RSB 的广角 X 射线衍射（WAXRD），以证实它们的磁性核心。尽管它们有不同的衍射强度值，但是衍射峰几乎相同，2θ 角与标准纳米 Fe_3O_4 的文献值相近。这个结果证实了磁芯已成功合成，并且在二氧化硅包裹、MCM-41 生长和化学传感器加载后仍完好。然而，这些程序确实降低了 Fe_3O_4 的质量分数，并破坏了相应样品的规律性，导致衍射强度降低。随着磁性核心的证实，Fe_3O_4&MCM-41、Fe_3O_4&GPTS、Fe_3O_4&MCM-41&RB 和 Fe_3O_4&MCM-41&RSB 的介孔结构通过小角 XRD（SAXRD）模式进行分析。据观察，在图 3.4(b) 中，每条曲线有三个很好的衍射峰，分别标为（100）、

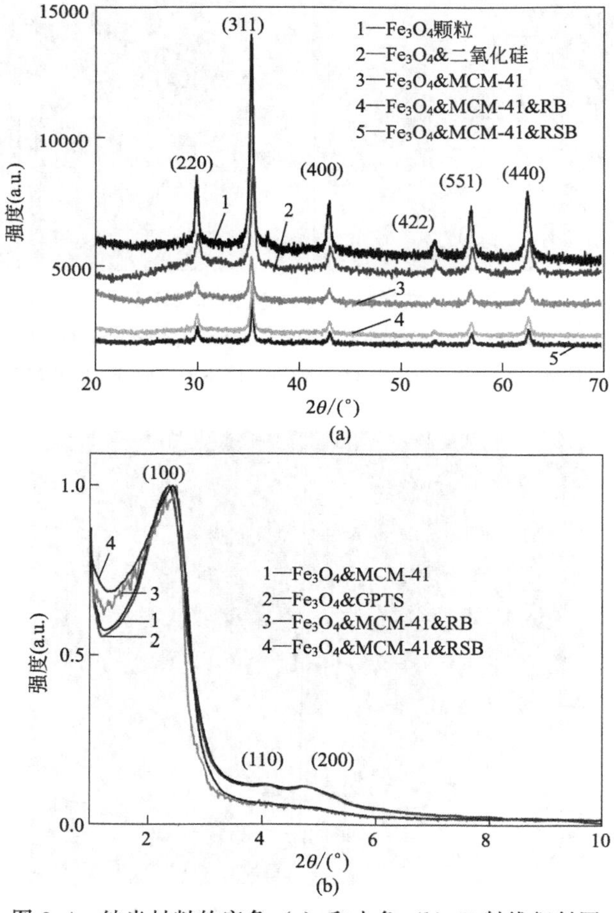

图 3.4 纳米材料的广角（a）和小角（b）X 射线衍射图

(110) 和 (200)。这些峰与标准的 MCM-41 分子筛相匹配，从而初步确认六边形 MCM-41 隧道已成功种植在样品表面，并在加载传感器后仍保持完好。

通过 N_2 吸附/脱附测量进一步分析了样品表面的六边形 MCM-41 孔道。Fe_3O_4&MCM-41、Fe_3O_4&GPTS、Fe_3O_4&MCM-41&RB 和 Fe_3O_4&MCM-41&RSB 的吸附/脱吸等温线示于图 3.5。这四个样品都显示出Ⅳ型等温线，与标准的 MCM-41 样品的等温线相似。这样的结果证实了正六边形的隧道已经成功构建于 Fe_3O_4&MCM-41 中，并在加载传感器后保持完好。而这四个样品的吸附值彼此并不相同。对于 Fe_3O_4&MCM-41，其孔径、孔体积和表面积分别为 2.47nm、0.56cm^3/g 和 717.1m^2/g。这些值与标准 MCM-41 样品的文献值相当。经 GPTS 修饰后，Fe_3O_4&MCM-41&RB 的相应参数降为 2.33nm、0.41cm^3/g 和 612.8m^2/g。传感器加载后，对于 Fe_3O_4&MCM-41&RB，参数降为 2.15nm、0.25cm^3/g 和 439.7m^2/g；对于 Fe_3O_4&MCM-41&RSB，参数降为 2.10nm、0.22cm^3/g 和 435.5m^2/g。这四个样品之间的介孔参数的比较表明，化学传感器分子被加载在 MCM-41 隧道内，而不是在表面上。

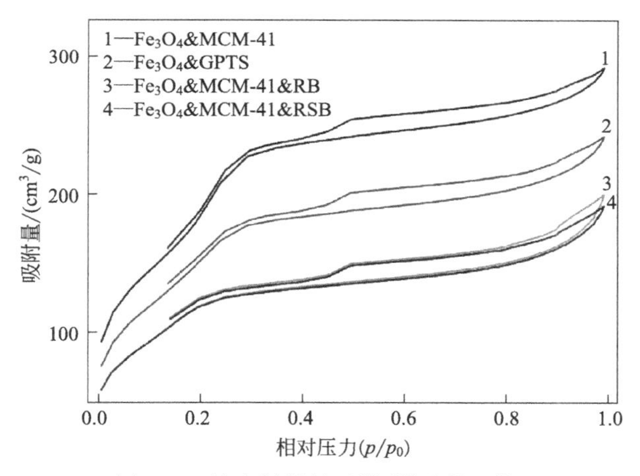

图 3.5 纳米材料的吸附/脱吸等温线

为了研究 Fe_3O_4&MCM-41&RB 和 Fe_3O_4&MCM-41&RSB 的磁聚集特点和可回收性，接下来进行了它们的磁性响应实验。Fe_3O_4 颗粒、Fe_3O_4&MCM-41、Fe_3O_4&MCM-41&RB、Fe_3O_4&MCM-41&RSB 的磁性曲线示于图 3.6。所合成的 Fe_3O_4 粒子，由于其大尺寸，所以其饱和磁化强度值为 73.8emu/g，略高于文献值。在经过二氧化硅包裹和 MCM-41 构建后，Fe_3O_4&MCM-41 的饱和磁化强度值下降到 59.6emu/g，这是由于其降低了 Fe_3O_4 的质量分数。随着化学传感器被加载到它们的 MCM-41 隧道，Fe_3O_4&MCM-41&RB 和 Fe_3O_4&MCM-41&RSB

的饱和磁化强度值分别减少为 43.4emu/g 和 41.1emu/g。对于所有这些样本，都没有检测到磁滞后现象，表明它们的超磁性质。这种特性使它们在没有外部磁场的情况下具有良好的分散性。

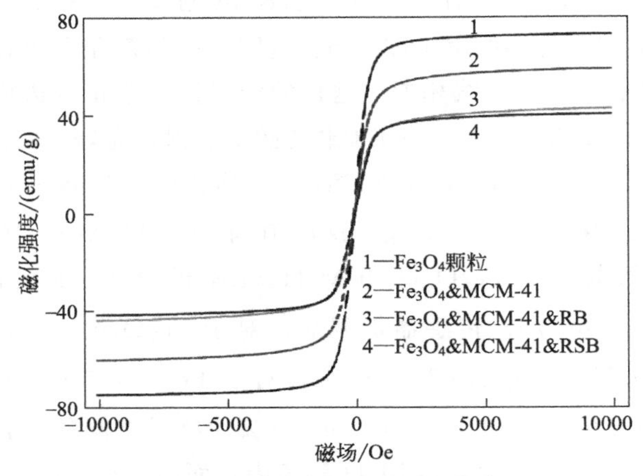

图 3.6　纳米材料的磁响应曲线

有学者认为，30nm 以上的 Fe_3O_4 纳米颗粒通常具有明显的矫顽性。然而，我们的观察与这个结论不一致。在这些 Fe_3O_4 粒子上观察到超磁行为，尽管它们的平均直径为 250nm。考虑到它们的鱼鳞状表面，可以假设图 3.2 中每个可见的 Fe_3O_4 粒子是由小于 30nm 的微小核组成，这使它们仍然具有超磁行为。

3.3.3　红外光谱和 TGA

为进一步确认在 Fe_3O_4&MCM-41&RB 和 Fe_3O_4&MCM-41&RSB 中化学传感器的共价键，Fe_3O_4&MCM-41、Fe_3O_4&GPTS、Fe_3O_4&MCM-41&RB、Fe_3O_4&MCM-41&RSB、RB-NH_2 和 RSB-NH_2 的红外光谱图示于图 3.7。对于前四个样品，观察到四个特征红外带，在 584cm^{-1} 处出现了 Fe—O 特征吸收峰，在 462cm^{-1} 处、806cm^{-1} 处和 962cm^{-1} 处的区带是由于 δSi—O—S、υ_sSi—O 和 υ_{as}Si—O 的振动（υ 表示拉伸，δ 表示平面弯曲，s 表示对称振动，as 表示非对称振动）。证实了这些样品中 Fe_3O_4 核与二氧化硅壳和二氧化硅分子筛的存在。在 Fe_3O_4&GPTS、Fe_3O_4&MCM-41&RB 和 Fe_3O_4&MCM-41&RSB 中有 ν(Si—C) 振动，峰在 1526cm^{-1} 处。至于两个化学传感器 RB-NH_2 和 RSB-NH_2 的红外光谱，在 1512cm^{-1} 处、1610cm^{-1} 处和 1694cm^{-1} 处有尖的区带峰，这分别是由于 ν(Si—C)、ν_s(—N—NH_2) 和 υ_{as}(—N—NH_2) 振动。在

2938cm^{-1} 附近的红外吸收带是由—NHC_2H_5 的振动引起。将化学传感器固定在 MCM-41 隧道后，—N—NH_2 的 IR 峰值明显减弱，而—NHC_2H_5 组的振动峰保存良好。这一结果证实了 MCM-41 隧道中化学传感器的共价加载已经成功，因此 Fe_3O_4&MCM-41&RB 和 Fe_3O_4&MCM-41&RSB 具有良好的稳定性和最少的染料泄漏。

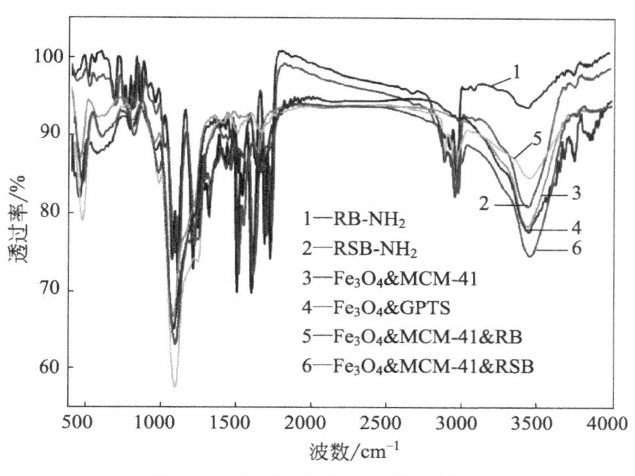

图 3.7 纳米材料的红外光谱图

图 3.8(a) 显示了 Fe_3O_4&MCM-41&RB、Fe_3O_4&MCM-41&RSB 的热重分析（TGA）曲线，可以确定其稳定性和化学传感器的加载水平。热失重分析给出了相应的微分热重（DTG）曲线 [图 3.8(b)]，有三个明显的失重区域。第一个失重区从 30～112℃，是由 3% 的热失重造成的。相应的吸热温度低至 45℃，这一区域是由有机溶剂和物理吸附的水的热蒸发造成。第二个失重区从 115～262℃，分别引起 Fe_3O_4&MCM-41&RB 失重 2.69%，Fe_3O_4&MCM-41&RSB 失重 2.48%。本区域应归因于物理吸附的分子如有机溶剂的热蒸发。第三个失重区域从 270～560℃，分别造成 Fe_3O_4&MCM-41&RB 5.74% 的失重和 Fe_3O_4&MCM-41&RSB 7.48% 的失重。我们认为这一区域是由于共价键结合的化学传感器分子的热分解。这些掺杂水平略低于相似的组合系统的文献值，由于 Fe_3O_4&MCM-41&RB 和 Fe_3O_4&MCM-41&RSB 具有短的 MCM-41 隧道。与文献案例不同，在 Fe_3O_4&MCM-41&RB 和 Fe_3O_4&MCM-41&RSB 中没有明显的源于有机硅酸盐骨架的热降解失重区域。这是因为它们的化学传感器是纯有机的，对 MCM-41 晶格的影响很小。在化学传感器破坏之后，MCM-41 矩阵仍然强大且保存良好。因此，没有发现由有机硅酸盐骨架热降解引起的失重。

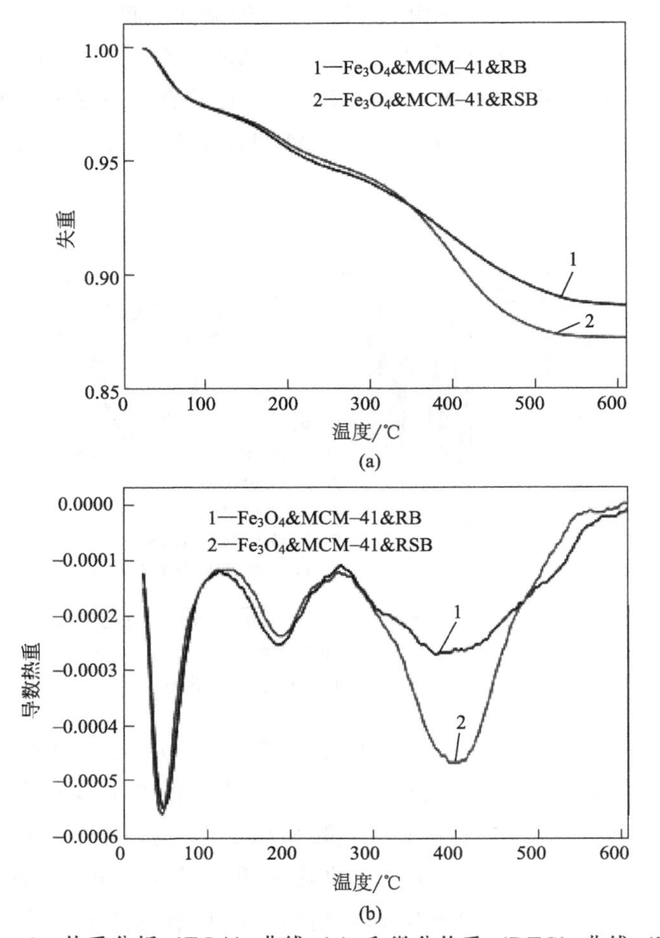

图 3.8 热重分析（TGA）曲线（a）和微分热重（DTG）曲线（b）

3.3.4 Fe_3O_4&MCM-41&RB 和 Fe_3O_4&MCM-41&RSB 的传感特性

3.3.4.1 传感条件优化

根据文献结论，罗丹明及其衍生物通常有两种结构，即内酰胺结构（非发射）和氧杂蒽结构（发射）。在中性或碱性条件下是内酰胺结构，当酸性或有金属配离子存在时，则为氧杂蒽结构。氧杂蒽结构的罗丹明及其衍生物在酸性条件下与亚硝酸盐离子发生加成反应的时候，它的荧光发射会被极大地猝灭。对 Fe_3O_4&MCM-41&RB 和 Fe_3O_4&MCM-41&RSB 的亚硝酸盐离子传感的最佳质子浓度实验如下。发射/猝灭比例 [$F_0/(F_0-F)$] 在不同质子浓度的乙醇/

酸性悬浮液（1mg/mL，体积比为8∶2，25℃）中测定，F表示亚硝酸根离子（50μmol/L）存在时化学传感器发射强度，F_0表示在没有亚硝酸根离子存在时化学传感器的初始发射强度。在滴定中加入亚硝酸盐离子，以全面评价其对化学感应发射的影响。在图3.9中，亚硝酸根离子从0～0.05mol/L，其大大降低了两种复合物样品的$F_0/(F_0-F)$。这是因为质子促进了化学传感器和亚硝酸盐离

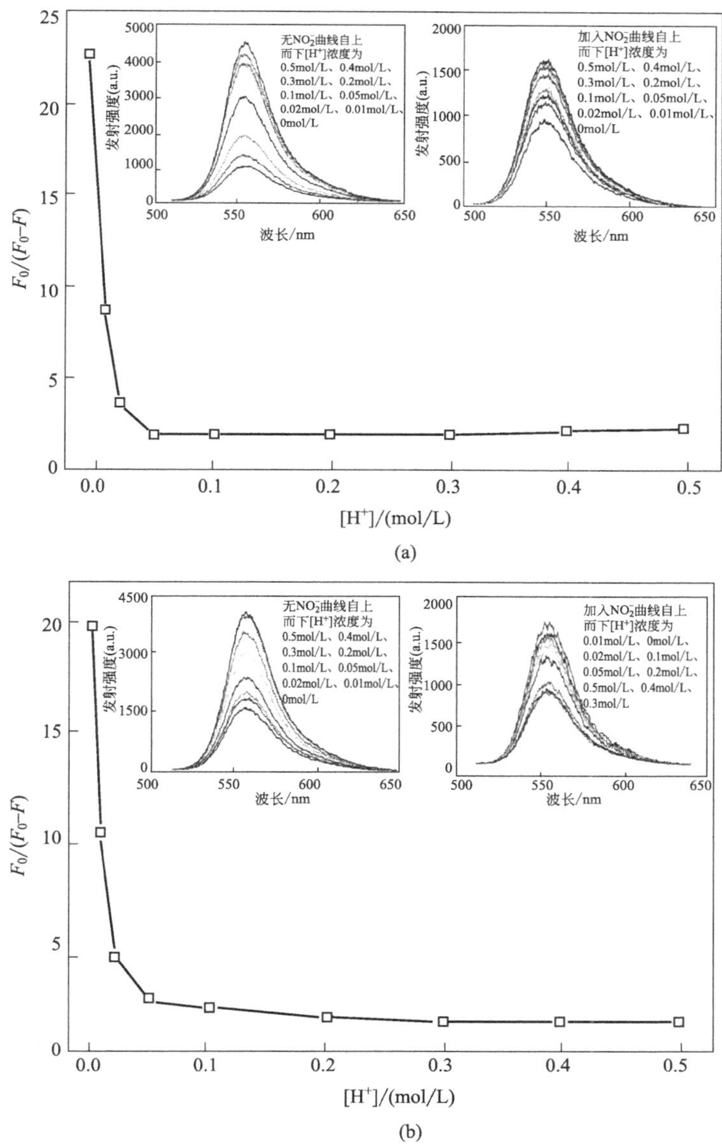

图3.9 发射猝灭比率［$F_0/(F_0-F)$］值随H^+浓度变化曲线

(a) Fe_3O_4&MCM-41&RB；(b) Fe_3O_4&MCM-41&RSB

子之间的加成反应。亚硝酸盐离子浓度从0.05～0.5mol/L，$F_0/(F_0-F)$ 比值趋于不变，这表明化学传感器与亚硝酸盐离子之间的加成反应达到了上限。因此，亚硝酸根离子传感的最佳质子浓度为0.3mol/L，以保证完全反应。

反应时间应该是另一个需考虑的因素，因为这些化学传感器通过与亚硝酸根离子的加成反应完成亚硝酸根离子的感应。Fe_3O_4&MCM-41&RB和Fe_3O_4&MCM-41&RSB的发射猝灭比率［$F_0/(F_0-F)$］在乙醇/酸性悬浮液（1mg/mL，体积比为8：2，25℃）中在不同的反应时间下进行测定。从图3.10中可以看到，在最初的15min内 $F_0/(F_0-F)$ 值大大降低。20min后，$F_0/(F_0-F)$ 趋于稳定。结果表明，在化学传感器上，硫改性对Fe_3O_4&MCM-41&RSB的传感反应有较好的促进作用，其与Fe_3O_4&MCM-41&RB相比具有较好的传感平衡。为了使化学传感器和亚硝酸根离子之间完全反应，反应时间选择25min。这个时间稍短于文献值。Fe_3O_4&MCM-41&RB和Fe_3O_4&MCM-41&RSB的高度有序的MCM-41隧道，可以有效地吸附和运输亚硝酸根离子，导致这种快速反应。

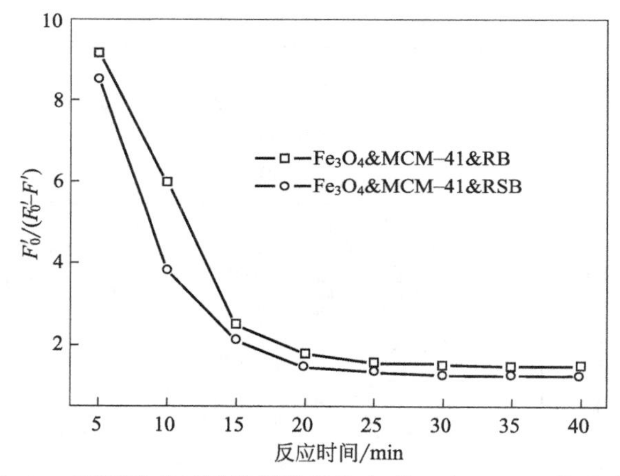

图3.10　不同反应时间发射猝灭比率［$F_0/(F_0-F)$］的变化

3.3.4.2　对亚硝酸根离子的传感性能

（1）发射响应。为了初步评价Fe_3O_4&MCM-41&RB和Fe_3O_4&MCM-41&RSB对亚硝酸根离子的传感性能，其发射光谱在乙醇/酸性悬浮液（1mg/mL，体积比为8：2，25℃），亚硝酸盐离子浓度从0～11μmol/L条件下进行测定，示于图3.11。很显然，观察到基于罗丹明的发射带，Fe_3O_4&MCM-41&RB峰值为555nm，Fe_3O_4&MCM-41&RSB峰值为558nm。这一结果证实了罗丹明的化学传感器和支撑矩阵之间的共价嫁接已经成功，其分子结构在MCM-41隧道中得到了良好的保护。亚硝酸根离子的存在大大降低了复合材料样品的发射强度。另外，在不同的亚硝酸根离子浓度下，没有观察到这些发射光谱的新发射带或肩峰，这表明了基于添加剂反应的静态猝灭机理。

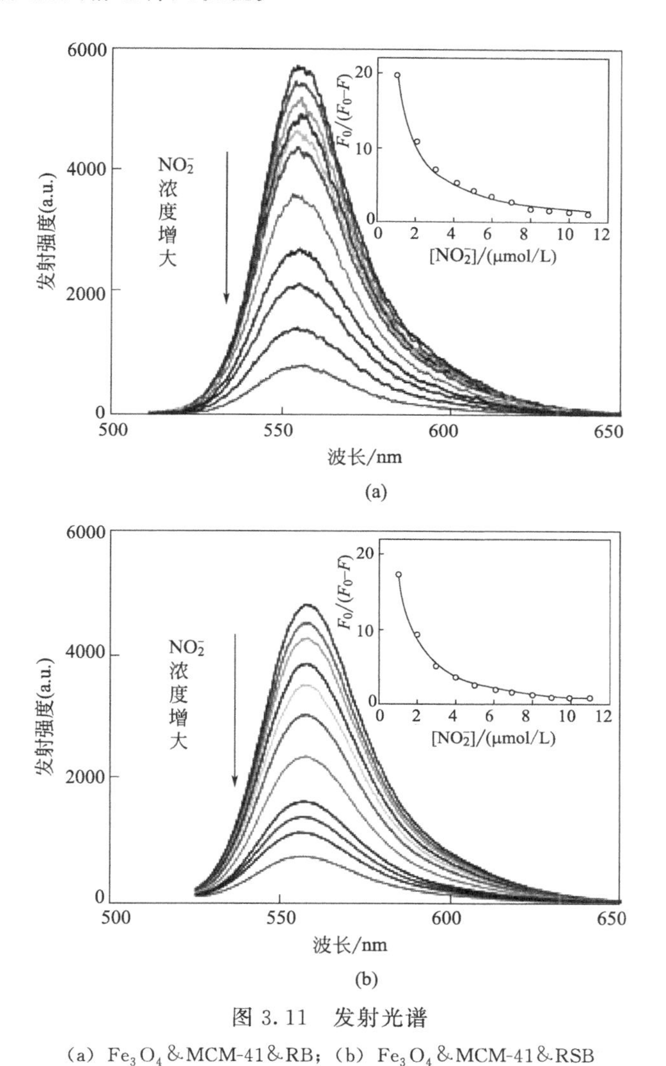

图 3.11 发射光谱

(a) Fe_3O_4&MCM-41&RB；(b) Fe_3O_4&MCM-41&RSB

不同的亚硝酸根离子浓度与对应的发射猝灭比率 $[F_0/(F_0-F)]$ 的关系符合 Demas 公式，示于式(3.1)，其中 C_1、D 和 $[NO_2^-]$ 分别代表一般常数、Demas 系数和亚硝酸根离子浓度。

$$F_0/(F_0-F)=C_1+1/D[NO_2^-] \tag{3.1}$$

随着其发射光谱的出现，Fe_3O_4&MCM-41&RB 和 Fe_3O_4&MCM-41&RSB 相

应的 Demas 方程分别拟合为 $F_0/(F_0-F)=-0.280+1/0.049[NO_2^-]$（$R^2=0.994$）和 $F_0/(F_0-F)=0.416+1/0.060[NO_2^-]$（$R^2=0.994$）。它们的 Demas 系数小于文献值，这意味着 Fe_3O_4&MCM-41&RB 和 Fe_3O_4&MCM-41&RSB 对亚硝酸根离子高度敏感。化学传感器上的硫修饰似乎提高了传感性能，这应该由硫原子的电子捐赠作用来解释，具体解释如下。按照文献方法，检测限（LOD）被定义为当感知信号是仪器噪声的三倍时最小的亚硝酸根离子浓度。Fe_3O_4&MCM-41&RB 和 Fe_3O_4&MCM-41&RSB 的 LOD 值分别为 1.2μmol/L、1.3μmol/L。这些值远远低于世卫组织对亚硝酸盐的最大限度（65μmol/L）。为了进一步改进，通过将电子供体引入化学传感器，可以进一步提高灵敏度。

（2）其他离子的干扰效应。在实际样品的测定中，目标分析物通常是分散在一个复杂的系统中，充满了相互竞争的离子和杂质。在这种情况下，对特定的分析物的独特反应是化学传感器所期望的，这就是所谓的选择性。通过在有或无干扰离子的情况下，其发射强度对比（F_0/F）柱状图，初步探讨了 Fe_3O_4&MCM-41&RB 和 Fe_3O_4&MCM-41&RSB 的选择性。如图 3.12 所示，它们的发射对大多数离子是免疫的，如 Cl^- 和 SO_4^{2-}。一些阴离子和金属离子可以轻微地增强样品的发射强度，因为它们可以作为罗丹明化学传感器的协调中心，从而发生从非发射的螺甾内酰胺结构到发射的氧杂蒽结构的转变。由于同样的原因，过渡金属离子，如 Cu^{2+}、Hg^{2+}、Fe^{2+} 和 Fe^{3+}，由于其对罗丹明的化学传感器的强烈亲和力，对样品荧光发射有更明显的干扰作用。与文献案例相比，Fe_3O_4&MCM-41&RB、Fe_3O_4&MCM-41&RSB 的选择性仍然是可以接受的。

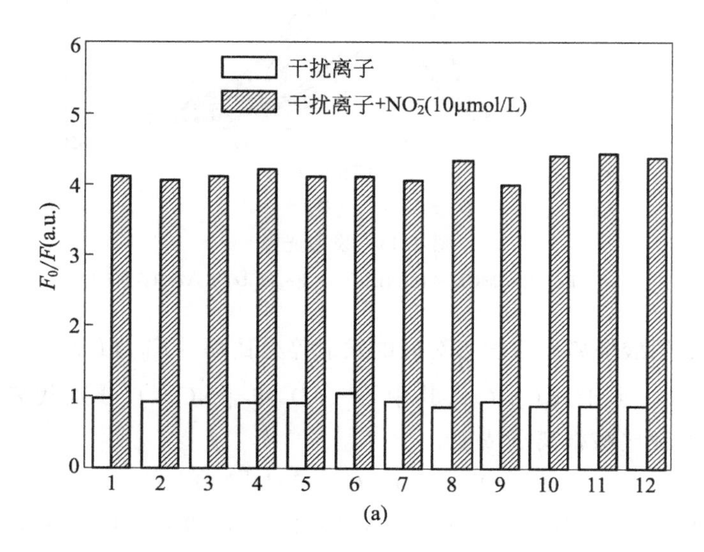

(a)

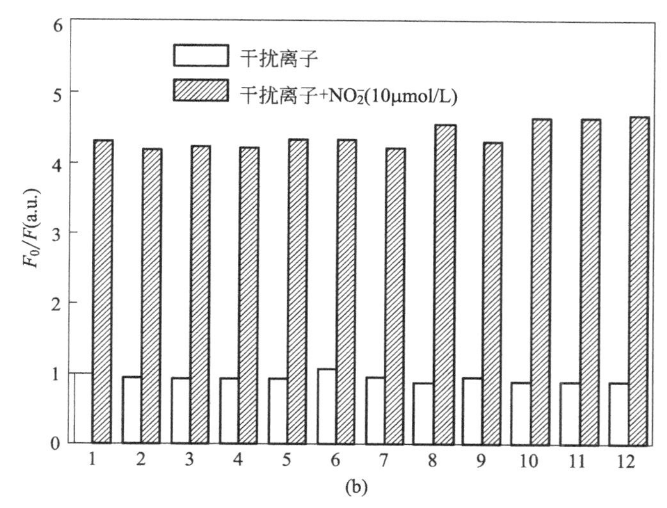

图 3.12 发射强度对比（F_0/F）柱状图

(a) Fe_3O_4&MCM-41&RB；(b) Fe_3O_4&MCM-41&RSB

1—空白；2—CO_3^{2-}；3—HPO_3^{2-}；4—SO_4^{2-}；5—Ac^-；6—Cl^-；7—Zn^{2+}；

8—Fe^{2+}；9—Cd^{2+}；10—Cu^{2+}；11—Hg^{2+}；12—Fe^{3+}

当添加 NO_2^- 时，无论这些干扰离子是否存在，Fe_3O_4&MCM-41&RB、Fe_3O_4&MCM-41&RSB 的发射强度都显著降低。这个结果证实了这两种复合材料即使在存在干扰离子的情况下也能保持它们的传感性能。这是因为大多数干扰离子不能作为协调中心或与这些化学传感器发生反应。样品的发射不受它们存在的影响。过渡金属离子，如 Fe^{2+}、Cu^{2+} 和 Fe^{3+}，通常对罗丹明衍生化的化学传感器有很强的亲和力，从而对化学传感器产生强烈的干扰作用。此外，这些金属离子可能会氧化化学传感器，从而产生类似亚硝酸根离子感应的传感过程。

3.3.4.3 传感机制

通过上述分析，证实了亚硝酸根离子对 Fe_3O_4&MCM-41&RB、Fe_3O_4&MCM-41&RSB 的荧光发射是不可猝灭的。在它们的传感过程中没有发现新的发射带或肩峰。这一观察初步表明了化学传感器与亚硝酸根离子之间的静态传感机制。为了证实这一假设，它们的发射衰减动力学在乙醇/酸性悬浮液（1mg/mL，体积比为 8∶2，$[H^+]=0.3mol/L$，25℃）和不同亚硝酸根离子浓度（0.5μmol/L 和 10μmol/L）下被记录和比较。如图 3.13 所示，在各种亚硝酸根离子浓度下的两个样品都遵循单指数衰减模式。Fe_3O_4&MCM-41&RB、Fe_3O_4&MCM-41&RSB 的衰减时间分别为 2.45ns($[NO_2^-]=0$)、2.73ns($[NO_2^-]=5\mu mol/L$)、2.66ns（$[NO_2^-]=10\mu mol/L$） 和 2.62ns（$[NO_2^-]=5\mu mol/L$） 和 2.64ns

($[NO_2^-]=10\mu mol/L$)。在化学传感器寿命和亚硝酸根离子浓度之间没有明显或直接的依赖关系。因此证实了这些化学传感器对亚硝酸根离子采用静态感知机制。在此基础上，提出了一种静态传感过程的示意图，如图 3.14 所示。在这种情况下，亚硝酸根离子在酸性条件下给出 NO^+，它会攻击罗丹明衍生化的化学传感器中一个 N 原子的孤对电子。它们的亚硝基产物是非发射性的，导致化学传感器发射猝灭，从而产生传感行为。

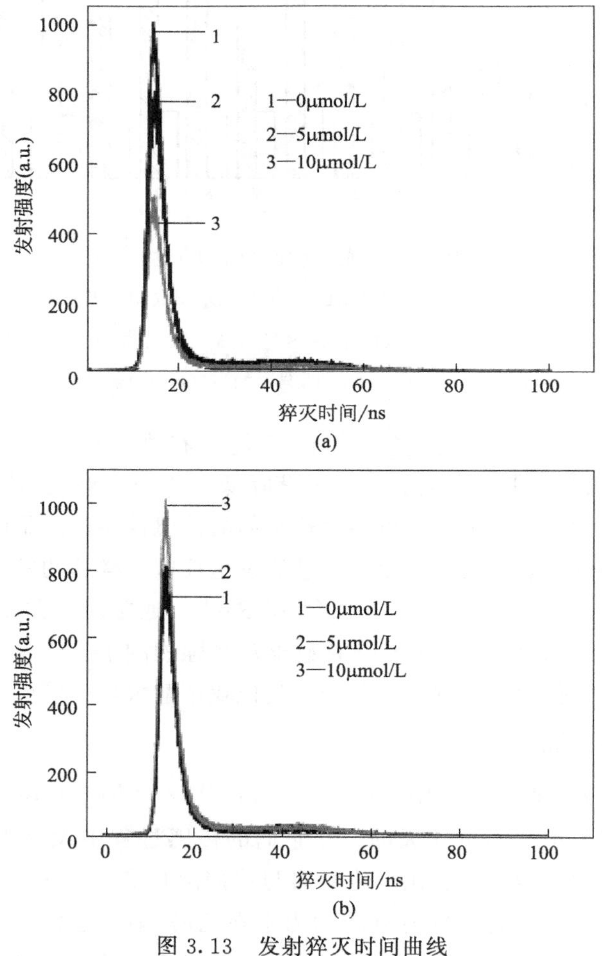

图 3.13　发射猝灭时间曲线

(a) Fe_3O_4&MCM-41&RB；(b) Fe_3O_4&MCM-41&RSB

借由化学传感器中 N 原子的孤对电子被 NO^+ 攻击的假设，那么作为电子供体的 S 原子就可以使由此产生的加合物更稳定，从而加速这一过程。硫改性的化学传感器会有更完全、更快速的荧光发射猝灭，显示出传感性能的提高。

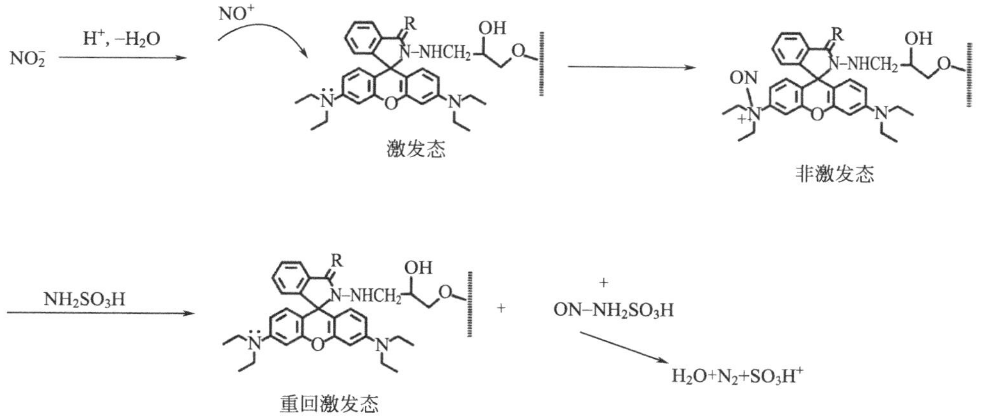

NO+
H+, −H2O
NO2−
OH
R
N−NHCH2
O
N
激发态
ON
非激发态
NH2SO3H
重回激发态
+
ON−NH2SO3H
H2O+N2+SO3H+

图 3.14 静态传感示意图

3.3.4.4 可回收性

图 3.14 所示的静态传感机制表明了 Fe_3O_4&MCM-41&RB 和 Fe_3O_4&MCM-41&RSB 的可回收性，因为它们与 NO^+ 的加成反应以及它们的特异位点聚集性能。假设非发射的亚硝基产物可以被适当的脱氧剂脱氧，从而恢复它们的发射。为证实它们的可循环性，在乙醇/酸性悬浮液（1mg/mL，体积比为 8∶2，$[H^+]$=0.3mol/L，25℃）中加入亚硝酸根离子（10μmol/L）和氨基磺酸，测定 Fe_3O_4&MCM-41&RB 和 Fe_3O_4&MCM-41&RSB 的荧光发射。如我们所料，这两种复合材料的发射明显被亚硝酸根离子淬灭，如图 3.15 所示。经脱氧剂硫酸处理后，其发射量几乎恢复到原来的水平。很明显，这里的硫酸发挥了脱

1—初始状态
2—加入NO2−(10μmol/L)
3—加入氨基磺酸(过量的)
4—加入NO2−(过量的)
发射强度(a.u.)
6000
4000
2000
0
500
550
600
650
波长/nm
1
2
3
4

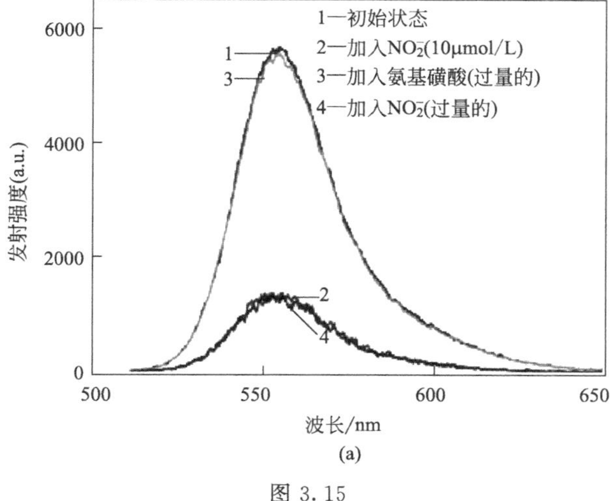

(a)

图 3.15

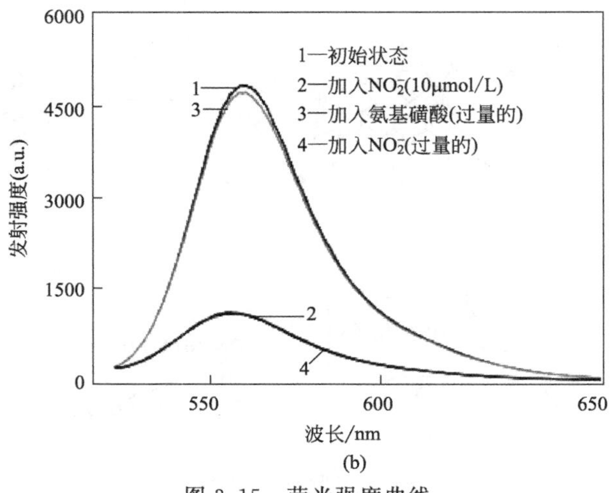

图 3.15 荧光强度曲线

(a) Fe_3O_4&MCM-41&RB；(b) Fe_3O_4&MCM-41&RSB

氧剂的作用，并与非发射的亚硝基产物反应。这些回收的化学传感器仍然具有亚硝酸根离子感应能力，如图 3.16 所示。我们最终确认了 Fe_3O_4&MCM-41&RB 和 Fe_3O_4&MCM-41&RSB 的可回收性。与文献报道[37,38] 相比，这种可回收性可作为修饰光学传感纳米复合样品（以 Fe_3O_4 为核）的主要改进之处。例如，Wang 和同事报道了一种通过将罗丹明 6G 移植到二氧化硅纳米颗粒上的亚硝酸感应复合材料。尽管它的 LOD(1.2μmol/L) 和反应时间（35min）类似于我们的工作，但这个样品不可回收，这限制了其进一步应用。我们已经通过赋予 Fe_3O_4&MCM-41&RB 和 Fe_3O_4&MCM-41&RSB 可回收性，扩大了它们的应用范围。

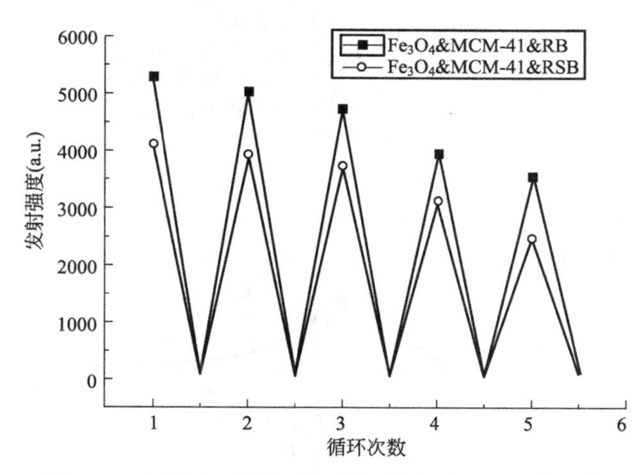

图 3.16 两种传感器在多次循环使用之后的发射强度

3.4 结论

本章设计并合成了两种磁性核壳结构的亚硝酸根离子传感纳米复合材料。分别以 Fe_3O_4 颗粒作为核心，SiO_2 分子筛作为支撑基质，两个罗丹明衍生物作为化学传感器。用电子显微镜、介孔分析、磁响应、红外光谱和热稳定性分析等手段对这两种复合传感样品进行了细致的表征。这两种复合物可去除（发射猝灭）和检测亚硝酸根离子，最低检测限为 1.2μmol/L。详细的分析表明，这些传感器通过加成反应对亚硝酸根离子进行响应，并可通过氨基磺酸化对传感器进行再生和重复利用。

参考文献

[1] WHO. Guidelines for Drinking-Water Quality, third edition, Geneva [M]. World Health Organisation, 2008, 12: 417.
[2] Lijinsky W. Epstein S S. Nitrosamines as environmental carcinogens [J]. Nature, 1970, 225: 21～23.
[3] Wolf I A, Wasserman A E. Nitrates, Nitrites and Nitrosamines [J]. Science, 1972, 177: 15～19.
[4] Choi K K, Fung K W. Determination of nitrate and nitrite in meat-products by using a nitrate ion-selective electrode [J]. Analyst, 1980, 105: 241～245.
[5] Wen Z H, Kang T F. Determination of nitrite using sensors based on nickel phthalocyanine polymer modified electrodes [J]. Talanta, 2004, 62: 351～355.
[6] Connolly D, Paull B. Rapid determination of nitrate and nitrite in drinking water samples using ion-interaction liquid chromatography [J]. Anal Chem Acta, 2001, 441: 53～62.
[7] Okemgbo A A, Hill H H, Siems W F, et al. Reverse polarity capillary zone electrophoretic analysis of nitrate and nitrite in natural water samples [J]. Anal Chem, 1999, 71: 2725～2731.
[8] Vishnuvardhan V, Kala R, Prasada R T. Chemical switch based reusable dual optoelectronic sensor for nitrite [J]. Anal Chim Acta, 2008, 623: 53～58.
[9] Jiao C X, Niu C G, Huang S Y, et al. A reversible chemosensor for nitrite based on the fluorescence quenching of a carbazole derivative [J]. Talanta, 2004, 64: 637～643.
[10] Lei B, Li B, Zhang H, et al. Mesostructured silica chemically doped with ruii as a superior optical oxygen sensor [J]. Adv Funct Mater, 2006, 16: 1883～1891.
[11] Haghighi B, Tavassoli A. Flow injection analysis of nitrite by gas phase molecular absorption UV spectrophotometry [J]. Talanta, 2002, 56 (1): 137～144.
[12] Nagababu E, Rifkind J M. Measurement of plasma nitrite by chemiluminescence without interference of S-, N-nitroso and nitrated species [J]. Free Radical Biology and Medicine, 2007, 42 (8): 1146～1154.
[13] Biswas S, Chowdhury B, Ray B C. A novel Spectrofluorimetric method for the ultra trace analysis of

nitrite and nitrate in aqueous medium and its application to air, water, soil and forensic samples [J]. Talanta, 2004, 64 (2): 308～312.

[14] Fahim M A. A detailed IR study of the order——disorder phase transition of $NaNO_2$ [J]. Thermochimica Acta, 2000, 363 (1-2): 21～127.

[15] Liu H, Yang G, Abdel-Halim E S, et al. Highly selective and ultrasensitive detection of nitrite based on fluorescent gold nanoclusters [J]. Talanta, 2013, 104: 135～139.

[16] Xu H, Zhu H, Sun M, et al. Graphene oxide supported gold nanoclusters for the sensitive and selective detection of nitrite ions [J]. Analyst, 2015, 140 (5): 1678～1685.

[17] Liao F, Song X, Yang S, et al. Photoinduced electron transfer of poly (o-phenylenediamine)-Rhodamine B copolymer dots: application in ultrasensitive detection of nitrite in vivo [J]. J Mater Chem A, 2015, 3: 7568～7574.

[18] Axelrod H D, Engel N A. Fluorometric-determination of sub-nanogram levels of nitrite using 5-aminofluorescein [J]. Anal Chem, 1975, 47: 922～924.

[19] Ohta T, Arai Y, Takitani S. Fluorometric-determination of nitrite with 4-hydroxycoumarin [J]. Anal Chem, 1986, 58: 3132～3135.

[20] Murad I H, Helaleh T. Korenaga, Fluorometric determination of nitrite with acetaminophen [J]. Microchem J, 2000, 64: 241～246.

[21] Mousavi M F, Jabbari A, Nouroozi S. A sensitive flow-injection method for determination of trace amount of nitrite [J]. Talanta, 1998, 45: 1247～1253.

[22] Mohr G J, Wolfbeis O S, et al. Optical nitrite sensor based on a potential-sensitive dye and a nitrite-selective carrier [J]. Analyst, 1996, 121 (10): 1489～1494.

[23] Kumar V, Banerjee M, Chatterjee A. A reaction based turn-on type fluorogenic and chromogenic probe for the detection of trace amount of nitrite in water [J]. Talanta, 2012, 99: 610～615.

[24] Xue Z, Wu Z, Han S. A selective fluorogenic sensor for visual detection of nitrite [J]. Anal. Methods, 2012, 4 (7): 2021～2026.

[25] Zhang X, Wang H, Fu N N, et al. A fluorescence quenching method for the determination of nitrite with Rhodamine 110 [J]. Spectrochim Acta A, 2003, 59 (8): 1667～1672.

[26] Wang Y H, Li B, Zhang L M, et al. A highly selective regenerable optical sensor for detection of Mercury(Ⅱ) ion in water using organic-inorganic hybrid nanomaterials containing pyrene [J]. New J Chem, 2010, 34: 1946～1953.

[27] Gimeno N, Li X, Durrant J R, et al. Cyanide sensing with organic dyes: studies in solution and on nanostructured Al_2O_3 surfaces [J]. Chem Eur J, 2008, 14: 3006～3012.

[28] Kim E J, Seo S M, Seo M L, et al. Functionalized monolayers on mesoporous silica and on titania nanoparticles for mercuric sensing [J]. Analyst, 2010, 135: 149～156.

[29] Wang Y, Li B, Zhang L, et al. Multifunctional magnetic mesoporous silica nanocomposites with improved sensing performance and effective removal ability toward Hg(Ⅱ) [J]. Langmuir, 2012, 28: 1657～1662.

[30] Wang Y, Li B, Zhang L, et al. A highly selective regenerable optical sensor for detection of mercury (Ⅱ) ion in water using organic-inorganic hybrid nanomaterials containing pyrene [J]. New J Chem, 2010, 34: 1946～1953.

[31] Dyal A，Loos K，Noto M，et al. Activity of candida rugosa lipase immobilized on c-Fe_2O_3 magnetic nanoparticles [J]. J Am Chem Soc，2003，125：1684～1685.

[32] Dayane B T，Lucas L R V，Evandro L D，et al. Methylene blue-containing silica-coated magnetic particles：a potential magnetic carrier for photodynamic therapy [J]. Langmuir，2007，23：8194～8199.

[33] Liu R，Guo Y，Odusote G，et al. Core-shell Fe_3O_4 polydopamine nanoparticles serve multipurpose as drug carrier，catalyst support and carbon adsorbent [J]. ACS Appl Mater Interfaces，2013，5：9167～9171.

[34] Liu L，Ni F，Zhang J，et al. Thermal analysis in the rat glioma model during directly multipoint injection hyperthermia incorporating magnetic nanoparticles [J]. J Nanosci Nanotechnol，2011，11：10333～10338.

[35] Dong Y L，Zhang H J，Yan N，et al. Preparation of guanidine group functionalized magnetic nanoparticles and the application in preconcentration and separation of acidic protein [J]. J Nanosci Nanotechnol，2011，11：10387～10395.

[36] Lai B，Tang X，Li H，et al. Power production enhancement with a polyaniline modified anode in microbial fuel cells [J]. Biosensors & Bioelectronics，2011，28 (1)：373～377.

[37] Zhao Y，Nakanishi S，Watanabe K，et al. Hydroxylated and aminated polyaniline nanowire networks for improving anode per-formance in microbial fuel cells [J]. Journal of Bioscience and Bio-engineering，2011，112 (1)：63～66.

[38] Vishnuvardhan V，Kala R，Rao T P. Chemical switch based reusable dual optoelectronic sensor for nitrite [J]. Anal Chem Acta，2008，623：53～58.

第4章

利用罗丹明分子功能化核壳结构纳米材料实现亚硝酸盐光学传感

4.1 概述

亚硝酸盐作为一类著名的防腐剂，已被广泛应用于食品和肉类保鲜。世界卫生组织（世卫组织）宣布饮用水中亚硝酸盐的上限为 65μmol/L。这是因为亚硝酸盐与胺发生反应，释放致癌的亚硝胺，从而增加癌症风险和畸形，使自身成为潜在的生物危害[1~4]。基于现代设备和复杂的预处理程序，可以通过光谱荧光法、电测法、毛细管电泳法和色谱法[5~9] 来测定亚硝酸盐浓度。然而，这些方法不适合现场检测和在线监测，需要便携式设备和简单的预处理程序。在这种情况下，光学传感以其对设备的低要求、简单的预处理程序和无创传感特性，被认为是满足上述要求的一种新途径。此外，电磁干扰对光信号没有影响，因此可以通过光学传感实现远距离和在线监测[10]。

文献报道了用有机染料作为化学传感器的亚硝酸盐光学传感平台[11~15]。在这些候选物中，罗丹明及其衍生物具有代表性，对亚硝酸盐具有发射关断效应。为了避免化学传感器分子之间的自吸收和自猝灭，它们通常被分散并固定在支撑基质中[16~18]。额外的功能也可以由这个支持矩阵赋予。在证明了其化学惰性、与不同掺杂剂的良好相容性、大的比表面积和高度规则的隧道的优点后，二氧化硅分子筛 MCM-41 被提名为化学传感器的一种很有前途的支撑基质。由于上述优点，基于 MCM-41 的传感平台通常具有流畅的分析物扩散和运输的特点[18~20]。

然而，在这些前体亚硝酸盐传感平台中仍然存在一个问题，即可回收性。更具体地说，大多数传感平台在完成其传感过程后不能被回收，这或多或少限制了它们的实际应用。更多的功能应赋予传统的亚硝酸盐传感平台。为了满足这一要求，建议使用混合结构，因为它们能够组合和保存所有组件的特性和功能[19,20]。可回收性通常要求样品的分类和隔离能力。似乎将磁性组件纳入传统的传感平台可以很好地满足这一需求。换句话说，可回收亚硝酸盐传感平台应通过传统亚硝酸盐平台和磁性组分的结合来实现[21~25]。例如，Wu 等人在 2004 年首次报道了 SiO_2 包覆的 Fe_3O_4 纳米粒子[26]。Deng 等人报道了以 Fe_3O_4 纳米粒子为核，多孔 SiO_2 为壳的核壳复合结构[27]。Zhang 等人报道了具有高度有序隧道的磁性介孔复合纳米粒子[28~30]。这些报告发现核壳复合材料的优点如下：第一，多孔 SiO_2 壳具有较大的表面，为传感探针和反应提供了足够的空间。第二，Fe_3O_4 纳米粒子被 SiO_2 壳密封，使其对探针发射的负面影响最小化。第三，利用磁场可以很容易地实现样品的可回收性。

鉴于上述考虑，本章工作的重点是两个可回收的亚硝酸盐传感器，由磁性核、二氧化硅分子筛支撑基质和传统罗丹明化学传感器组合而成。

4.2 实验部分

4.2.1 试剂和仪器

本实验中的起始化合物是从紫轩化学品和试剂公司（中国郑州）购买的，包括罗丹明 B（AR）、$POCl_3$（AR）、4-羟基苯甲醛（AR）、无水肼（95%）、十六烷基三甲基溴化铵（CTAB，AR）、3-(三乙氧基硅基）丙基异氰酸酯（TESPIC，AR）、正硅酸乙酯（TEOS，AR）、十二烷基硫酸钠（SDS）、$FeCl_3$（AR）、$NH_3 \cdot H_2O$、HCl 等。有机溶剂在使用前通过标准程序进行纯化，包括乙二醇（AR）、无水乙醇、$CHCl_3$、正己烷（AR）、CH_3CN 和四氢呋喃（THF）。溶剂水为去离子水。

对于样品表征，应用了以下设备：采用 Varian INOVA300 光谱仪和 AXIMA CFRMALDI/TOFMS 光谱仪记录核磁共振和红外光谱；从 MPM5-XL-5 超导量子干涉器件（SQUID）磁强计中获得磁性数据；在 RigakuD/Max-RaX 射线衍射仪上记录了 XRD 图谱；采用日立 S-4800 显微镜和 JEOLJEM-2010 透射电子显微镜进行样品形貌分析；采用 Barrett-Joyner-Halenda（BJH）模型，用 Nova L000 分析仪完成 N_2 吸附和解吸测量；Perkin-Elmer 热分析仪进行热稳定性分析；利用日立 F-4500 荧光分光度计对稳态发射猝灭的传感性能进行测定。

4.2.2 RS-OH 和 RB-OH 的合成

RS-OH 按以下方式合成[16,17]。罗丹明 B 溶液在 $CHCl_3$（30mL 中 10mmol）中用冰浴冷却。然后滴加 $POCl_3$（5mL）。此混合物在 0℃下搅拌 30min，在 80℃下搅拌 7h。溶剂和残留的 $POCl_3$ 在减压下蒸发。无水肼（10mL）分散在乙腈（100mL）中，滴加到上述混合物中。这种混合物在 0℃反应 30min，在 50℃反应 8h。溶剂和残余肼在减压下蒸发。从乙醇/水的混合溶剂（体积比为 2∶8）中纯化粗产品，得到 2-氨基-3′,6′-双二乙基氨基（二乙基氨基）螺甾［异吲哚啉-1,9′-黄嘌呤］-3-酮。核磁共振氢谱（^{1}H NMR）（$CDCl_3$）化学位移 δ 数据：1.23ppm（多重峰，12H，NCH_2CH_3），3.10ppm（四重峰，8H，NCH_2CH_3），3.51ppm（单峰，2H，N—NH_2），6.23ppm（二重峰，2H，黄嘌呤），6.36ppm（二重峰，2H，黄嘌呤），6.47ppm（二重峰，2H，黄嘌呤），7.11ppm（双二重峰，1H，苯环），

7.42ppm（双二重峰，2H，苯环），8.13ppm（双二重峰，1H，苯环）。质谱（EI-MS）质荷比（*m/e*）数据显示有数值为456.4的碎片离子，与合成产物$C_{28}H_{32}N_4O_2$的分子量（456.3）一致。

2-氨基-3′,6′-双（二乙氨基）螺甾［异吲哚啉-1,9′-黄嘌呤］-3-酮用劳森试剂进行改性制备2-氨基-3′,6′-双（二乙氨基）螺甾［异吲哚啉-1,9′-黄嘌呤］-3-硫酮。将2-氨基-3′,6′-双（二乙氨基）螺甾［异吲哚啉-1,9′-黄嘌呤］-3-酮（10mmol）与劳森试剂（12mmol）和无水甲苯（30mL）混合。混合物在120℃下加热8h。溶剂在减压下蒸发。以$CHCl_2$为洗脱剂，在硅胶柱上纯化粗品。核磁共振氢谱（^1H NMR）（$CDCl_3$）化学位移δ数据：1.21ppm（多重峰，12H，NCH_2CH_3），3.08ppm（四重峰，8H，NCH_2CH_3），3.47ppm（单峰，2H，$N—NH_2$），6.21ppm（双二重峰，2H，蒽），6.32ppm（二重峰，2H，蒽），6.44ppm（二重峰，2H，蒽），7.12ppm（二重峰，7H，苯环），2.39ppm（单峰，1H，苯环）。质谱（EI-MS）质荷比（*m/e*）数据显示有数值为472.5的碎片离子，与合成产物$C_{28}H_{32}N_4OS$的分子量（472.2）一致。

上述得到的2-氨基-3′,6′-双（二乙氨基）螺甾［异吲哚啉-1,9′-黄嘌呤］-3-硫酮（5mmol）与对硝基苯磺酸（0.1mmol）、4-羟基苯甲醛（6mmol）和乙醇（50mL）混合。这种混合物在80℃下加热8h。溶剂在减压下蒸发。粗品在乙醇/水的混合溶剂（体积比为7∶3）中纯化，得到RS-OH。核磁共振氢谱（^1H NMR）（DMSO）化学位移δ数据：1.20ppm（多重峰，12H，NCH_2CH_3），3.11～3.13（四重峰，8H，NCH_2CH_3），6.23ppm（单峰，2H，黄嘌呤），6.34ppm（单峰，2H，黄嘌呤），6.41ppm（单峰，2H，黄嘌呤），7.10ppm（单峰，1H，苯环），7.25ppm（单峰，1H，苯环），7.32ppm（单峰，1H，苯环），7.47ppm（单峰，2H，苯环），7.51ppm（单峰，2H，苯环），8.12ppm（单峰，1H，苯环），8.21ppm（单峰，1H，N═CH），9.82（单峰，1H，苯环—OH）。质谱（EI-MS）质荷比（*m/e*）数据显示有数值为576.7的碎片离子，与合成产物$C_{35}H_{36}N_4O_2S$的分子量（576.3）一致。

RB-OH是按照与RS-OH类似的合成程序合成的，但用2-氨基-3′,6′-二乙基氨基螺甾［异吲哚啉-1,9′-蒽］代替2-氨基-3′,6′-双（二乙基氨基）螺甾［异吲哚啉-1,9′-黄嘌呤］-3-硫酮。核磁共振氢谱（^1H NMR）（DMSO）化学位移δ数据：1.22ppm（多重峰，12H，NCH_2CH_3），3.13～3.15ppm（四重峰，8H，NCH_2CH_3），6.24ppm（单峰，2H，黄嘌呤），6.35ppm（单峰，2H，黄嘌呤），6.42ppm（单峰，2H，黄嘌呤），7.11ppm（单峰，1H，苯环），7.24ppm（单峰，1H，苯环），7.33ppm（单峰，1H，苯环），7.48ppm（单峰，2H，苯环），7.52ppm（单峰，2H，苯环），8.15ppm（单峰，1H，苯环），8.22ppm

（单峰，1H，N ═CH），9.81ppm（单峰，1H，苯环—OH）。质谱（EI-MS）质荷比（m/e）数据显示有数值为560.5的碎片离子，与合成产物$C_{35}H_{36}N_4O_3$的分子量（560.3）一致。

4.2.3 RB-Si 和 RS-Si 的合成

RB-Si按以下步骤合成。将RB-OH（2mmol）、Et_3N（10滴）、无水THF（30mL）和TESPIC（3mmol）混合液在室温下搅拌2h，然后在80℃下搅拌8h。溶剂在减压下蒸发。加入冷正己烷（50mL）。粗品在正己烷中重结晶。核磁共振氢谱（^1H NMR）（DMSO）化学位移δ数据：1.12～1.14ppm（多重峰，9H，OCH_2CH_3），1.20ppm（多重峰，6H，OCH_2CH_3），1.29ppm（多重峰，12H，NCH_2CH_3），3.10～3.12ppm（四重峰，8H，NCH_2CH_3），3.41～3.42ppm[四重峰，6H，$Si(CH_2)_3$]，5.77ppm（单峰，1H，CONH），6.25ppm（单峰，2H，氧杂蒽），6.34ppm（单峰，2H，氧杂蒽），6.42ppm（单峰，2H，氧杂蒽），7.12ppm（单峰，1H，苯环），7.26ppm（单峰，1H，苯环），7.35ppm（单峰，1H，苯环），7.55ppm（单峰，2H，苯环），7.52ppm（单峰，2H，苯环），8.17ppm（单峰，1H，苯环），8.28ppm（单峰，1H，N ═CH）。质谱（EI-MS）质荷比（m/e）数据显示有数值为807.5的碎片离子，与合成产物$C_{45}H_{57}N_5O_7Si$的分子量（807.4）一致。

RS-Si的合成：将RB-OH换为RS-OH，其他步骤与上述RB-Si的合成相同。核磁共振氢谱（^1H NMR）（DMSO）化学位移δ数据：1.15～1.17ppm（多重峰，9H，OCH_2CH_3），1.26ppm（多重峰，6H，OCH_2CH_3），1.32ppm（多重峰，12H，NCH_2CH_3），3.14～3.17ppm（四重峰，8H，NCH_2CH_3），3.46～3.48ppm[四重峰，6H，$Si(CH_2)_3$]，5.82ppm（单峰，1H，CONH），6.25ppm（单峰，2H，氧杂蒽），6.35ppm（单峰，2H，氧杂蒽），6.49ppm（单峰，2H，氧杂蒽），7.18ppm（单峰，1H，苯环），7.29ppm（单峰，1H，苯环），7.34ppm（单峰，1H，苯环），7.57ppm（单峰，2H，苯环），7.62ppm（单峰，2H，苯环），8.15ppm（单峰，1H，苯环），8.28ppm（单峰，1H，N ═CH）。质谱（EI-MS）质荷比（m/e）数据显示：有数值为823.5的碎片离子，与合成产物$C_{45}H_{57}N_5O_6SSi$的分子量（823.4）一致。

4.2.4 支持矩阵 MCM-41@Fe_3O_4 的合成

支持矩阵MCM-41@Fe_3O_4按照如下方法合成。首先，采用文献[10]的方法制备了磁铁芯。将SDS（20g）、$FeCl_3 \cdot 6H_2O$（5.4g）、乙二醇（100mL）

和 NaAc（14.4g）混合搅拌 30min。然后将这种混合物密封到 Telfon 高压釜中，在 200℃下加热 8h。冷却后，收集固体产品，用去离子水清洗。

将该固体产物（0.2g）分散在乙醇（40mL）中，超声分散均匀。按顺序加入 $NH_3 \cdot H_2O$（1mL）、去离子水（20mL）和 TEOS（0.2g）。这种混合物在室温下搅拌 5h。收集固体产物，用去离子水洗涤。

该固体产物与 CTAB（0.3g）、$NH_3 \cdot H_2O$（2mL）、TEOS（0.8g）、乙醇（100mL）、去离子水（100mL）混合，室温搅拌 4h。然后收集固体产物并分散在 HCl（5mL）和乙醇（100mL）的混合物中。该混合物在室温下搅拌 3d，去除模板试剂 CTAB。收集固体产品，用去离子水洗涤，得到 MCM-41@Fe_3O_4。

4.2.5 RB-MCM-41@Fe_3O_4 和 RS-MCM-41@Fe_3O_4 的合成

这两种复合样品的合成过程如图 4.1 所示。将 MCM-41@Fe_3O_4（0.5g）和 RB-Si（或 RS-Si，0.3g）溶于无水甲苯（30mL）中，在 120℃条件下加热 4h。收集固体产品，用乙醇洗涤，真空干燥 8h。样品分散在乙醇/酸性悬浮液（1mg/mL，体积比为 8∶2）中进行进一步表征。

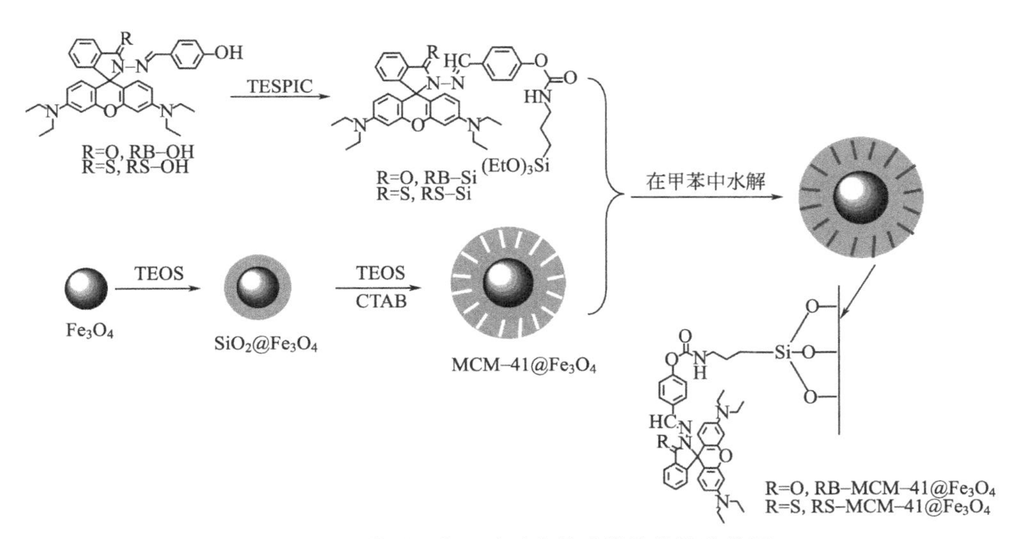

图 4.1 两种可回收亚硝酸盐传感器的设计路线图

4.2.6 构建策略解释

进一步解释 RB-MCM-41@Fe_3O_4 和 RS-MCM-41@Fe_3O_4 的构建策略，以更好地了解它们的复合结构。如上所述，本实验目的是合成两种能够通过磁性吸附来实现可回收利用的亚硝酸盐纳米传感器。为了满足这一要求，在两个复合样品中合成了 Fe_3O_4 纳米粒子作为磁性核芯。再用非晶态硅酸盐修饰它们，以减少它们的磁聚集，便于进一步的合成过程。此外，这种惰性 SiO_2 壳能够降低 Fe_3O_4 磁芯对荧光探针的负面影响。我们选择了一种具有大的比表面积和良好的相容性的二氧化硅分子筛 MCM-41 作为化学传感器的支撑基质。在其高度规则的六角形隧道中，分析物能够顺畅扩散和运输。至于化学传感器的选择，通常推荐荧光发射强度高的罗丹明衍生物，因为它们能够与亚硝酸盐反应。它们相应的亚硝基产物是不发射荧光的，从而产生传感信号。为了提高光稳定性和与支撑基质的兼容性，这些化学传感器以共价方式嵌入到 MCM-41 中。鉴于硫原子比氧原子具有更好的电子传递性能，其中一种化学传感器通过硫改性处理。假设这种硫改性化学传感器更容易与亚硝酸盐反应，从而提高传感性能。由上述成分组合成两种可回收的具有亚硝酸盐传感性能的纳米材料 RB-MCM-41@Fe_3O_4 和 RS-MCM-41@Fe_3O_4。

4.3 结果与讨论

4.3.1 结构和形态分析

通过扫描电镜（SEM）图像，对我们合成的 Fe_3O_4、SiO_2@Fe_3O_4、MCM-41@Fe_3O_4、RB-MCM-41@Fe_3O_4 和 RS-MCM-41@Fe_3O_4 进行形貌分析。如图 4.2 所示，这些合成的 Fe_3O_4 纳米粒子都是球形的，平均直径为 200nm。由于具有磁性[31]，可观察到这些粒子的强烈聚集。二氧化硅包覆后，它们的粗糙表面平滑了很多，平均直径增加到 220nm。另外，对于 SiO_2@Fe_3O_4 颗粒仍然观察到明显的聚集，表明它们的 SiO_2 层太薄（10nm），无法抵消磁性聚集。在 MCM-41 合成过程中，MCM-41@Fe_3O_4 颗粒的直径增加到约 280nm。暂定 MCM-41 隧道长度按 30nm 计算，这一值略小于文献值，这应是由于实验中 MCM-41 的合成时间比文献［32～35］时间短。可观察到 MCM-41@Fe_3O_4 颗粒具有良好的分散性，这意味着 SiO_2 层和 MCM-41 层最终抵消了 Fe_3O_4 的相互磁性吸引。这两个复合样品中的核壳结构由图 4.2 所示的 TEM 图像证实。研究发现，RB-MCM-41@Fe_3O_4 和 RS-MCM-41@Fe_3O_4 的形貌（分散性和直径大小）与 MCM-41@Fe_3O_4 几乎相同，说明罗丹明化学传感器已经嵌入到两个复合样品的隧道中，而不是在它们的表面。

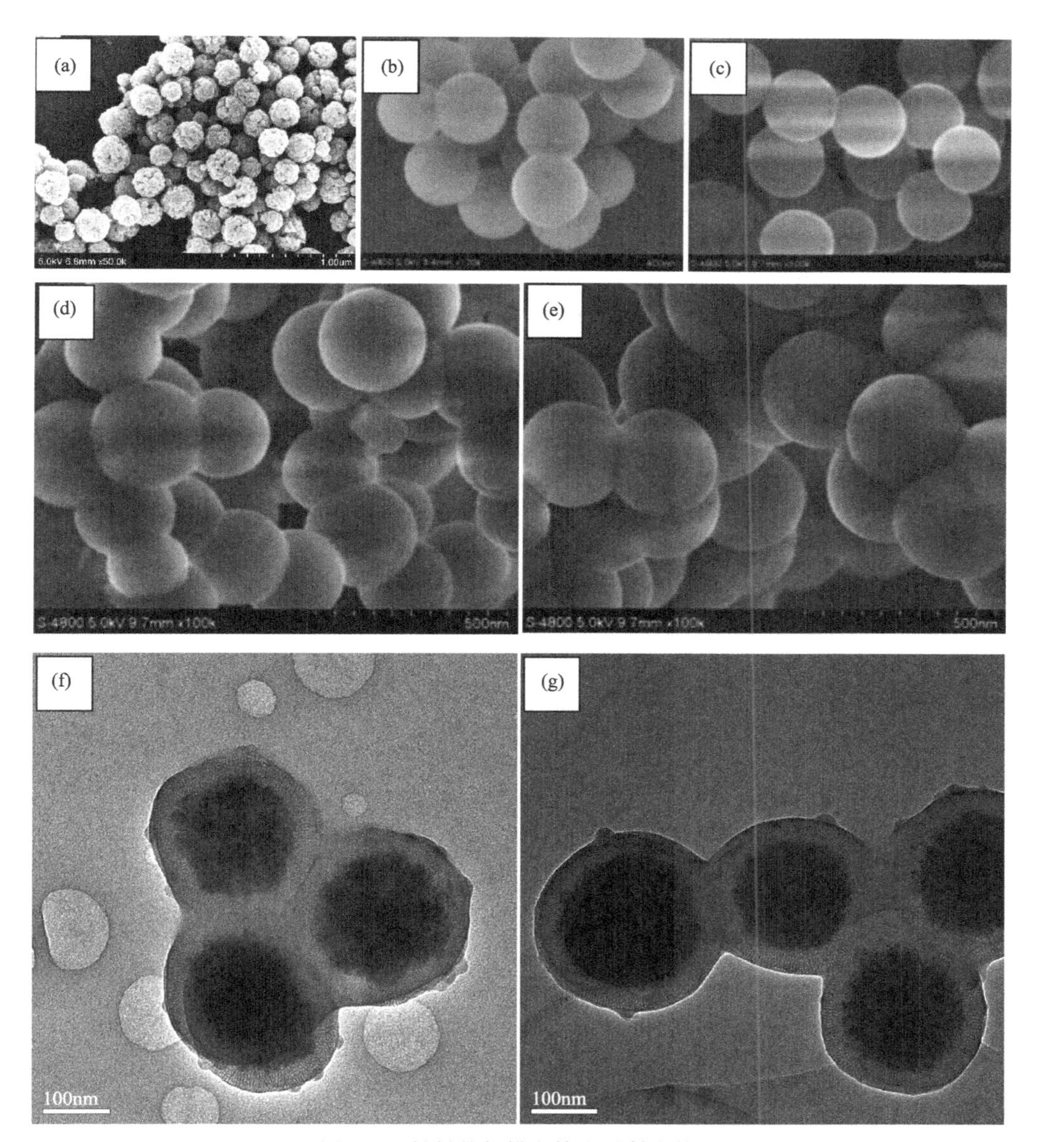

图 4.2 材料的扫描电镜和透射电镜图

SEM 图：(a) Fe_3O_4；(b) SiO_2@Fe_3O_4；(c) MCM-41@Fe_3O_4；(d) RB-MCM-41@Fe_3O_4；(e) RS-MCM-41@Fe_3O_4。TEM 图：(f) RB-MCM-41@Fe_3O_4；(g) RS-MCM-41@Fe_3O_4

4.3.2 XRD、介孔结构和磁响应

为了证实磁芯的成功合成，图 4.3(a) 显示了我们合成的 Fe_3O_4、MCM-41@Fe_3O_4、RB-MCM-41@Fe_3O_4 和 RS-MCM-41@Fe_3O_4 的广角 XRD（WAXRD）图。

尽管它们有不同的衍射强度值，但是衍射峰几乎相同，2θ 角与标准纳米 Fe_3O_4 的文献值[19,20] 相近。这个结果证实了磁芯已成功合成，并且在二氧化硅包裹、MCM-41 生长和化学传感器加载后仍然完好。然而，这种磁芯上的每一次改性过程都会降低 Fe_3O_4 的质量分数和规律性，导致衍射强度值降低。

随着磁性核心的证实，MCM-41@Fe_3O_4、RB-MCM-41@Fe_3O_4 和 RS-MCM-41@Fe_3O_4 的介孔结构通过小角 XRD（SAXRD）模式进行分析。如图 4.3(b) 所示，每条曲线有三个很好的衍射峰，分别标为（100）、（110）和（200）。这些峰与标准的 MCM-41 分子筛数据[10,19] 相匹配，从而初步确认六边形 MCM-41 隧道已成功构建在磁性核心 Fe_3O_4 表面，并在加载传感器后仍保持完好，这种结构有利于分析物的吸附和运输[19]。

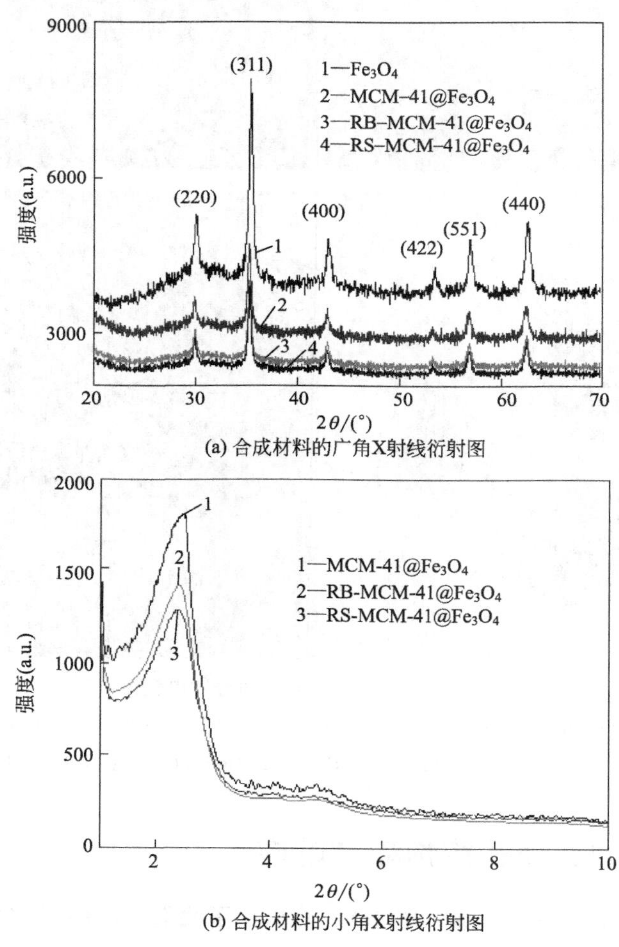

(a) 合成材料的广角X射线衍射图

(b) 合成材料的小角X射线衍射图

图 4.3　合成材料的广角 X 射线与小角 X 射线衍射图

通过 N_2 吸附/解吸实验，对这些 MCM-41 隧道进行了进一步的探索。如图 4.4 所示，对 MCM-41@Fe_3O_4、RB-MCM-41@Fe_3O_4 和 RS-MCM-41@Fe_3O_4 进行了Ⅳ型等温线检测，与标准 MCM-41 样品的文献报道值[10,19,35] 相比，虽然吸附值不同，但吸附特性相似。证实了这些六边形 MCM-41 隧道已成功构建并在加载化学传感器后仍然完好。对于 MCM-41@Fe_3O_4，其多孔参数分别为 8.2nm（孔径）、0.35cm^3/g（孔体积）和 760.5m^2/g（比表面积）。虽然孔径大小与具有代表性的 MCM-41 样品相当，但由于 MCM-41@Fe_3O_4 内部有 Fe_3O_4 固体硬核，孔隙体积和比表面积略小于文献值。在加载化学传感器后，对于 RB-MCM-41@Fe_3O_4，多孔参数分别为 6.3nm（孔直径）、0.27cm^3/g（孔体积）和 622.4m^2/g（表面积）；对于 RS-MCM-41@Fe_3O_4，多孔参数分别为 5.9nm（孔直径）、0.24cm^3/g（孔体积）和 598.2m^2/g（表面积）。这些多孔参数数值降低说明在加载化学传感器后，掺杂分子已嵌入 MCM-41 隧道内部，而不是固定在它们的表面。

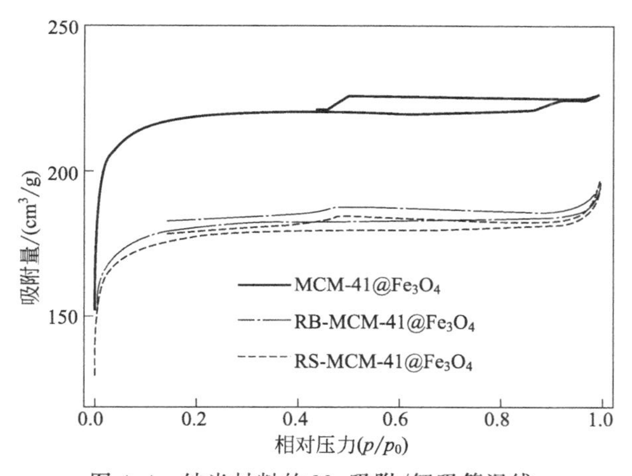

图 4.4　纳米材料的 N_2 吸附/解吸等温线

图 4.5 探讨了 Fe_3O_4、MCM-41@Fe_3O_4、RB-MCM-41@Fe_3O_4 和 RS-MCM-41@Fe_3O_4 的磁响应。由于合成的 Fe_3O_4 尺寸较大，其饱和磁化强度值略高于文献值[20]。对于 MCM-41@Fe_3O_4，其 SiO_2 层和 MCM-41 层降低了 Fe_3O_4 的质量分数，导致其饱和磁化强度值降低为 67.0emu/g。对于我们的两个亚硝酸盐传感复合样品，同样由于 Fe_3O_4 质量分数的降低，导致 RB-MCM-41@Fe_3O_4 和 RS-MCM-41@Fe_3O_4 的饱和磁化强度值分别为 53.8emu/g 和 51.2emu/g。尽管它们的饱和磁化强度值不同，但所有这些样品都表现出超顺磁响应，没有明显的磁滞现象。鉴于这一特点，在没有磁场的情况下，可以预期具有良好的分散性。

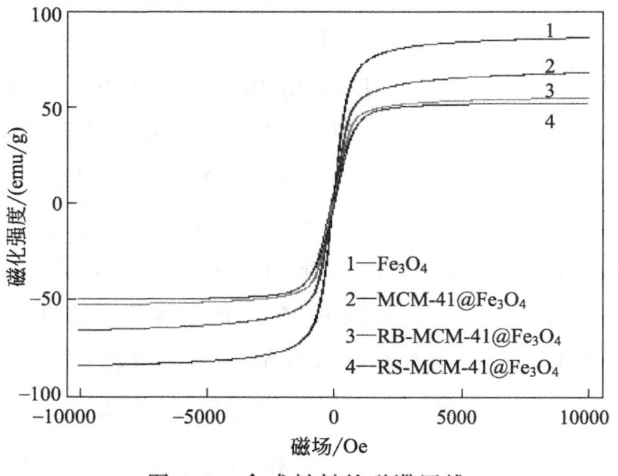

图 4.5 合成材料的磁滞回线

4.3.3 红外光谱（IR）和热重曲线

通过比较 RB-Si、RS-Si、MCM-41@Fe_3O_4、RB-MCM-41@Fe_3O_4 和 RS-MCM-41@Fe_3O_4 的红外光谱（IR）图，证实了化学传感器与 MCM-41@Fe_3O_4 之间的共价结合。如图 4.6 所示，MCM-41@Fe_3O_4 的红外光谱中只有几个特征带，分别在 $458cm^{-1}$、$802cm^{-1}$ 和 $1078cm^{-1}$ 处出现峰值，它们分别来自 SiO_2 和 MCM-41 层中的 δSi—O—Si，υ_sSi—O，υ_{as}Si—O 的振动[20]（υ 表示拉伸，δ 表示平面弯曲，s 表示对称振动，as 表示非对称振动）。这些特征带可以在 RB-MCM-41@Fe_3O_4 和 RS-MCM-41@Fe_3O_4 的红外光谱中追踪到，表明它们的 SiO_2 和 MCM-41 层

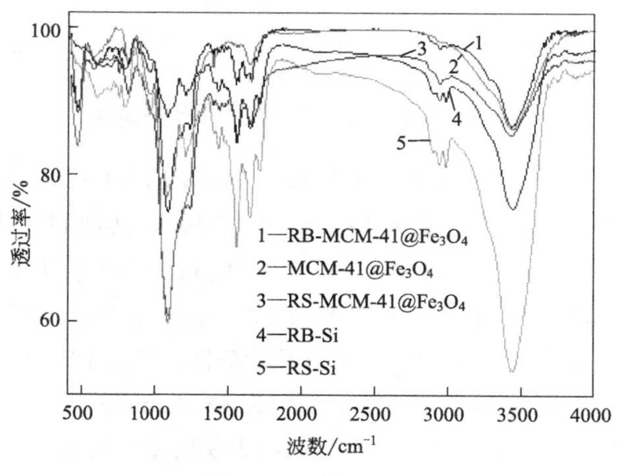

图 4.6 红外光谱图

得到了很好的保存。对于 RB-Si 和 RS-Si 的红外光谱，观察到来自 υ_sSi—O 和 υ_{as}Si—O 的振动，分别在 $802cm^{-1}$ 和 $1078cm^{-1}$ 处达到峰值，没有来自 δSi—O—Si（约 $458cm^{-1}$）的振动。它们的两个尖锐带在 $1554cm^{-1}$ 和 $1627cm^{-1}$ 处达到峰值，应归因于 Si—C 和—CH ═N[19,35] 的拉伸振动。在 $2963cm^{-1}$ 附近的吸收带应是—$(CH)_2$—基团的振动。从我们的两个复合样品的红外光谱中可以很好地追踪到—CH ═N 和—$N(C_2H_5)_2$ 基团的特征带。由此可得出结论，我们的化学传感器已经成功地通过共价键嵌入到 MCM-41 隧道中。

我们的两个复合样品中的化学传感器负载量是通过它们的热重衰减分析（TGA）曲线［图 4.7(a)］来确定的，它们的导数热重（DTG）曲线示于图 4.7(b)，以及支撑基质 MCM-41@Fe_3O_4 的 TGA 和 DTG 曲线，如图 4.7(c) 所示。对 MCM-41@Fe_3O_4 没有观察到明显的失重或吸热过程，表明其结构稳定。在每条 TGA 曲线上有两个主要的失重区域。第一个低于 95℃的失重区域是由于物理吸附的溶剂和水分子的热蒸发[11]，相应的失重和吸热峰分别为 2.5% 和 72℃。从 220～425℃的第二个失重区域分别导致 RB-MCM-41@Fe_3O_4 失重 17.0%和 RS-MCM-41@Fe_3O_4 失重 13.0%，它的吸热过程峰值在 402℃。我们将这一区域归因于化学传感器的热破坏和分解。虽然 MCM-41@Fe_3O_4 中的 MCM-41 隧道长度较短[34,35]，但这些化学传感器的负载水平与文献值相当。这说明短隧道可以有效加载化学传感器。图 4.7(a) 中只有一个小的失重区域与文献案例不同，在 536℃达到峰值，我们分析这是由于有机硅酸盐骨架的热降解。这种现象表明纯有机化学传感器的热释放对支撑基质的影响很小，从而导致这种轻微的失重。

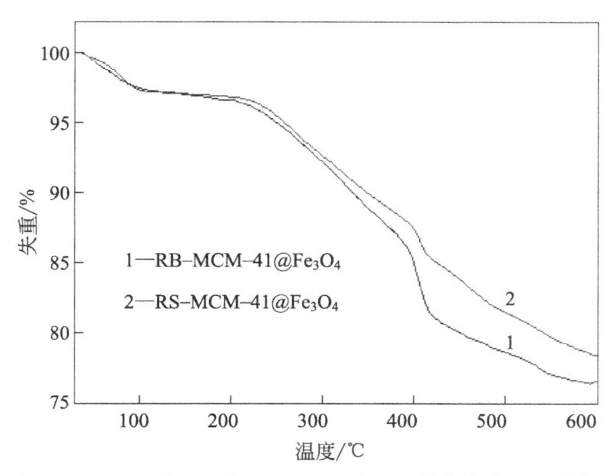

(a) RB-MCM-41@Fe_3O_4和RS-MCM-41@Fe_3O_4的热失重(TGA)曲线

图 4.7

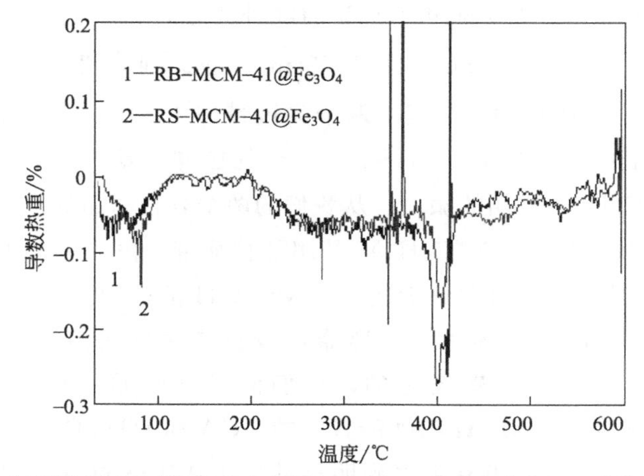

(b) RB-MCM-41@Fe_3O_4 和 RS-MCM-41@Fe_3O_4 的导数失重(DTG)曲线

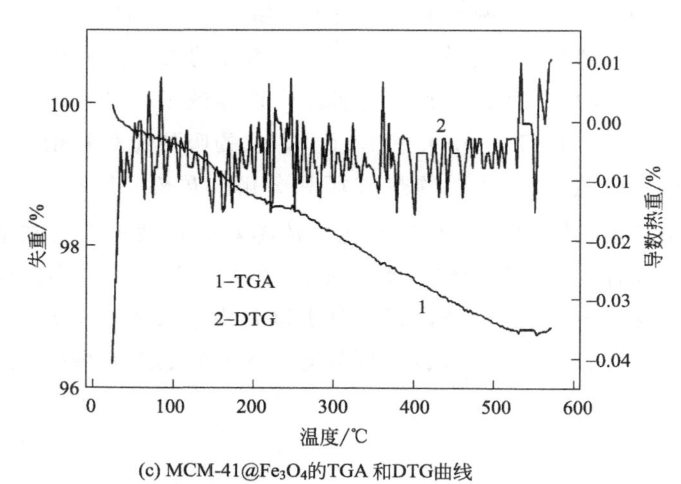

(c) MCM-41@Fe_3O_4的TGA 和DTG曲线

图 4.7　各种材料的 TGA 及 DTG 曲线

4.3.4　传感条件优化

在酸性条件下，氧杂蒽结构的罗丹明可以与亚硝酸盐反应，通过罗丹明荧光信号的变化可以测定亚硝酸盐。所以质子（H^+）浓度会影响罗丹明的结构及荧光发射强度。本实验我们在不同的质子浓度下测量了两种复合样品的发射猝灭比［$F_0/(F_0-F)$］，从而确定亚硝酸盐传感的最佳质子水平。这里 F 和 F_0 分别表示在亚硝酸盐（50μmol/L）存在下的发射强度和不含亚硝酸盐的初始发射强度。从图 4.8 中观察到，当质子浓度从 0mol/L 增加到 0.1mol/L 时，我们的两个复合样品的［$F_0/(F_0-F)$］大大降低；质子浓度从 0.1～0.3mol/L，

$[F_0/(F_0-F)]$ 变化很小；质子浓度从 0.3～0.5mol/L，$[F_0/(F_0-F)]$ 基本不变，这意味着此时亚硝酸盐传感反应达到上限。所以对于下面的实验，我们选择质子浓度为 0.3mol/L。

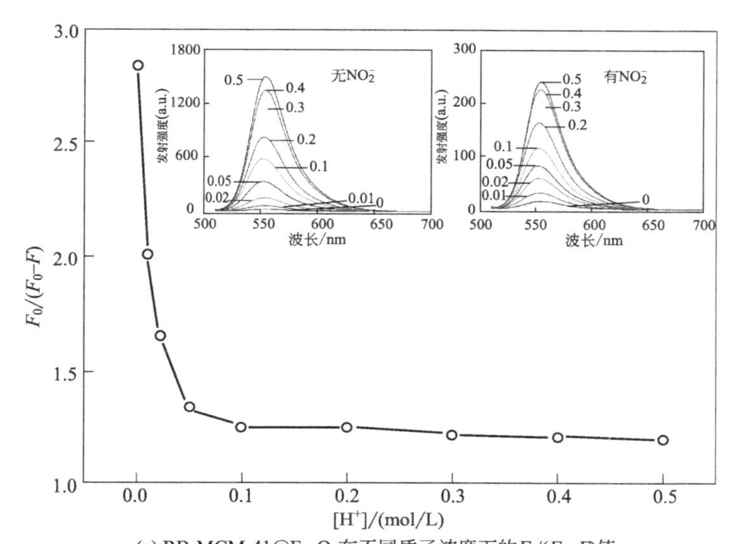

(a) RB-MCM-41@Fe_3O_4在不同质子浓度下的$F_0/(F_0-F)$值
在乙醇/酸性悬浮液中(1mg/mL，体积比为8：2，25℃，反应时间为0.5h)
插图：RB-MCM-41@Fe_3O_4在不同质子浓度的发射光谱，在乙醇/酸性悬浮液中
(1mg/mL，体积比为8：2，25℃，反应时间为0.5h)，有或没有亚硝酸根离子(50μmol/L)

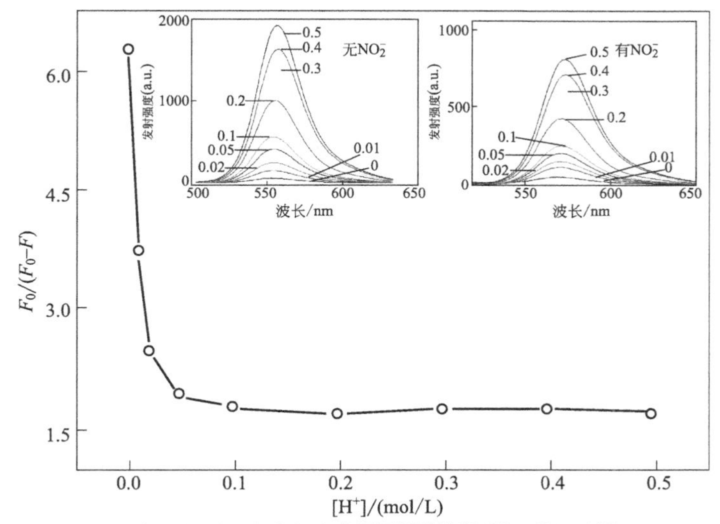

(b) RS-MCM-41@Fe_3O_4在不同质子浓度下的$F_0/(F_0-F)$值
在乙醇/酸性悬浮液中(1mg/mL，体积比为8：2，25℃，反应时间为0.5h)
插图：RS-MCM-41@Fe_3O_4在不同质子浓度的发射光谱，在乙醇/酸性悬浮液中
(1mg/mL，体积比为8：2，25℃，反应时间为0.5h)，有或没有亚硝酸根离子(50μmol/L)

图 4.8 RB-MCM-41@Fe_3O_4 及 RS-MCM-41@Fe_3O_4 在不同质子浓度下的 $F_0/(F_0-F)$ 值

由于我们的化学传感器对亚硝酸盐的传感是通过化学反应完成的，因此反应时间是另一个有待优化的因素[34,35]。在不同的反应时间内我们记录了两种复合样品的发射猝灭比［$F'_0/(F'_0-F')$］。从图 4.9 中观察到，［$F'_0/(F'_0-F')$］在其前 25min 明显下降，然后［$F'_0/(F'_0-F')$］在 30min 后变为常数，表明传感反应已经完成。对于下面的实验，选择反应时间为 30min。此反应时间比文献报道的类似的亚硝酸盐化学传感器的反应时间短。这是因为高度有序的 MCM-41 隧道提供了大的比表面积和多孔结构，可以有效地吸附亚硝酸盐离子。亚硝酸盐离子聚集在 MCM-41 隧道中，可以更接近 MCM-41 隧道中固定的罗丹明传感分子，从而促进了亚硝酸盐的传感响应。

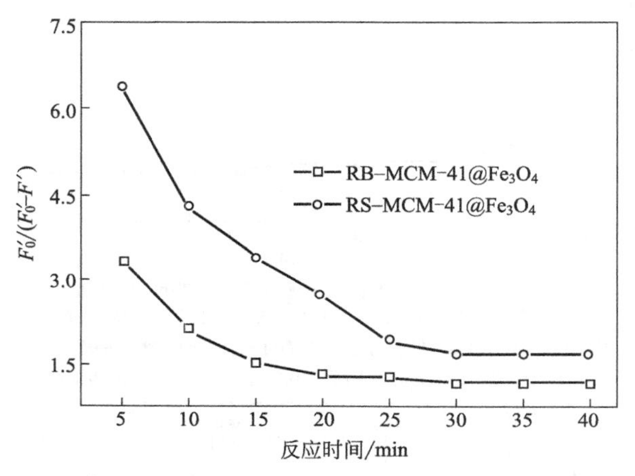

图 4.9 RB-MCM-41@Fe_3O_4 和 RS-MCM-41@Fe_3O_4 的发射猝灭比［$F'_0/(F'_0-F)$］不同反应时间下，在乙醇/酸性悬浮液（1mg/mL，体积比为 8∶2，25℃）中

4.3.5 RB-MCM-41@Fe_3O_4 和 RS-MCM-41@Fe_3O_4 的传感性能

4.3.5.1 发射光谱

通过在不同亚硝酸盐浓度（0～15μmol/L）下的发射光谱，分析了两种复合样品的亚硝酸盐传感性能。两种样品都观察到来自罗丹明化学传感器的特征发射带，RB-MCM-41@Fe_3O_4 和 RS-MCM-41@Fe_3O_4 分别在 555nm 和 558nm 处达到峰值。很明显，我们的罗丹明化学传感器在加载到支撑基质 MCM-41@Fe_3O_4 内部后仍然保持其发射特性。它们的发射强度随着亚硝酸盐浓度的增加而逐渐降低，没有出现新的发射带，这表明该荧光猝灭反应属于静态传感机制[35]。因此，这种传感机制不符合 Stern-Volmer 方程（该方程通常用于具有动态传感机制的

荧光猝灭，例如氧传感过程）。我们计算了相应的发射猝灭比 $[F_0/(F_0-F)]$，如图4.10所示，这些曲线服从Demas方程，如式(4.1)所示。这里，C_1、D 和 $[NO_2^-]$ 分别代表一般常数、Demas系数和亚硝酸盐浓度[10]。

$$F_0/(F_0-F)=C_1+1/D[NO_2^-] \tag{4.1}$$

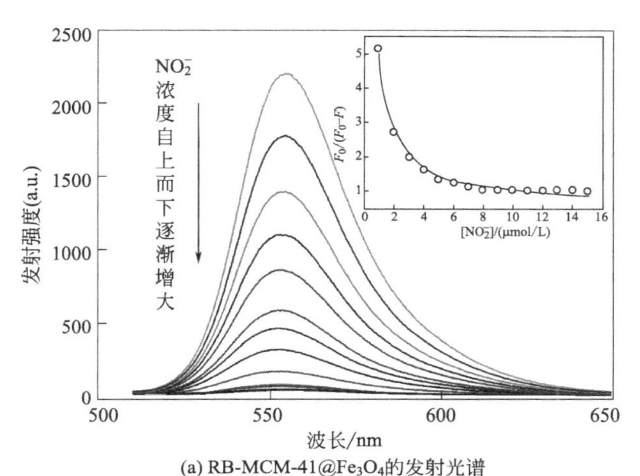

(a) RB-MCM-41@Fe_3O_4的发射光谱

不同亚硝酸盐浓度(0～15μmol/L)，乙醇/酸性悬浮液(1mg/mL，体积比为8：2，$[H^+]$=0.3mol/L，25℃)。插图：对应的Demas拟合图

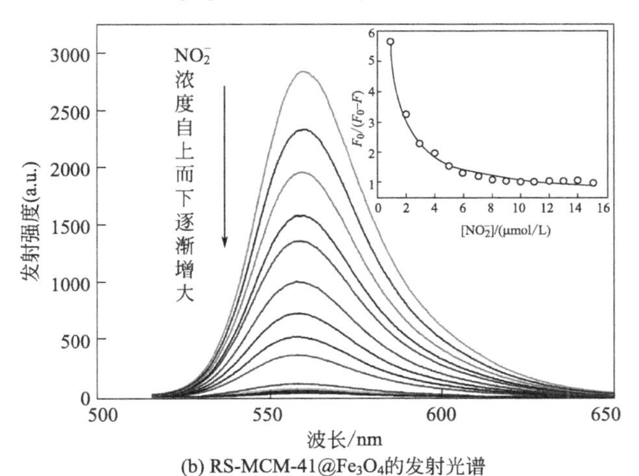

(b) RS-MCM-41@Fe_3O_4的发射光谱

不同亚硝酸盐浓度(0～15μmol/L)，在乙醇/酸性悬浮液(1mg/mL，体积比为8：2，$[H^+]$=0.3mol/L，25℃)。插图：对应的Demas拟合图

图4.10 RB-MCM-41@Fe_3O_4 及 RS-MCM-41@Fe_3O_4 的发射光谱

利用上述发射光谱，两个复合样品RB-MCM-41@Fe_3O_4 和 RS-MCM-41@Fe_3O_4 的Demas猝灭方程分别拟合为 $F_0/(F_0-F)=0.587+1/0.225\ [NO_2^-]$ $(R^2=0.994)$ 和 $F_0/(F_0-F)=0.578+1/0.196\ [NO_2^-]$ $(R^2=0.997)$。RB-

MCM-41@Fe_3O_4 显示了与文献值[34,35] 相当的 Demas 系数，这表明它对亚硝酸盐很敏感。在对其化学传感器进行硫改性后，RS-MCM-41@Fe_3O_4 具有更低的 Demas 系数，从而提高了对亚硝酸盐的敏感性。这种灵敏度的提高是由于硫原子的电子传递效应，这更有利于亚硝酸盐与罗丹明试剂的反应。我们采用文献方法[34~37]，测定 RB-MCM-41@Fe_3O_4 和 RS-MCM-41@Fe_3O_4 的检出限（LOD）值分别为 0.8μmol/L 和 0.7μmol/L。这些值低于文献值，甚至低于世卫组织规定的亚硝酸盐上限（65μmol/L），进一步说明了 RB-MCM-41@Fe_3O_4 和 RS-MCM-41@Fe_3O_4 对于检测亚硝酸盐的实用性。

4.3.5.2 其他离子的干扰效应

对传感器而言，其选择性是非常重要的一项指标。为了评估两个复合样品的选择性，在一些干扰离子存在的情况下，两个复合样品的发射强度对比柱状图示于图 4.11，相应的发射光谱示于图 4.12。在没有亚硝酸盐的情况下，大多数干扰离子，如 Cl^-、CO_3^{2-}、SO_4^{2-} 对我们的复合样品的发射影响很小。NO_3^- 具有较强的氧化能力，具有最明显的干扰作用。金属离子通常倾向于增强我们的复合样品的发射强度，因为这些离子可以作为化学传感器的配位中心，从而

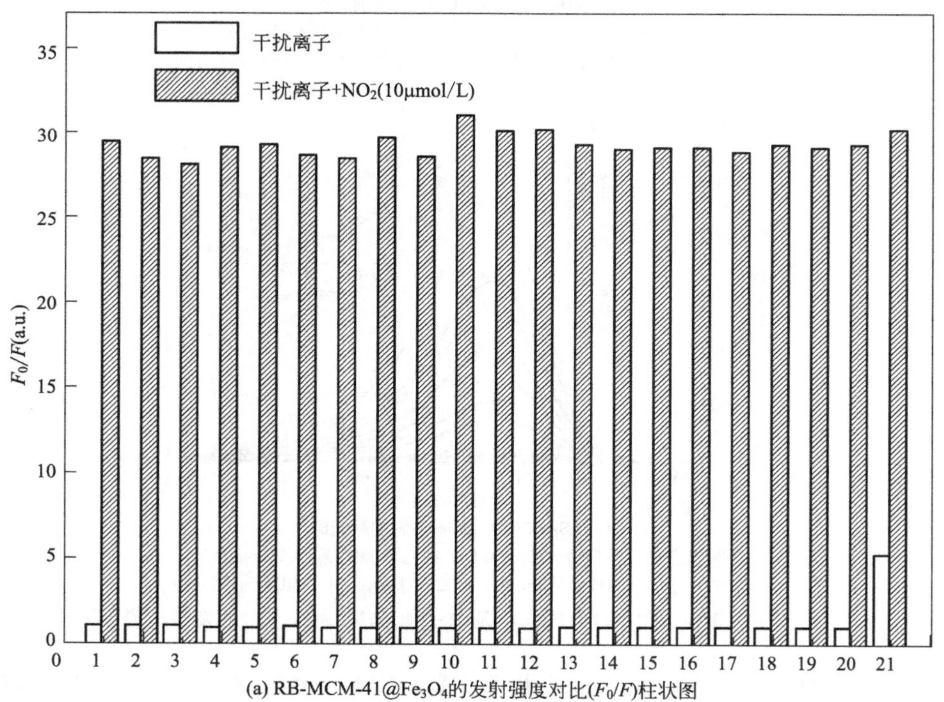

(a) RB-MCM-41@Fe_3O_4的发射强度对比(F_0/F)柱状图

干扰离子：1，空白；2，CO_3^{2-}；3，HPO_3^{2-}；4，SO_4^{2-}；5，Ac^-；6，Cl^-；7，Zn^{2+}；8，Fe^{2+}；9，Cd^{2+}；10，Cu^{2+}；11，Hg^{2+}；12，Fe^{3+}；13，Na^+；14，Ag^+；15，Mg^{2+}；16，Ca^{2+}；17，Ni^{2+}；18，Pb^{2+}；19，PO_4^{3-}；20，Br^-；21，NO_3^-

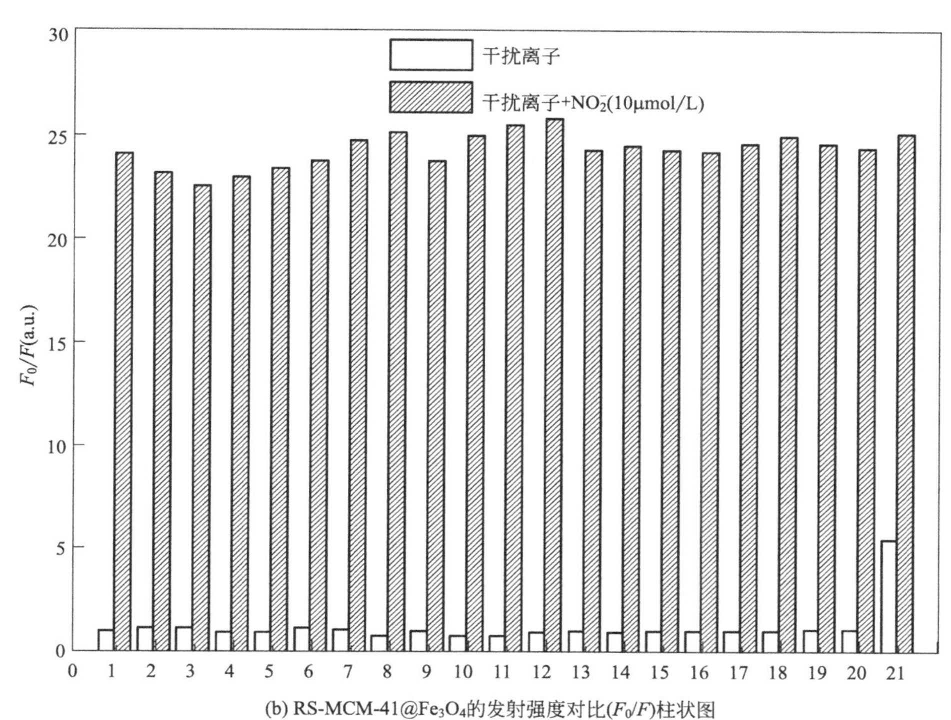

(b) RS-MCM-41@Fe_3O_4的发射强度对比(F_0/F)柱状图

干扰离子：1，空白；2，CO_3^{2-}；3，HPO_3^{2-}；4，SO_4^{2-}；5，Ac^-；6，Cl^-；7，Zn^{2+}；8，Fe^{2+}；9，Cd^{2+}；10，Cu^{2+}；11，Hg^{2+}；12，Fe^{3+}；13，Na^+；14，Ag^+；15，Mg^{2+}；16，Ca^{2+}；17，Ni^{2+}；18，Pb^{2+}；19，PO_4^{3-}；20，Br^-；21，NO_3^-

图 4.11 RB-MCM-41@Fe_3O_4 及 RS-MCM-41@Fe_3O_4 的发射强度对比（F_0/F）柱状图

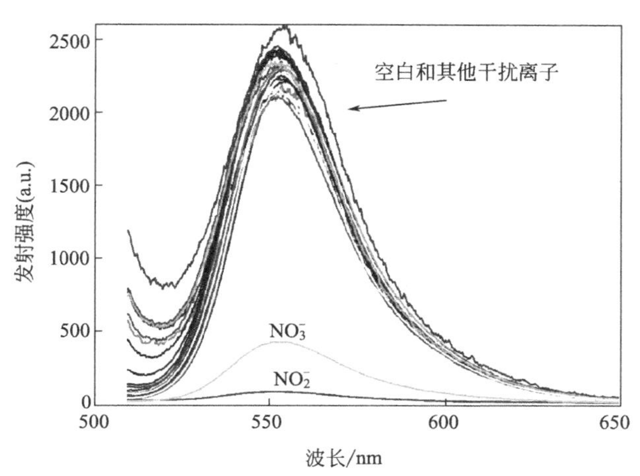

(a) RB-MCM-41@Fe_3O_4在亚硝酸盐和一些干扰离子存在下的发射光谱

图 4.12

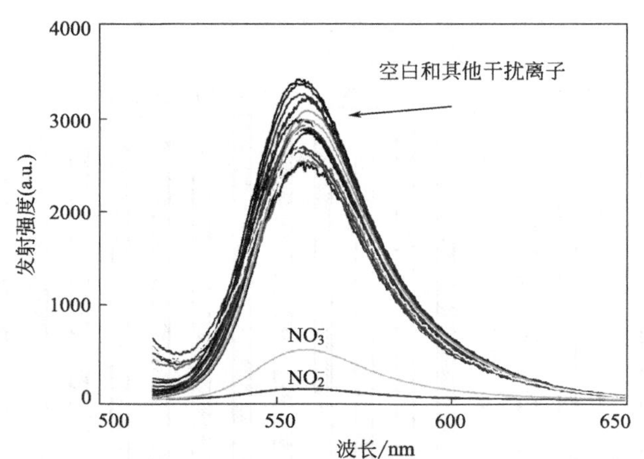

(b) RS-MCM-41@Fe_3O_4在亚硝酸盐和一些干扰离子存在下的发射光谱

图 4.12　RB-MCM-41@Fe_3O_4 及 RS-MCM-41@Fe_3O_4 在亚硝酸盐和一些干扰离子存在下的发射光谱

干扰离子：CO_3^{2-}、HPO_3^{2-}、SO_4^{2-}、Ac^-、Cl^-、Zn^{2+}、Fe^{2+}、Cd^{2+}、Cu^{2+}、Hg^{2+}、Fe^{3+}、Na^+、Ag^+、Mg^{2+}、Ca^{2+}、Ni^{2+}、Pb^{2+}、PO_4^{3-}、Br^-、NO_3^-

触发罗丹明结构转变（从非发射的螺甾内酰胺结构转变到发射的氧杂蒽结构）。而过渡金属离子的干扰作用更为明显，这是因为它们对化学传感器有很强的配位亲和力，在基于罗丹明衍生物的其他化学传感器上也观察到了类似的情况[34～37]。

无论哪种干扰离子，在添加亚硝酸盐后，复合样品的发射均被极大地猝灭，表明这些复合样品在干扰离子存在的情况下仍具有对亚硝酸盐的传感性能。即具有荧光发射的氧杂蒽结构仍然与亚硝酸盐反应，生成非发射的亚硝基产物。其中高价态的金属离子，如 Fe^{2+}、Cu^{2+} 和 Fe^{3+}，对化学传感器的发射影响较明显。这是由于它们除了对化学传感器具有很强的配位亲和力外，还可能氧化化学传感器，这种氧化过程进一步增加了它们对化学传感器的干扰作用。

4.3.5.3　pH 的干扰效应

上述实验提到质子浓度可能影响罗丹明的发射强度和罗丹明与亚硝酸盐的反应。因此我们又进一步研究了两个复合样品在不同 pH 值下的传感性能。表 4.1 显示了两种复合样品在不同 pH 值下的发射强度对比（F_0/F）。显然，随着 pH 值的降低，F_0/F 趋于增加。这是因为质子增加了罗丹明的发射强度，并促进了亚硝酸盐传感反应。当 pH 值小于 0.7 时，F_0/F 趋于缓慢增加。如果 pH 值太小，Fe_3O_4 磁芯可能会受到损害。因此，本工作选择 pH 值为 0.5（质子浓度为 0.3mol/L），以确保样品的灵敏度和稳定性。

表 4.1 两个样品在不同 pH 值下的发射强度对比（F_0/F）

样品	pH				
	1	0.7	0.5	0.4	0.3
RB-MCM-41@Fe_3O_4	12.5	26.9	29.4	29.8	30.2
RS-MCM-41@Fe_3O_4	10.1	22.6	24.1	24.4	24.9

4.3.6 传感机制

通过以上实验发现，虽然复合样品的荧光发射可被亚硝酸盐猝灭，但没有新的发射带。这一事实表明了一种基于加成反应的静态传感机制。为了进一步了解这两种复合样品，我们研究了它们在亚硝酸盐浓度分别为 0μmol/L、5μmol/L 和 10μmol/L 下的发射衰减动力学。如图 4.13 所示，不论亚硝酸盐浓度为多少，所有样品都观察到单指数衰减模式。RB-MCM-41@Fe_3O_4 相应的衰变寿命分别为 7.49ns（亚硝酸盐浓度＝0μmol/L）、8.72ns（亚硝酸盐浓度＝5μmol/L）和 7.73ns（亚硝酸盐浓度＝10μmol/L），RS-MCM-41@Fe_3O_4 相应的衰变寿命分别为 9.92ns（亚硝酸盐浓度＝0μmol/L）、10.64ns（亚硝酸盐浓度＝5μmol/L）和 10.45ns（亚硝酸盐浓度＝10μmol/L）。化学传感器的衰变寿命与亚硝酸盐浓度之间没有直接的相关性。这一结果实际上否认了亚硝酸盐在激发化学传感器上动态猝灭的可能性。因此，我们得出结论，两种化学传感器遵循一种基于加成反应的传感机制，解释如下：如图 4.14 所示，NO^+ 首先是在质子存在下产生的，然后它攻击化学传感器中 N 原子的孤对电子。生成的亚硝基产物由于其缺乏电子结构而不发射，导致发射猝灭，从而观察到传感器对亚硝酸盐的传感行为。这种亚硝

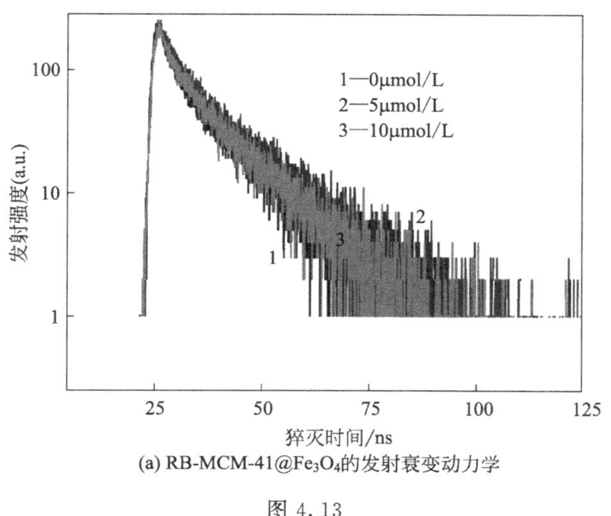

(a) RB-MCM-41@Fe_3O_4的发射衰变动力学

图 4.13

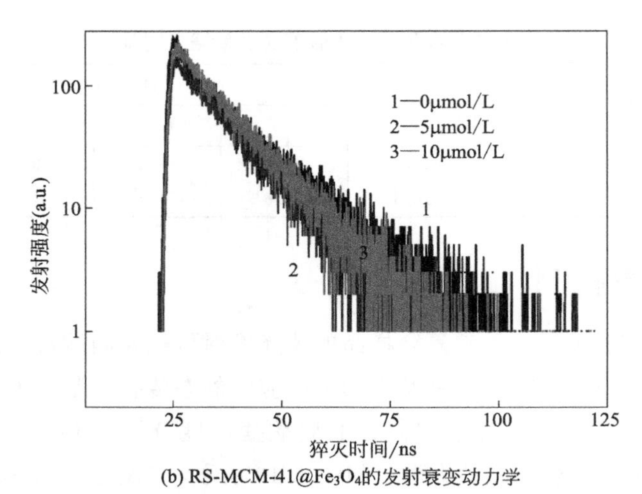

(b) RS-MCM-41@Fe_3O_4的发射衰变动力学

图 4.13　RB-MCM-41@Fe_3O_4 与 RS-MCM-41@Fe_3O_4 的发射衰变动力学

在乙醇/酸性悬浮液（1mg/mL，体积比为 8∶2，[H^+]=0.3mol/L，25℃）；

亚硝酸根离子浓度：0μmol/L、5μmol/L、10μmol/L

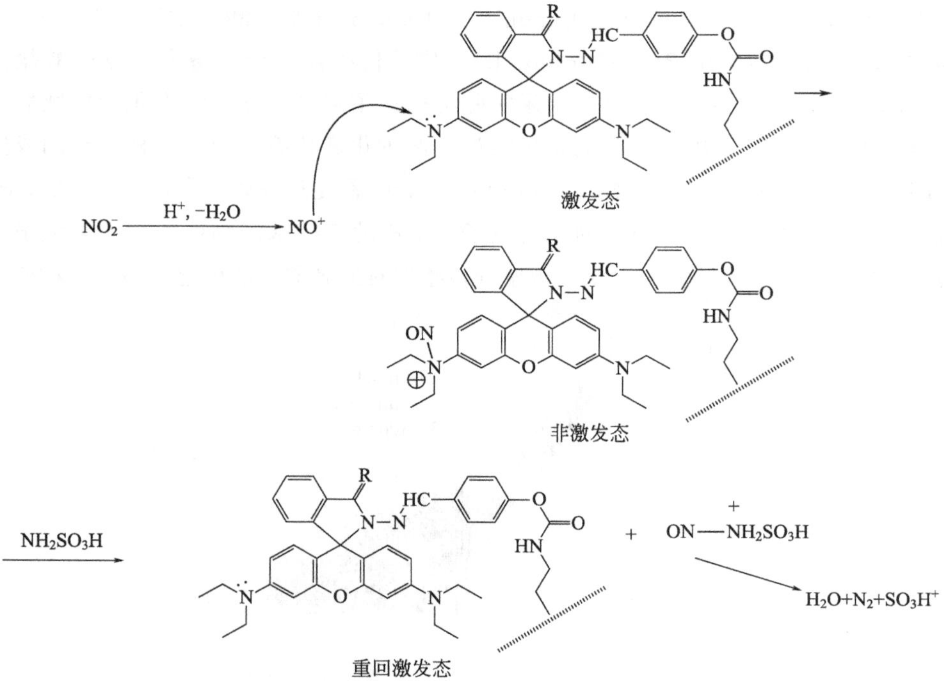

NO_2^- —H^+, $-H_2O$→ NO^+

激发态

非激发态

NH_2SO_3H

$\overset{+}{ON}$—NH_2SO_3H → $H_2O+N_2+SO_3H^+$

重回激发态

图 4.14　RB-MCM-41@Fe_3O_4 和 RS-MCM-41@Fe_3O_4 对亚硝酸盐的感应机制

基产物可以通过适当的脱氧剂回收。随着罗丹明氧杂蒽结构的恢复，复合样品的荧光发射可以恢复，从而可重复利用。这种传感机制与文献报道[36,37]一致。

4.3.7 可回收性

在查阅了图 4.14 所示的传感机制后，这两个复合样品应该具有可回收性。为了证实这一假设，在复合样品中周期性地加入亚硝酸盐离子（10μmol/L）和氨基磺酸，记录相应的发射光谱，如图 4.15 所示。在这里，氨基磺酸作为脱氧剂与亚硝基产物反应。本书选择氨基磺酸，因为它有以下优点[33,36]。首先，氨基磺酸是一种常见的有机脱氧剂，具有合适的还原性能。它具有足够的还原能力，而不影响 RB-MCM-41@Fe_3O_4 和 RS-MCM-41@Fe_3O_4 的复合结构。其次，氨基磺酸的还原反应不会将其他金属离子导入测试系统，从而使其对传感操作的

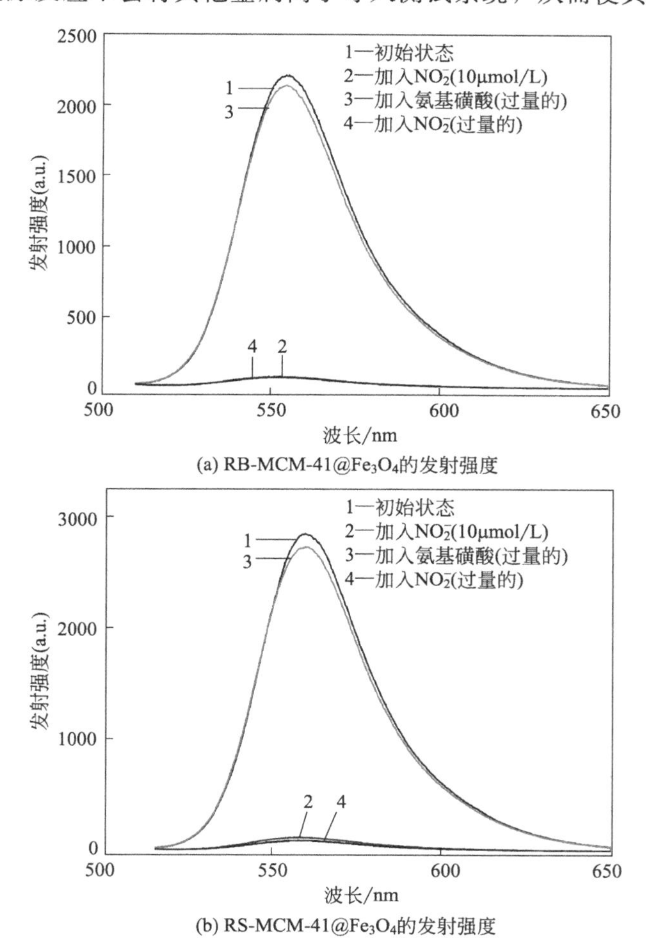

(a) RB-MCM-41@Fe_3O_4的发射强度

(b) RS-MCM-41@Fe_3O_4的发射强度

图 4.15 RB-MCM-41@Fe_3O_4 与 RS-MCM-41@Fe_3O_4 的发射强度

在乙醇/酸性悬浮液（1mg/mL，体积比为 8∶2，[H^+]=0.3mol/L，25℃）；10μmol/L 亚硝酸盐离子和定期补充氨基磺酸

干扰作用最小化。从图 4.15 能看到，样品发射被亚硝酸盐有效地猝灭，在与氨基磺酸相遇后，样品发射几乎恢复到其初始强度。这些回收的样品仍然具有亚硝酸盐传感能力，至少可重复利用三次（详见图 4.16），因此可以说两个复合样品已经实现了可回收性。为了与文献报道相比较，我们的样品的关键传感参数以及其他几个亚硝酸盐传感系统的参数列于表 4.2。可看到我们的样本比文献样本的主要优点是它们的可回收性，而我们样本的检测限（LOD）和响应时间与文献值相当。唯一不足的是，我们样品对亚硝酸盐传感响应的线性不好。

表 4.2　样品和文献的关键传感参数

工作	LOD	检测范围	线性	响应时间	可重复性
本书	0.7μmol/L	0～15μmol/L	非线性	30min	至少 3 次
[38] $Rh6G-SiO_2$	1.2μmol/L	0～60μmol/L	准线性	35min	不可重复
[39] GNRs	4.0μmol/L	0～15μmol/L	准线性	20min	不可重复
[40] NR-UCNPs	4.6μmol/L	3.3～62.5μmol/L	线性	无参考数值	不可重复
[41] MTT-GNPs	1×10^{-6}	$0\sim5\times10^{-6}$	准线性	30min	不可重复

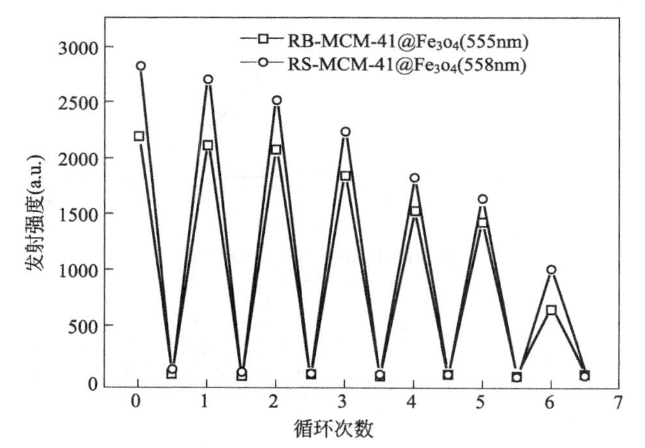

图 4.16　RB-MCM-41@Fe_3O_4 和 RS-MCM-41@Fe_3O_4 在多次循环使用之后的发射强度

4.4 结论

综上所述，我们报道了两种可回收的亚硝酸盐纳米传感器，包括其结构、表征和亚硝酸盐传感性能。这两种样品采用核壳结构，以 Fe_3O_4 颗粒为核心，以二氧化硅分子筛 MCM-41 为壳层，以两种罗丹明衍生物为化学传感器。通过电子显微镜图像、介孔测量、磁性能、红外光谱和热降解分析证实了这两种复合样品。详细分析表明，这两种复合样品的发射是可用亚硝酸盐猝灭的，遵循静态传感机制，得到了 0.7μmol/L 左右的低 LOD 值。使用后，这两种复合样品可用硫酸回收。下一步工作应提高工作曲线的线性和选择性。通过在化学传感器中加入电子供体，可以进一步缩短反应时间。

参考文献

[1] Li X, Qian S, He Q, et al. Design and synthesis of a highly selective fluorescent turn-on probe for thiol bioimaging in living cells [J]. Org Biomol Chem, 2010, 8 (16): 3627～3641.

[2] Lakowicz J R. Principles of fluorescence spectroscopy, 3rd ed [M]. New York: Springer, 2006.

[3] Yuan X, Tay Y, Dou X, et al. Glutathione-protected silver nanoclusters as cysteine-selective fluorometric and colorimetric probe [J]. Anal Chem, 2013, 85 (3): 1913～1919.

[4] Liu W, Xu L, Sheng R, et al. A water-soluble "switching on" fluorescent chemosensor of selectivity to Cd^{2+} [J]. Org Lett, 2007, 9 (19): 3829～3832.

[5] Cammann G G, Guilbault E A, Hal H, et al. The Cambridge definition of chemical sensors, Cambridge workshop on chemical sensors and biosensors [M]. New York: Cambridge University Press, 1996.

[6] Yuan L, Lin W, Zheng K, et al. FRET-based small-molecule fluorescent probes: rational design and bioimaging applications [J]. Accounts Chem Res, 2013, 46 (7): 1462～1473.

[7] Liu Z, He W, Guo Z. Metal coordination in photoluminescent sensing [J]. Chem Soc Rev, 2013, 42 (4): 1568～1600.

[8] Srikun D, Miller E W, Domaille D W, et al. An ICT-based approach to ratiometric fluorescence imaging of hydrogen peroxide produced in living cells [J]. J Am Chem Soc, 2008, 130 (14): 4596～4597.

[9] Zhou Z, Yu M, Yang H, et al. FRET-based sensor for imaging chromium(Ⅲ) in living cells [J]. Chem Commun, 2008, 29: 3387～3389.

[10] Li M J, Wong K M, Yi C, et al. New ruthenium(Ⅱ) complexes functionalized with coumarin derivatives: synthesis, energy-transfer-based sensing of esterase, cytotoxicity, and imaging studies [J]. Chemistry, 2012, 18 (28): 8724～8730.

[11] Yu C, Li X, Zeng F, et al. Carbon-dot-based ratiometric fluorescent sensor for detecting hydrogen sulfide in aqueous media and inside live cells [J]. Chem Commun, 2013, 49 (4): 403～405.

[12] Zhao L, Peng J, Chen M, et al. Yolk-shell upconversion nanocomposites for LRET sensing of cysteine/homocysteine [J]. ACS Appl Mater Inter, 2014, 6 (14): 11190～11197.

[13] Liu J, Liu Y, Bu W, et al. Ultrasensitive nanosensors based on upconversion nanoparticles for selective hypoxia imaging in vivo upon near-infrared excitation [J]. J Am Chem Soc, 2014, 136 (27): 9701～9709.

[14] Ni J, Shan C, Li B, et al. Assembling of a functional cyclodextrin-decorated upconversion luminescence nanoplatform for cysteine-sensing [J]. Chem Commun, 2015, 51 (74): 14054～14056.

[15] Yang J, Deng Y, Wu Q, et al. Mesoporous Silica encapsulating upconversion luminescence rare-earth fluoride nanorods for secondary excitation [J]. Langmuir, 2010, 26 (11): 8850～8856.

[16] Achatz D E, Meier R J, Fischer L H, et al. Luminescent sensing of oxygen using a quenchable probe and upconverting nanoparticles [J]. Angew Chem Int Ed, 2011, 50 (1): 260～263.

[17] Wang X D, Chen X, Xie Z X, et al. Reversible optical sensor strip for oxygen [J]. Angew Chem Int Ed, 2008, 47 (39): 7450～7453.

[18] Gamelin D R, Gudel H U. Upconversion processes in transition metal and rare earth metal systems [M]//H Yersin Transition Metal and Rare Earth Compounds: Excited States, Transitions, Interactions Ⅱ. Berlin, Heidelberg; Springer Berlin Heidelberg, 2001: 1～56.

[19] Chen Y, Zhao J, Xie L, et al. Thienyl-substituted BODIPYs with strong visible light-absorption and long-lived triplet excited states as organic triplet sensitizers for triplet-triplet annihilation upconversion [J]. RSC Adv, 2012, 2 (9): 3942～3953.

[20] Auzel F. Upconversion and anti-Stokes processes with f and d Ions in solids [J]. Chem Rev, 2004, 104 (1): 139～174.

[21] Suyver J F, Aebischer A, Biner D, et al. Novel materials doped with trivalent lanthanides and transition metal ions showing near-infrared to visible photon upconversion [J]. Opt Mater, 2005, 27 (6): 1111～1130.

[22] Shi F, Wang J, Zhai X, et al. Facile synthesis of β-$NaLuF_4$: Yb/Tm hexagonal nanoplates with intense ultraviolet upconversion luminescence [J]. CrystEngComm, 2011, 13 (11): 3782～3787.

[23] Johnson N J J, Oakden W, Stanisz G J, et al. Size-tunable, ultrasmall $NaGdF_4$ nanoparticles: insights into their T1MRI contrast enhancement [J]. Chem Mater, 2011, 23 (16): 3714～3722.

[24] Liu Q, Sun Y, Yang T, et al. Sub-10 nm hexagonal lanthanide-doped $NaLuF_4$ upconversion nanocrystals for sensitive bioimaging in vivo [J]. J Am Chem Soc, 2011, 133 (43): 17122～17125.

[25] Sun Y, Chen Y, Tian L, et al. Controlled synthesis and morphology dependent upconversion luminescence of $NaYF_4$: Yb, Er nanocrystals [J]. Nanotechnology, 2007, 18 (27): 275609.

[26] Wu P, Zhu J, Xu Z, et al. Template-assisted synthesis of mesoporous magnetic nanocomposite particles [J]. Advanced Functional Materials, 2004, 14 (4): 345～351.

[27] Deng Y, Qi D, Deng C, et al. Superamagnetic high-magnetization microspheres with Fe_3O_4@SiO_2 core and perpendicularly aligned mesoporous SiO_2 shell fr removal of microcystins [J]. Journal of the Ametican Chemical Society, 2007, 130 (1): 28～29.

[28] Zhang L, Qiao S, Jin Y. Magnetic hollow spheres of periodic mesoporous organosilica and Fe_3O_4 nanocrystals: fabrication and structure control [J]. Advanced Materials, 2008, 20 (4): 805～809.

[29] Alam S, Anand C, Logudurai R, et al. Comparative study on the magnetic properties of iron oxide nanoparticles loaded on mesoporous silica and carbon materials with different structure [J]. Microporous and Mesoporous Materials, 2009, 121 (1-3): 178～184.

[30] Lee D, Lee J, Lee H, et al. Filtration-Free Recyclable Catalytic Asymmetric Dihydroxylation Using a Ligand Immobilized on Magnetic Mesocellular Mesoporous Silica [J]. Advanced Synthesis & Catalysis, 2006, 348 (1): 41.

[31] Li C, Quan Z, Yang J, et al. Highly uniform and monodisperse β-$NaYF_4$: Ln^{3+} (Ln=Eu, Tb, Yb/Er, and Yb/Tm) hexagonal microprism crystals: hydrothermal synthesis and luminescent properties [J]. Inorg Chem, 2007, 46 (16): 6329～6337.

[32] Wang Y, Tu L, Zhao J, et al. Upconversion luminescence of β-$NaYF_4$: Yb^{3+}, Er^{3+}@β-$NaYF_4$

core/shell nanoparticles: excitation power density and surface dependence [J]. J Phys Chem C, 2009, 113 (17): 7164~7169.

[33] Wang L, Xue X, Chen H, et al. Unusual radiative transitions of Eu^{3+} ions in Yb/Er/Eu tri-doped $NaYF_4$ nanocrystals under infrared excitation [J]. Chem PhysLett, 2010, 485 (1-3): 183~186.

[34] Lu Q, Hou Y, Tang A, et al. Upconversion multicolor tuning: Red to green emission from Y_2O_3: Er, Yb nanoparticles by calcination [J]. Appl Phys Lett, 2013, 102 (23): 233103.

[35] Qiu H, Chen G, Sun L, et al. Ethylenediaminetetraacetic acid (EDTA)-controlled synthesis of multicolor lanthanide doped $BaYF_5$ upconversion nanocrystals [J]. J Mater Chem, 2011, 21 (43): 17202~17208.

[36] Xie X, Gao N, Deng R, et al. Mechanistic investigation of photon upconversion in Nd (3+)-sensitized core-shell nanoparticles [J]. J Am Chem Soc, 2013, 135 (34): 12608~12611.

[37] Gai S, Li C, Yang P, et al. Recent progress in rare earth micro/nanocrystals: soft chemical synthesis, luminescent properties, and biomedical applications [J]. Chem Rev, 2014, 114 (4): 2343~2389.

第5章

罗丹明衍生物修饰的MOF对炭疽生物指示剂的比色荧光传感响应

5.1 概述

炭疽杆菌孢子由于其对周围环境的极大适应性而被广泛认为是一种生物危害。如果炭疽杆菌孢子浓度高于 10^4，包括人类在内的温血动物可能会遭受炭疽，这是一种严重的急性疾病[1]。生物武器甚至是利用这些炭疽杆菌孢子开发的。因此，应发展对炭疽杆菌孢子的即时和可靠的检测，以满足公共安全、医疗服务和反恐怖主义的要求。二钙（CaDPA）已被发现是炭疽杆菌孢子中独特的成分，这使得 DPA 成为它们的生物标志物[2]。现代分析方法能够很容易地确定 DPA 浓度，如化学方法和生物方法[3]。然而，这些方法都不适合在线和现场检测，因为这些分析方法通常需要耗时的操作、复杂的样品预处理、昂贵的运行成本和精细的设备[4,5]。

光学传感作为一种新的分析方法，由于其具有响应快、设备要求低、运行成本低和样品预处理简单等优点，近年来被用于 DPA 的检测[6]。关于 DPA 光学传感的大多数研究，荧光探针的发射强度或荧光寿命与 DPA 浓度成反比，这说明 DPA 能够猝灭荧光探针的发射[7,8]。因为 DPA 和周围环境可能产生假信号，这些发射猝灭传感系统存在选择性较差和精度不理想的问题。理论上来说，这种缺陷可以通过使用发射开启探针来消除。然而，这一目标很难实现，因为分析物 DPA 的吸电子性质，使其具有很强的发射猝灭性质。因此，应改变方法以实现 DPA 的发射开启传感。

金属-有机骨架（MOFs）为化学传感器，拥有很大的发展潜力。大量报道显示，MOFs 被成功用于样品分离/分选、药物吸附/解吸/转运、催化等[9]。一些发光 MOFs 已经被尝试用于光学传感。例如，Zhang 等人[10,11] 报道了与 Eu 和 Tb 离子共掺杂的发光传感 MOFs。有机染料也可掺杂到 MOFs 中，以赋予它们所需的性能和功能。在这些染料-MOF 复合结构中通常有两个或两个以上的发射带。假设其中只有一个对分析物有反应，而其他发射带对分析物无反应，那么就可以用这些恒定的发射带作为内部参考来自校准信号，从而实现具有良好选择性的比率荧光传感方法[12,13]。

在本章中，我们报告了一种用于 DPA 光学传感的复合纳米材料，以 Eu(Ⅲ) 掺杂的金属-有机骨架（MOF）为支撑晶格，以罗丹明衍生的染料为传感探针。通过 XRD、IR、TGA 和光物理分析等手段，对该复合材料的结构进行了详细的讨论。结果发现，DPA 能增强罗丹明的吸收和发射，而 DPA 能抑制 Eu 的发射。利用该复合结构研究了两种传感技术，即基于吸收光谱的比色传感和基于发射光谱的比率荧光传感。

5.2 实验部分

5.2.1 试剂与仪器

从 Aldrich 化学公司获得 AR 级试剂，用于样品制备，包括 $Eu(NO_3)_3$、1,3,5-苯三羧酸（H_3BTC）、罗丹明 6G、1-乙基-3-(3-二甲氨基丙基）盐酸碳二亚胺（EDC)、肼（95%)、*N*-羟基琥珀酰亚胺（NHS)、劳森试剂和 4-羟基苯甲醛。

分别用 NMR、MS、IR 和 XRD 对样品进行了表征，分别使用 Varian I NOVA300 光谱仪、Agilent 1100MS 光谱仪、BrukerVertex 70 FTIR 光谱仪（KBr 压片）和 Rigaku X 射线衍射仪（$\lambda=1.5418$Å）。用日立 S-4800 显微镜进行微观形貌分析。用 HP8453 紫外-可见-NIR 二极管阵列分光度计和日立 F-7000 荧光分光度计及光学滤波器测定了光物理性质，以消除双瑞利峰。分别用可调谐激光源（Continum Sunlite OPO）和氢闪灯激发的 FL980 荧光寿命谱仪（爱丁堡)、Lecroy Runner 6100 数字示波器（1GHz）获得荧光寿命和磷光寿命。

5.2.2 传感探针前体 RSPh 的合成

以罗丹明 6G 为起始化合物[14]，首次制备了 2-氨基-3′,6′-双（乙基氨基)-2′,7′-二甲基螺甾 [异吲哚啉-1,9′-黄嘌呤]-3-硫酮（RS6-NH_2)。将下列试剂混合在一起，在 N_2 条件下 80℃搅拌 8h，包括罗丹明 6G（3g)、无水肼（6mL）和无水乙醇（30mL)。在减压下提取溶剂和过量的肼后，得到粗产物。固体样品在乙醇/水中再结晶（体积比为 4∶6)，得到 R6-NH_2。核磁共振氢谱（^1H NMR)（$CDCl_3$）化学位移 δ 数据：1.21～1.23ppm（多重峰，6H，NCH_2CH_3)，1.94ppm（单峰，6H，氧杂蒽——CH_3)，3.25～3.28ppm（四重峰，4H，NCH_2CH_3)，4.76ppm（单峰，2H，N—NH_2)，5.39ppm（单峰，2H，$NHCH_2CH_3$)，6.14ppm（单峰，2H，氧杂蒽)，6.47ppm（单峰，2H，氧杂蒽)，7.15ppm（双二重峰，1H，苯环)，7.55ppm（双二重峰，2H，苯环)，8.28ppm（双二重峰，1H，苯环)。质谱（EI-MS）质荷比（m/e）数据显示有数值为 428.4 的碎片离子，与合成产物 $C_{26}H_{28}N_4O_2$ 的分子量（428.2）一致。

用劳森试剂（6mmol）在无水甲苯（50mL）中处理 R6-NH_2(5mmol)。该混合物在 N_2 条件下 120℃搅拌 8h。在减压下提取溶剂后得到粗品。以 CH_2Cl_2 为洗脱剂，通过硅胶柱纯化固体样品，得到 RS6-NH_2。核磁共振氢谱（^1H NMR)

($CDCl_3$) 化学位移 δ 数据：1.25～1.28ppm (多重峰，6H，NCH_2CH_3)，1.90ppm (单峰，6H，氧杂蒽—CH_3)，3.22～3.25ppm (四重峰，4H，NCH_2CH_3)，4.74ppm (单峰，2H，N—NH_2)，5.33ppm (单峰，2H，$NHCH_2CH_3$)，6.15ppm (单峰，2H，氧杂蒽)，6.42ppm (单峰，2H，氧杂蒽)，7.14ppm (双二重峰，1H，苯环)，7.59ppm (双二重峰，2H，苯环)，8.22ppm (双二重峰，1H，苯环)。质谱 (EI-MS) 质荷比 (m/e) 数据显示有数值为444.4的碎片离子，与合成产物 $C_{26}H_{28}N_4OS$ 的分子量 (444.2) 一致。

将所得 RS6-NH_2 (3mmol) 溶于乙醇 (30mL) 中，与4-羟基苯甲醛 (3.5mmol) 混合[14]。在 N_2 条件下80℃搅拌12h后，通过蒸发除去溶剂。以 CH_2Cl_2 为洗脱剂，通过硅胶柱纯化固体样品，得到RSPh。核磁共振氢谱 (^1H NMR) ($CDCl_3$) 化学位移 δ 数据：1.13～1.15ppm (多重峰，6H，NCH_2CH_3)，1.89ppm (单峰，6H，氧杂蒽—CH_3)，3.17～3.19ppm (四重峰，4H，NCH_2CH_3)，5.33ppm (单峰，2H，$NHCH_2CH_3$)，6.04ppm (单峰，1H，苯环)，6.12ppm (双峰，1H，苯环)，6.27ppm (单峰，2H，氧杂蒽)，6.33ppm (双峰，1H，苯环)，6.51ppm (单峰，2H，氧杂蒽)，7.26ppm (双二重峰，1H，苯环)，7.35ppm (双峰，1H，苯环)，7.52ppm (双二重峰，2H，苯环)，8.18ppm (双二重峰，1H，Ar—H)，8.37ppm (单峰，1H，CH ═N)，11.41ppm (单峰，2H，苯环—OH)。质谱 (EI-MS) 质荷比 (m/e) 数据显示有数值为548.4的碎片离子，与合成产物 $C_{33}H_{32}N_4O_2S$ 的分子量 (548.2) 一致。

5.2.3 发光稀土 MOF EuBTC 的制备

根据文献 [15] 合成发光支撑晶格 EuBTC。将 Eu $(NO_3)_3$ (1.0mmol) 和 NaAc (3.0mmol) 倒入去离子水 (30mL) 中，超声30min。同时，将 H_3BTC (1.0mmol) 溶于乙醇 (30mL) 中，滴加到上述溶液中。所得混合物在室温下搅拌2h。固体样品被过滤掉，用乙醇洗涤并干燥，得到EuBTC。元素分析：C 22.98%，N 0.07%。

5.2.4 染料-MOF 复合结构的合成

本书为DPA检测设计了一个染料-MOF光学传感平台，如图5.1所示。这种复合结构中有两个基本组分，分别是罗丹明 (命名为RSPh) 和稀土发光MOF (EuBTC) 衍生的有机染料。由5.2.3和5.2.2合成了EuBTC和RSPh的前体。按照文献 [15, 16] 方法制备所需要的染料-MOF复合结构RSPh@EuBTC。将EuBTC (0.5mmol) 溶于乙醇 (40mL) 中，加入EDC (1.0mmol) 和 NHS (1.0mmol)。室温下搅拌半小时，滴入RPh溶液 (1.0mmol 溶于10mL

DMF）。在室温下搅拌 25h 后，将固体产物过滤，用乙醇洗净，得到 RSPh@EuBTC。元素分析：C 34.31%，N 1.66%。

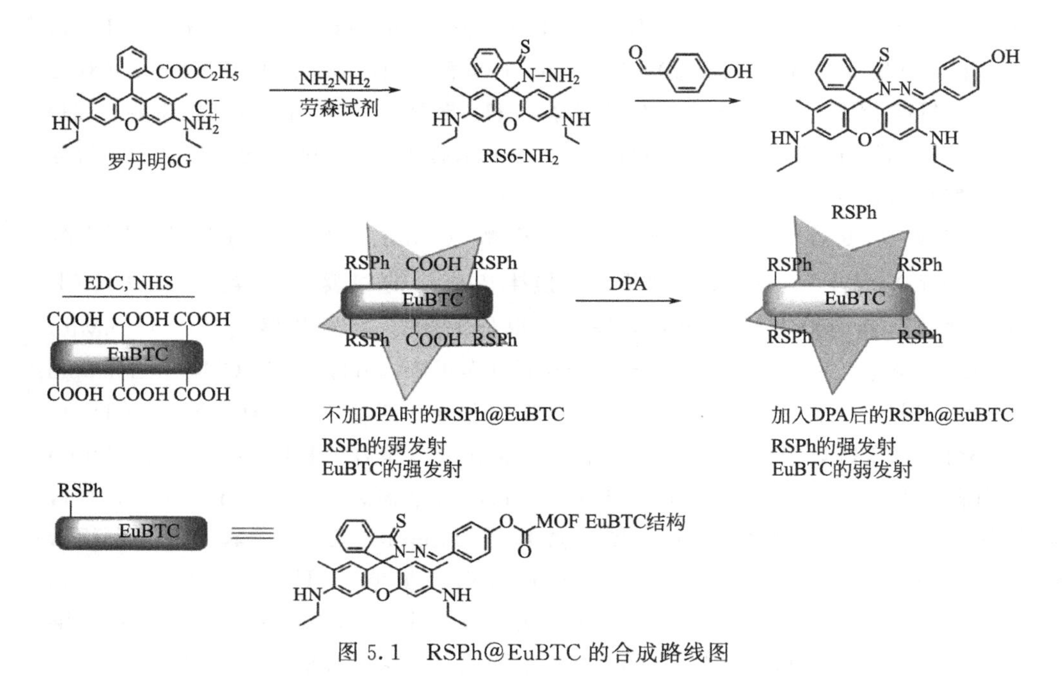

图 5.1 RSPh@EuBTC 的合成路线图

5.3 结果与讨论

5.3.1 RSPh@EuBTC 的表征

5.3.1.1 微观形貌及 XRD 分析

RSPh@EuBTC 首先通过其 SEM 图像进行表征，如图 5.2 所示。为便于比较，还给出了支撑晶格 EuBTC 的 SEM 图像。可见，EuBTC 纳米晶体均随机分布在其衬底上。这些棒状纳米晶形态均匀，表面光滑，平均宽度约 90nm，平均长度约 900nm。这一观察结果与类似稀土 MOF 纳米晶的文献报道[15] 相似。这些纳米晶体加载传感探针 RSPh 后，产生 RSPh@EuBTC 纳米晶体，同样随机分布在衬底上。RSPh@EuBTC 纳米晶的形貌和晶体宽度与 EuBTC 纳米晶相似。另外，还观察到平均长度约为 400nm 的碎片，推测原因是在传感探针加载过程中，长 EuBTC 纳米棒被断裂为短 EuBTC 纳米棒。

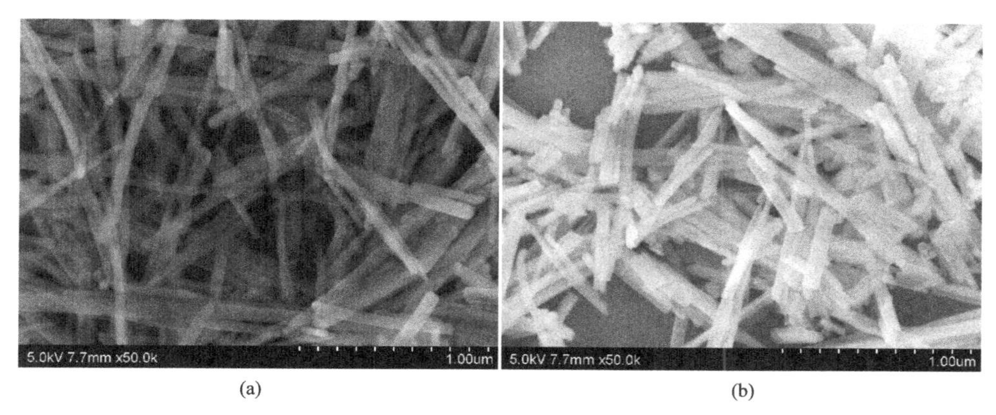

图 5.2 材料的 SEM 图

(a) 支撑晶格 EuBTC；(b) RSPh@EuBTC

为了对 RSPh@EuBTC 晶体有一个初步的了解，RSPh@EuBTC、EuBTC 和参照样品 La（BTC）的 XRD 曲线示于图 5.3。RSPh@EuBTC 和 EuBTC 在 8°～28°范围内的 XRD 峰相似。每个样品中有 10 组与参照样品 La（BTC）（CCDC 290771）相似的特征带。这一结果证实了 EuBTC 的晶格与 La（BTC）相同，并且该晶格经 RSPh 传感探针修饰后仍保存良好。然而，RSPh 修饰确实会将长纳米晶体分解成短纳米晶体，从而破坏其规律性，所以 RSPh@EuBTC 的衍射强度弱于 EuBTC 的衍射强度。

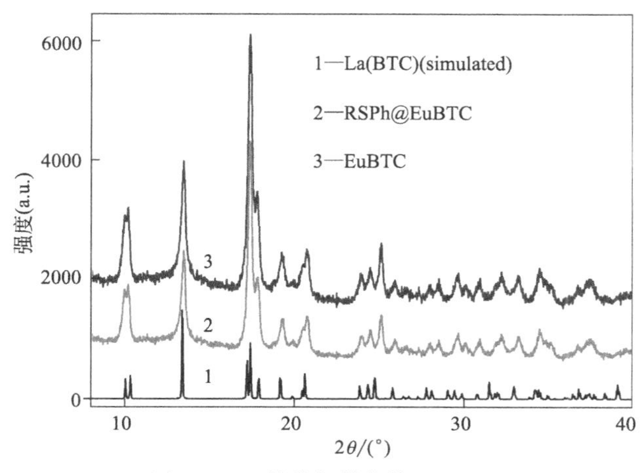

图 5.3 X 射线衍射曲线（XRD）

5.3.1.2 IR、TGA 及元素分析

为了进一步了解 RSPh@EuBTC 中荧光探针的加载状态，记录了其红外光

谱，并与 EuBTC 和 RSPh 的红外光谱进行比较，如图 5.4 所示。支撑晶格 EuBTC 由于其分子结构简单，红外光谱很普通，只有 5 个特征红外波段。$1100cm^{-1}$ 的第一个波段被认为是 C═C 键的拉伸振动。$1370cm^{-1}$ 和 $1444cm^{-1}$ 的两个强红外波段被认为是 EuBTC 表面自由悬空键的拉伸振动。$1546cm^{-1}$ 和 $1610cm^{-1}$ 处的两个强红外波段被认为是 C═O 键（对称和非对称）的弯曲振动。传感探针 RSPh 具有几个典型的红外波段，峰值分别为 $1015cm^{-1}$、$1270cm^{-1}$、$1518cm^{-1}$、$1693cm^{-1}$、$2970cm^{-1}$。在 $1015cm^{-1}$ 和 $1518cm^{-1}$ 处达到峰值的两个红外波段分别属于拉伸振动和 C═O 键的对称弯曲振动[16]。而 C═N 键的拉伸振动和对称弯曲振动分别对 $1270cm^{-1}$ 和 $1693cm^{-1}$ 的红外波段产生影响。$2970cm^{-1}$ 附近的一簇红外波段属于—NHEt 基团的伸缩振动。至于 RSPh@EuBTC，它的红外光谱来自两个基本组分 EuBTC 和 RSPh 的红外波段。它们的特征红外光谱，包括 $1015cm^{-1}$（RSPh，C═O）、$1100cm^{-1}$（EuBTC，O═C）、$1270cm^{-1}$（RSPh，C═N）、$1370cm^{-1}$（EuBTC，拉伸—COOH）、$1444cm^{-1}$（EuBTC，拉伸—COOH）、$1546cm^{-1}$（EuBTC，对称弯曲 C═O）、$1610cm^{-1}$（EuBTC，非对称弯曲 C═O）、$1693cm^{-1}$（RSPh，对称弯曲 C═N）、$2970cm^{-1}$（RSPh，拉伸—NHEt）。与 EuBTC 和 RSPh 的红外光谱相比，这些红外波段只有轻微的光谱位移。此外，与 EuBTC 相比，RSPh@EuBTC 的—COOH 基团在 $1370cm^{-1}$ 和 $1444cm^{-1}$ 时的拉伸振动红外光谱强度减弱。结果表明，传感探针 RSPh 共价加载到其支撑晶格 EuBTC 中。

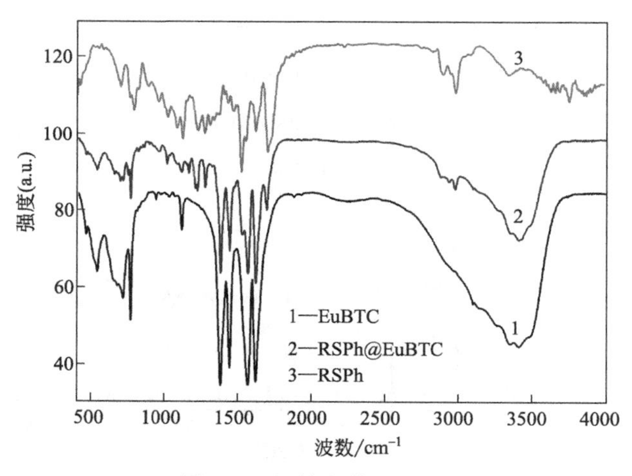

图 5.4　红外光谱图（IR）

为了进一步确认 RSPh 在 RSPh@EuBTC 中的共价键，其热重衰减分析（TGA）结果如图 5.5 所示。为了辅助失重分析，还绘制了相应的导数热重

(DTG) 曲线。有两个吸热峰分别为100℃和453℃，说明有两个主要的失重过程。第一个温度范围在62～160℃之间，失重22.8%，这与EuBTC·$6H_2O$的晶水质量分数(23.1%)非常相似。考虑到它的吸热温度，我们认为第一失重区是由于支持晶格EuBTC中水的热蒸发。随着温度的升高，从376～516℃，质量又下降了38.5%。在更高的温度下，TGA曲线变得平滑。如此高的吸热温度和如此明显的失重，我们将第二失重区归因于MOF结构的热破坏和分解。图中没有出现由于MOF热破坏或传感探头RSPh分解引起的单独的失重过程，说明RSPh已紧密地嫁接到支撑晶格EuBTC上了。

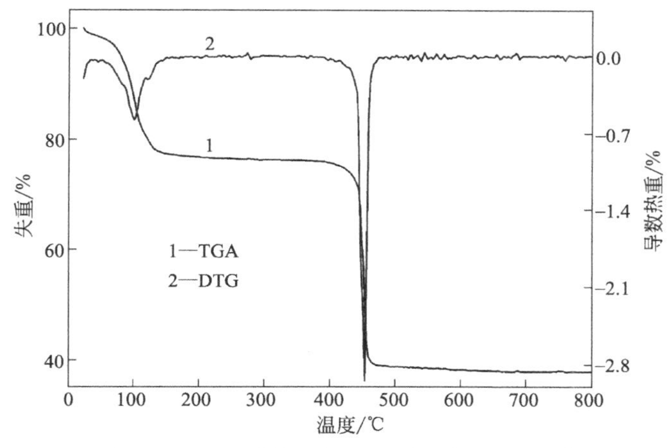

图5.5 RSPh@EuBTC的TGA和DTG曲线

为了确定RSPh@EuBTC的探针加载水平，将RSPh@EuBTC的元素分析结果与EuBTC进行了比较。EuBTC的C含量(22.98%)与计算出的EuBTC的C含量(23.12%)非常接近。其痕量N(0.07%)在制备EuBTC时应列为材料残留。RSPh@EuBTC的C和N含量明显增加，分别为34.31%和1.66%。显然，这些C和N含量的增加是由RSPh@EuBTC中的探针RSPh引起的。因此，确定RSPh@EuBTC中探头加载的含量为15.6%。该加载水平与相似复合材料的文献值[11] 相似。

5.3.1.3 光物理性能：吸收、发射、激发

为了对RSPh@EuBTC的光物理性能有一个初步的了解，记录了它的吸收、发射和激发光谱，如图5.6所示。RSPh@EuBTC在250～340nm的紫外区有较强的吸收。这一主要吸收带在306nm处达到峰值，包括其波长和吸收系数，与配体BTC吸收相似，归因于EuBTC的配位π-π*吸收[15]。该吸收带在350nm处结束，可见区域无吸收，因此RSPh@EuBTC在日光条件下呈现无色悬浮液。

未见罗丹明开环结构的迹象，530nm 有吸收，提示 RSPh@EuBTC 中的罗丹明分子正处于热稳定的螺甾内酯结构[14]。相应地，RSPh@EuBTC 在 306nm 处有一个明显的激发带，类似于配体 BTCπ-π＊吸收。因此，这个激发带归因于 BTC 能量转移到发射的 Eu 离子。在 522nm 处有另一个激发带，尽管在这个波长处没有明显的吸收。这个激发带暂时认为是罗丹明能量转移到发射的 Eu 离子。在 306nm 激发下，RSPh@EuBTC 有四个发射波段，分别在 546nm、592nm、615nm 和 692nm 处达到峰值。第一个是罗丹明发射，因为其发射波长与代表性的罗丹明发射体[16] 的文献报道相近。后三个发射带与 Eu 离子$^5D_0 \rightarrow {^7F_J}$（$J=1,2,4$）的特征跃迁一致。$^5D_0 \rightarrow {^7F_2}$(615nm) 的发射强度远高于$^5D_0 \rightarrow {^7F_1}$(592nm)，这意味着每一个 Eu 离子的发射都集中在 MOF 晶格中一个低对称性的微环境中心[17]。

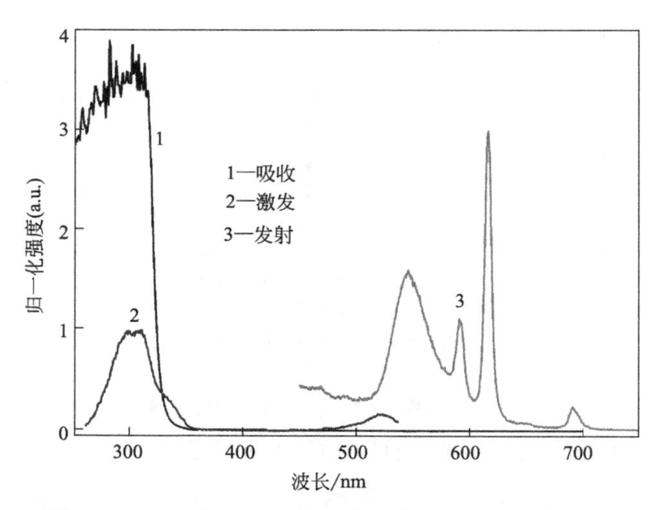

图 5.6　RSPh@EuBTC 的吸收、激发和发射光谱（一）
［在乙醇（0.05mg/mL）中，不含 DPA，$\lambda_{ex}=306$nm］

通过在悬浮液中加入 DPA，初步探讨了 RSPh@EuBTC 对 DPA 的传感性能。如图 5.7 所示，RSPh@EuBTC 在 300～400nm 的紫外区域有很强的吸收。这种吸收带在 477nm 处甚至延伸到可见区域。据报道，DPA 的吸收峰约 360nm，并延伸至约 450nm[17]。配体 BTC π-π＊吸收和 DPA 吸收混合后形成这种强吸收带，在 528nm 处有一个新的吸收带。在查阅了 RSPh@EuBTC（不加 DPA）的吸收光谱后，我们初步将这一波段归因于罗丹明黄嘌呤结构的吸收[14,15]。结果表明，DPA 使 RSPh@EuBTC 中的罗丹明分子从热稳定的螺内酯结构转变为发射型的黄嘌呤结构。值得注意的是，这种增加的罗丹明吸收带位于可见光区域，导致日光条件下的颜色变化，表现出比色感知行为，下面将予以证实。

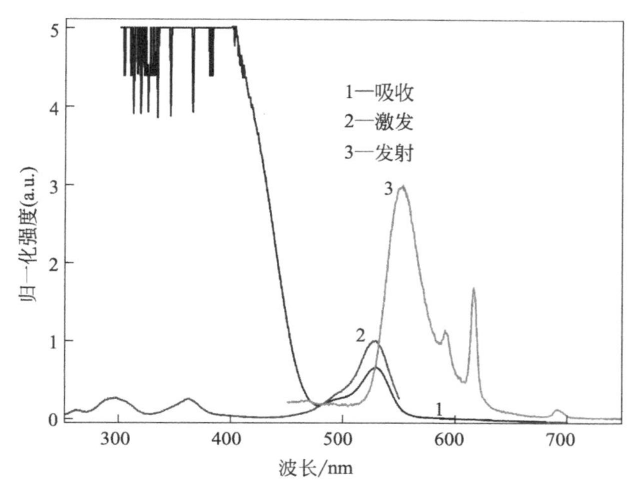

图 5.7 RSPh@EuBTC 的吸收、激发和发射光谱（二）
[在乙醇（0.05mg/mL）中，在 DPA（100μmol/L）存在下，λ_{ex}=306nm]

在 DPA 存在下，RSPh@EuBTC 有三个激发带，分别在 298nm、360nm 和 530nm 处达到峰值。第一个与 BTC 配位 π-π＊吸收一致，因此我们认为是配体 BTC Eu 发射离子能量转移。接下来的 360nm 激发带与 DPA 吸收相似，因此被认为是将 DPA 能量传递给发射的 Eu 离子。最后的激发带与罗丹明黄嘌呤结构的吸收带吻合，这是其能量转移到发射的 Eu 离子上所致。与无 DPA 的 RSPh@EuBTC 相比，罗丹明的激发带明显增强，而配体 BTC 的激发带明显减弱。这一结果是由于罗丹明结构的存在。在 DPA 存在下，RSPh@EuBTC 有四个发射带，分别在 551nm、591nm、616nm 和 693nm 处达到峰值。第一个发射波段被认为是罗丹明发射，后三个发射波段属于 Eu 发射。与 RSPh@EuBTC 的发射光谱相比，DPA 存在时 RSPh@EuBTC 的罗丹明发射带增加，并且由于 DPA 的电子牵引作用，从 546nm 红移到 551nm。而 Eu 发射谱带则明显下降。为了方便，我们定义了 F_{551nm}/F_{616nm} 的发射强度比，其中 F_{551nm} 是 551nm 处的发射强度，F_{616nm} 是 616nm 处的发射强度。对于无 DPA 的 RSPh@EuBTC，其 F_{551nm}/F_{616nm} 值计算为 0.49。考虑到 DPA 的存在，F_{551nm}/F_{616nm} 值增加达到 1.79。这一现象证实了从 RSPh@EuBTC 进行自校准荧光传感的可能性。

5.3.2 内滤效应对发射强度的修正

从图 5.6、图 5.7 中观察到，激发波长（306nm）和发射波长（552nm）的吸光度值较高，可能导致 552nm 处的发射下降，即内部滤波效应。在这种情况下，552nm 处的发射强度可以使用 Leese 和 Wehry 提出的方法进行校正，见式(5.1) 及式(5.2)。

$$\frac{F}{F_0}=\frac{1-10^{-\varepsilon_{ex}[Q]b}}{2.303\varepsilon_{ex}[Q]b} \tag{5.1}$$

$$\frac{F}{F_0}=\frac{1-10^{-\varepsilon_{em}[Q]b}}{2.303\varepsilon_{em}[Q]b} \tag{5.2}$$

式中，[Q] 为荧光猝灭器（Q）的浓度；F 和 F_0 为 Q 存在和不存在时的荧光发射强度；ε_{ex} 和 ε_{em} 为 Q 在激发波长和发射波长下的吸光系数；b 为样品池厚度。

随着吸收光谱的变化，校正的发射强度值见表 5.1。

表 5.1　校正的发射强度值

DPA 浓度/(μmol/L)	F/F_0(306nm)	F/F_0(552nm)
0	0.12739088	1.00247202
20	0.08266807	0.9520249
40	0.0580673	0.93793697
60	0.05251838	0.91497303
80	0.03895329	0.89014001
100	0.03243414	0.8652861
120	0.02691469	0.87083166
140	0.02267555	0.80747397
160	0.01987926	0.71816111
180	0.01803012	0.64465485
200	0.01600021	0.59979555

552nm 的发射强度校正以后，F_{552nm}/F_{616nm} 随 DPA 浓度的变化示于图 5.8。应该指出的是，在 306nm 的激发波长的校正可能不适用，因为它不存在实际的物理过程。我们采用低掺杂浓度（0.05mg/mL)，因此假设 306nm 处的激发光总是足够强，不受内滤光效应的影响。在这种情况下，只有在 552nm 处的发射降低应得到校正，其相对应的 F_{552nm}/F_{616nm} 数据示于图 5.9。与图 5.8 相比，得到了类似的工作曲线。另外，这种校正的工作曲线有多个校正程序，包括在不同浓度下测定摩尔系数。这些操作肯定会增加系统错误。虽然这个校正的工作曲线显示出更好的灵敏度，但我们在以下的工作中仍然使用未校正的工作曲线。

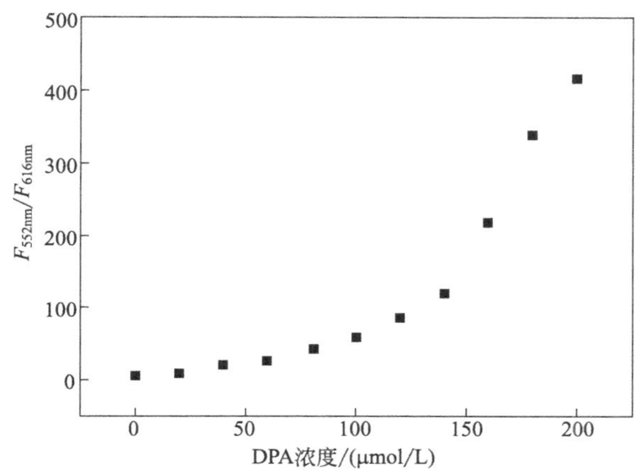

图 5.8 修正发射强度为 552nm 时的 F_{552nm}/F_{616nm} 随 DPA 浓度的变化曲线

(考虑 306nm 时的激发吸收和 552nm 时的发射吸收)

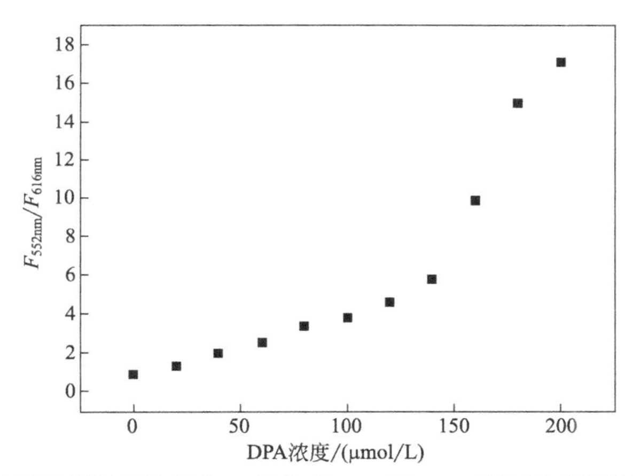

图 5.9 修正发射强度为 552nm 时的 F_{552nm}/F_{616nm} 随 DPA 浓度的变化曲线

(只考虑 552nm 时的发射吸收)

5.3.3 RSPh@EuBTC 对 DPA 的比色和比色荧光检测行为

上述对 RSPh@EuBTC 在无 DPA 或有 DPA 情况下的光物理变化的分析表明了两种潜在的传感技术，即比色光学传感和比色荧光传感。这一假设在下一节中得到证实和讨论。

5.3.3.1 比色传感

为了进一步了解 RSPh@EuBTC 的比色传感响应，在 DPA 浓度从 0mol/L 增加到 200μmol/L（间隔为 20μmol/L）下记录了其吸收光谱（图 5.10）。DPA 在 360nm 处的吸收强度峰值随浓度的增加而明显增加。而 306nm 处的配体 π-π＊吸收得到了很好的保存，并在这一区域被很强的 DPA 吸收所掩盖。同时，罗丹明在 528nm 处的吸收平稳增加，表明越来越多的探针分子在 DPA 的作用下开始变为其发射荧光的黄嘌呤结构。这种在可见光区域增加的吸收可以使 RSPh@EuBTC 悬浮液在没有 DPA 的情况下颜色从无色变为红色，这就是所谓的比色传感。为了讨论方便，选择 528nm 处的吸收强度进行进一步的讨论。在不同的 DPA 浓度下计算 A/A_0（吸收强度比），如图 5.10 所示。这里 A 表示吸光度值，A_0 表示 DPA 浓度为 0μmol/L 时的吸光度值，[DPA] 表示 DPA 浓度。在 DPA 浓度从 0mol/L 到 120μmol/L，RSPh@EuBTC 对 DPA 浓度的增加表现出线性传感响应。相应的线性工作方程为 $A/A_0=-1.546+6.843$ [DPA]，$R^2=0.996$。根据文献方法（$3\sigma/S$），检测限（LOD）值确定为 0.52μmol/L，远低于相似复合结构的文献值[14~17]。在较高的 DPA 浓度（从 120～200μmol/L）范围内，RSPh@EuBTC 遵循另一个线性方程：$A/A_0=-211.384+30.482$[DPA]，$R^2=0.997$。看起来 RSPh@EuBTC 在这个区域更加敏感。这种增加的传感输出甚至可以设计为危险级别的 DPA 的警告信号。越来越多的 DPA 分子及其电子吸引效应可引起 EuBTC（—COOH）释放质子，从而促进罗丹明的结构转变。在 200μmol/L 处的数据下翘，表明 RSPh@EuBTC 已经达到了最大的传感能力。

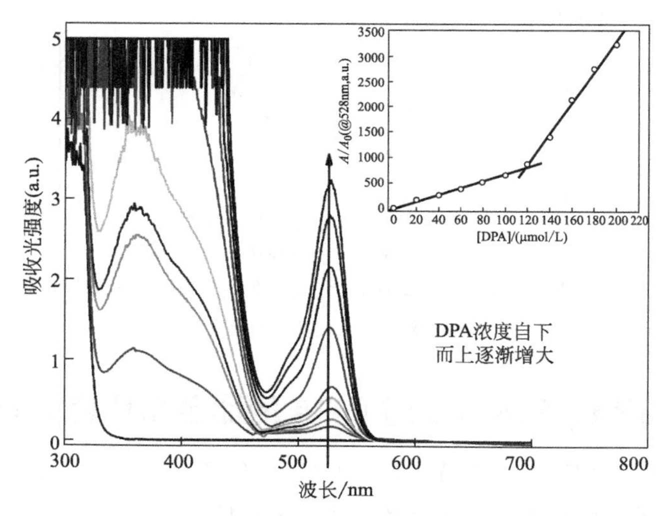

图 5.10 RSPh@EuBTC 悬浮液的吸收光谱

[在乙醇（0.05mg/mL）中，DPA 浓度（0～200μmol/L，间隔为 20μmol/L）。插图：A/A_0 随 DPA 浓度的变化。每个数据点使用三个测试周期的平均值]

5.3.3.2 动态荧光传感

在 DPA 浓度从 0mol/L 增加到 200μmol/L（间隔为 20μmol/L）的情况下，

通过其发射光谱分析了RSPh@EuBTC的比率荧光传感响应。如图5.11所示，在没有DPA的情况下，有四个发射带，分别在546nm、592nm、616nm和692nm处达到峰值。通过将DPA浓度从0mol/L提高到200μmol/L，罗丹明发射组分明显增强，光谱从546nm（[DPA]=0μmol/L）转移到555nm（[DPA]=200μmol/L），这是DPA的电子拉动效应增加所致。另外，在616nm处的Eu发射组分明显猝灭，一些微弱的Eu发射带甚至被罗丹明发射所覆盖。考虑到整个测试系统在这个区域没有吸收（如图5.10所示），可解释为这种发射强度是通过DPA对EuBTC的猝灭效应而降低的，而不是来自双瑞利峰的影响。与大多数用于光学传感的传统发光MOF材料相比，在每个RSPh@EuBTC样品中只观察到一个主要的发射带，具有多个发射带的优点，使自校准信号成为可能。自校准传感系统不需要参考发射信号，从而简化了传感操作[18]。

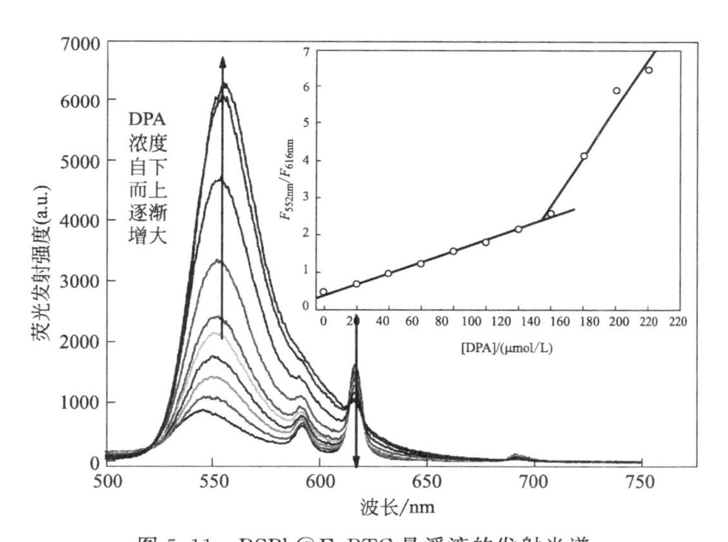

图5.11 RSPh@EuBTC悬浮液的发射光谱

［在乙醇（0.05mg/mL）中，DPA浓度0～200μmol/L（间隔为20μmol/L），λ_{ex}=306nm。插图：F_{552nm}/F_{616nm}随DPA浓度的变化。每个数据点使用三个测试周期的平均值］

这里选择616nm的显性Eu发射带作为内参，而选择552nm的罗丹明发射带作为传感信号，构建自校准传感系统。发射强度比（F_{552nm}/F_{616nm}）与DPA浓度的变化如图5.11所示。在此，F_{552nm}对应于552nm处的发射强度，F_{616nm}表示616nm处的发射强度，［DPA］表示DPA浓度。与比色传感的情况相似，F_{552nm}/F_{616nm}的工作曲线由两段组成。在DPA浓度从0～140μmol/L，RSPh@EuBTC对增加的DPA浓度表现出线性传感响应。相应的线性方程拟合为$F_{552nm}/F_{616nm}=0.386+0.0149$［DPA］，$R^2=0.996$。根据文献方法（$3\sigma/S$），检测限（LOD）值确定为 2.2μmol/L，与相似复合结构的文献值相当[14~17]。当 DPA 浓度从 140μmol/L 提高到 200μmol/L 时，RSPh@EuBTC 的发射强度随 DPA 浓度的增加遵循另一个线性方程：$F_{552nm}/F_{616nm}=-6.535+0.0664[DPA]$，$R^2=0.981$。这种增强的传感输出可以设计为危险级别的 DPA 的警告信号。这种警告信号的出现归因于 EuBTC（—COOH）的过量质子，这些质子是通过增加 DPA 电子拉动效应释放出来的。在 200μmol/L 处的数据下翘，表明 RSPh@EuBTC 已达到其最大传感能力，这与其比色传感的情况相似。

5.3.3.3 响应时间和信号稳定性

为了进一步了解 RSPh@EuBTC 的传感行为与 DPA 存在的相关性，当 DPA 滴加到 RSPh@EuBTC 悬浮液中时，监测 552nm 处的发射强度。如图 5.12 所示，当不添加 DPA 时，观察到弱的罗丹明发射。在 DPA 第一次滴入 RSPh@EuBTC 悬浮液后，罗丹明发射强度在 8s 内明显和立即增加，表明对 DPA 的快速传感响应。这种快速传感响应应归因于支撑晶格 EuBTC 的多孔结构，这有利于 DPA 的吸附和运输。在 40s 后，这种发射增加变得平滑，这意味着 RSPh@EuBTC 已经完成了整个传感过程。为了方便比较，响应时间被定义为 RSPh@EuBTC 在测试系统中加入 DPA 后所花费的时间增加到其最大排放强度的 85%，按照文献方法[14,15]，它的响应时间被确定为 10s，这比文献值短得多[19,20]。

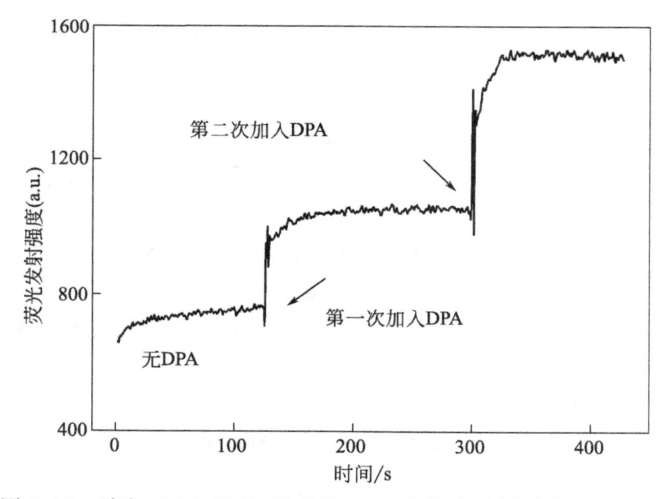

图 5.12 滴加 DPA 后 RSPh@EuBTC 的荧光发射强度（552nm）

应该注意的是，比率荧光传感是基于发射强度计算的。在这种情况下，RSPh@EuBTC 的光稳定性在保证传感精度方面起着重要的作用。通过其在环境老化前后的发射光谱，对 RSPh@EuBTC 的光稳定性进行了初步评价。如

图 5.13 所示，Eu 发射组分在老化 10 天后得到很好的保存，罗丹明发射组分降低了约 7%，其光谱带形状保持不变。在荧光传感方面，RSPh@EuBTC 具有较好的光稳定性。

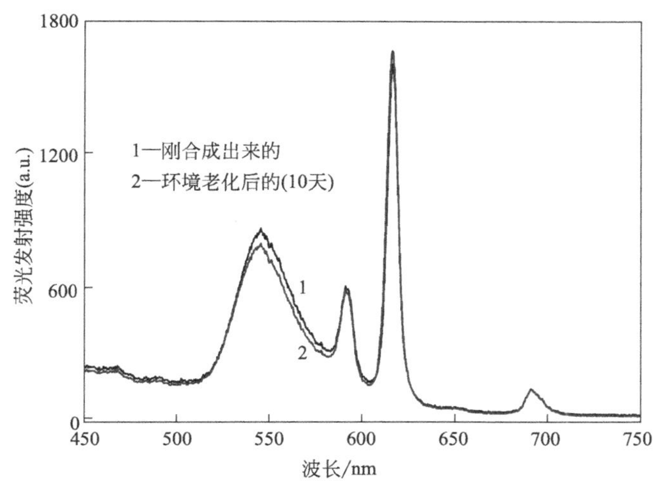

图 5.13 环境老化后 RSPh@EuBTC 和 RSPh@EuBTC 的发射光谱

5.3.3.4 选择性

选择性是对分散在充满竞争物质的复杂环境中的特定分析物的独特传感响应。基于良好的精度，所有传感系统都需要良好的选择性。对于 RSPh@EuBTC 选择性的原始评价，其在 DPA 存在下的吸收和发射光谱以及一些有代表性的干扰如图 5.14、图 5.15 所示，因此可以讨论其比色传感和比率荧光传感。图 5.14

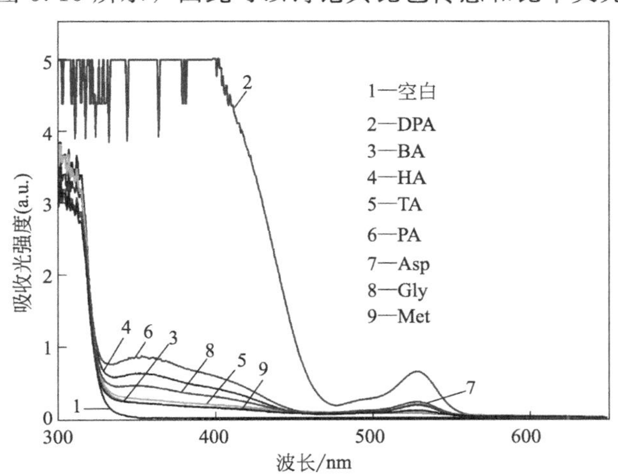

图 5.14 RSPh@EuBTC 悬浮液在乙醇（0.05mg/mL）中的吸收光谱

［在几种有代表性的干扰物（100μmol/L）存在下］

显示了 DPA 和苯甲酸（BA）、对羟基苯甲酸（HA）、对甲苯酸（TA）、邻苯二甲酸（PA）、D-天冬氨酸（Asp）、甘氨酸（Gly）和蛋氨酸（Met）干扰下的 RSPh@EuBTC 吸收光谱。观察到约 522nm 的罗丹明吸收在 DPA 存在下明显增强，但对大多数干扰物无响应。没有新的吸收带，没有光谱位移或肩峰，表明这些干扰物对 RSPh@EuBTC 的罗丹明探针只有微弱的影响。另外，值得注意的是，HA、PA 和 Gly 的存在略微增强了 RSPh@EuBTC 的罗丹明吸收，因为它们能够释放质子，从而使罗丹明分子具有发射的黄嘌呤结构。这一结果初步证实了 RSPh@EuBTC 的比色传感[21] 的良好选择性。

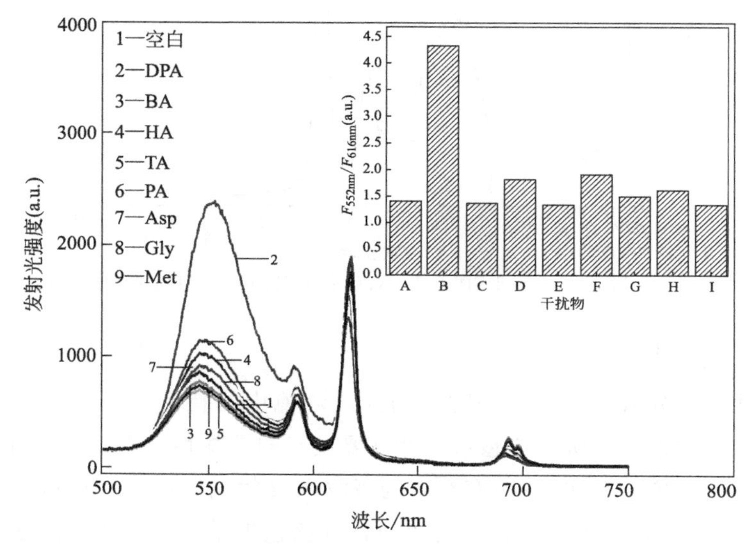

图 5.15 RSPh@EuBTC 悬浮液在乙醇（0.05mg/mL）中的发射光谱

［在几种有代表性的干扰物（100μmol/L）存在下。插图：相应的 F_{552nm}/F_{616nm} 比率。A—空白；B—DPA；C—BA；D—HA；E—TA；F—PA；G—Asp；H—Gly；I—Met］

图 5.15 显示了在 DPA 和上述干扰下的 RSPh@EuBTC 的发射光谱，从而可以讨论其比率荧光传感的选择性。与其比色传感的情况相似，其罗丹明荧光发射强度仅与 DPA 浓度成正比，不受这些干扰物的影响。另外，RSPh@EuBTC 中的 Eu 组分的发射光谱仅由 DPA 引起降低，也未受这些干扰物的影响。虽有这些干扰物的存在，但没有观察到新的发射带或肩峰，这说明 RSPh@EuBTC 的罗丹明分子与这些干扰物之间仅存在着微弱的相互作用，该结论与上述表述一致。为了研究 RSPh@EuBTC 的选择性，在干扰物存在下，计算了其发射强度比值（F_{552nm}/F_{616nm}）。从图 5.15 插图中可以观察到，只有 DPA 的存在才会使 F_{552nm}/F_{616nm} 值高达 4.33，而在其他干扰下 F_{552nm}/F_{616nm} 值均

不高于 1.9。这一结果进一步证实了 RSPh@EuBTC 的比率荧光传感具有良好的选择性。

5.3.3.5 传感机理

鉴于 RSPh@EuBTC 的上述传感行为，其传感机制初步提出如下。很明显，DPA 分子有两种官能团，分别是吡啶环和两个羟基。由于其吸引电子的性质，这种吡啶环可能从周围环境中捕获激发的电子，如 EuBTC。这种电子转移过程可能会猝灭这些电子的激发态能，导致 EuBTC 的发射猝灭。另外，这种电子拉动吡啶环，可能会增加其相邻两个羟基的酸度。它们释放的质子将因此触发 RSPh@EuBTC 中罗丹明分子的结构转变。综上所述，DPA 通过电子转移过程猝灭 RSPh@EuBTC 中的 Eu 发射，但通过羟基释放的质子增强 RSPh@EuBTC 的罗丹明发射。这一假设是通过比较 RSPh@EuBTC 的两个发射组分在不同 DPA 浓度下的发射衰减寿命来证实的。如图 5.16、图 5.17 所示，在不同的 DPA 浓度下，Eu 发射组分和罗丹明发射组分都遵循单指数衰减模式。详细的寿命值列于表 5.2。当 DPA 浓度从 0mol/L 增加到 200μmol/L 时，RSPh@EuBTC 的罗丹明发射组分的寿命从 5.79ns 增加到 11.55ns，这意味着从热稳定的螺留内酰胺结构向发射的黄嘌呤结构发生了结构转变[14]。另外，当 DPA 浓度从 0mol/L 增加到 200μmol/L 时，RSPh@EuBTC 的发射组分的寿命从 1.51ms 降低到 0.37ms，表明了 EuBTC 向 DPA（吡啶环）的电子转移过程[21]。这种长寿命的激发态证实了这种在 616nm 处的发射来自 Eu(Ⅲ) 中心，而不是双瑞利峰。在这种情况下，RSPh@EuBTC 的 DPA 传感机制被证实为由 DPA 释放的质子触发的发射开启效应和来自 EuBTC 到 DPA 的电子转移的发射关闭效应的组合。

表 5.2 不同 DPA 浓度下 RSPh@EuBTC 两种发射组分的发射衰减寿命

DPA 浓度/(μmol/L)	0	50	100	150	200
罗丹明发射(552nm)/ns	5.79	8.98	9.80	10.62	11.55
Eu 发射(616nm)/ms	1.51	1.12	0.83	0.47	0.37

5.3.4 RSPh@EuBTC 对 DPA 的实际传感性能

由于上述讨论已经证实了 RSPh@EuBTC 比色传感和比率荧光传感的两种传感方式，因此对它们的实际传感性能进行了如下探索。从图 5.18 中观察到，没有 DPA 的 RSPh@EuBTC 悬浮液在日光下呈现无色状态，因为它在可见光区域的吸收很小。在 DPA 浓度为 5μmol/L 时，RSPh@EuBTC 悬浮液变为橙色，

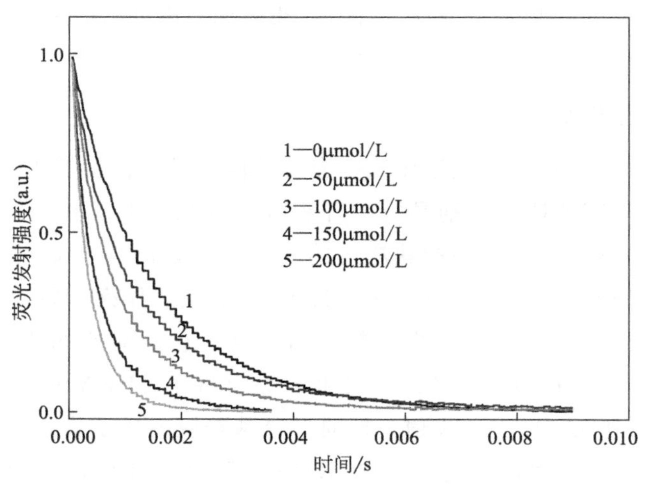

图 5.16　不同 DPA 浓度下 RSPh@EuBTC 的 Eu（616nm）发射衰减动力学
（在 616nm 检测；图中数字 1～5 表示 DPA 的不同浓度）

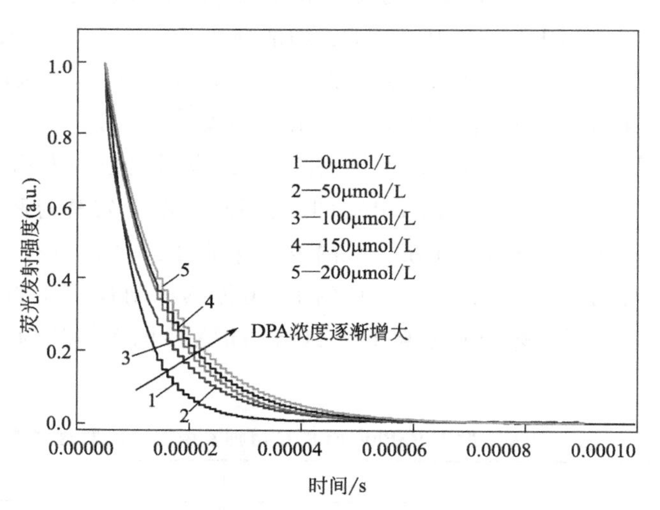

图 5.17　不同 DPA 浓度（在图中以不同数字区分）下
RSPh@EuBTC 的罗丹明（552nm）发射衰减动力学

肉眼可明显看到。因此对于 RSPh@EuBTC，比色传感甚至肉眼检测的实用性得到了证实。另外，RSPh@EuBTC 的比率荧光传感是通过其两条工作曲线初步讨论的。从表 5.3 中观察到，已经实现良好的精度，可接受的传感误差为±5%。这一结果也证实了比率荧光传感的实用性。与关于 MOF 光学传感材料的文献报道相比，RSPh@EuBTC 显示了其肉眼检测和具有线性响应的两种传感技能的优势[21]。

表 5.3 RSPh@EuBTC 的比率荧光检测结果

DPA 的加入量/(μmol/L)	测定值/(μmol/L)	回收率/%
0	1.1	无数值
50	48.2	96.4
100	102.7	102.7
150	152.1	101.4
200	193.5	96.8

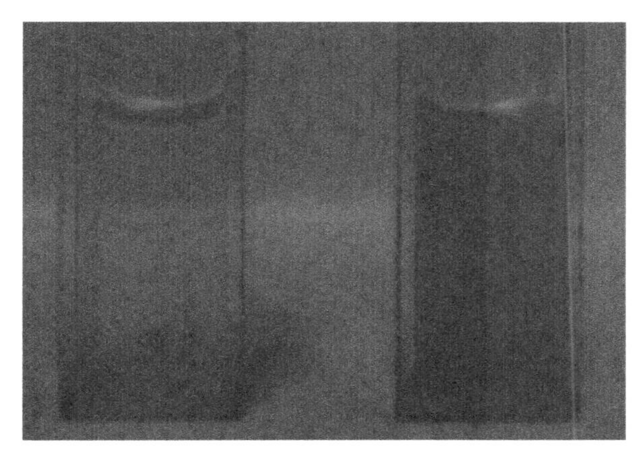

图 5.18 日光下 RSPh@EuBTC 悬浮液在乙醇（0.05mg/mL）中的对比照
DPA 浓度：0μmol/L（左）、5μmol/L（右）

5.4 结论

我们构建了炭疽生物标志物 DPA 的光学传感复合结构，其中 Eu(Ⅲ) 掺杂 MOF 作为支撑晶格，RSPh 分别作为传感探针。用 XRD、IR、TGA 和光物理测试对 RSPh@EuBTC 进行了表征。观察到两种传感方式，包括基于吸收光谱的比色传感和基于发射光谱的比率荧光传感。在 DPA 浓度高于 140μmol/L 的情况下，两种传感方式均具有线性传感响应。它们的 LOD 低至 0.52μmol/L，具有良好的选择性。该传感机制是 EuBTC 向 DPA 的电子转移，导致 DPA 释放的质子触发的发射开启效应和发射关闭效应相结合。该复合结构与传统结构相比，具有肉眼检测和线性响应两种传感技术的优点。今后的工作，应提高工作曲线的线性和比率荧光传感的灵敏度。

参考文献

[1] Homola J. Surface Plasmon Resonance Sensors for Detection of Chemical and Biological Species [J]. Chem Rev，2008，108 (2)：462～493.

[2] El-Safty S A，Ismail A A，Matsunaga H. Optical Nanosensor Design with Uniform Pore Geometry and Large Particle Morphology [J]. Chemistry-A European Journal，2007，13：9245～9255.

[3] Wu J，Liu W，Ge J. Optical Nanosensor Design with Uniform Pore Geometry and Large Particle Morphology [J]. Chem Soc Rev，2011，40 (7)：3483～3495.

[4] Martinez-Manez R，Sancenon F. Fluorogenic and Chromogenic Chemosensors and Reagents for Anions [J]. Chem Rev，2003，103 (11)：4419～4476.

[5] Valeur B，Leray I. Design principles of fluorescent molecular sensors for cation recognition [J]. Chem Rev，2000，205 (1)：3～40.

[6] Askim J R，Mahmoudi M，Suslick K S. Optical sensor arrays for chemical sensing：the optoelectronic nose [J]. Chem Soc Rev，2013，42 (22)：8649～8682.

[7] Chen X Y，Zhou X，Peng J. Fluorescent and colorimetric probes for detection of thiols [J]. Chem Soc Rev，2010，39 (6)：2120～2135.

[8] Nolan E M，Lippard S J. Tools and Tactics for the Optical Detection of Mercuric Ion [J]. Chem Rev，2008，108 (9)：3443～3480.

[9] Dmitriev R I，Papkovsky D B. Optical probes and techniques for O_2 measurement in live cells and tissue [J]. Cell Mol Life Sci，2012，69：2025～2039.

[10] Yuan M J，Li Y L，Li J B. A Colorimetric and Fluorometric Dual-Modal Assay for Mercury Ion by a Molecule [J]. Org Lett，2007，9 (12)：2313～2316.

[11] Zhang X L，Xiao Y，Qian X H. A Ratiometric Fluorescent Probe Based on FRET for Imaging Hg^{2+} Ions in Living Cells [J]. Angew Chem Int Edit，2008，47：8025～8029.

[12] Shiraishi Y，Maehara H，Ishizumi K. Hg(Ⅱ)-Selective Excimer Emission of a Bisnaphthyl Azadiene Derivative [J]. Org Lett，2007，9 (16)：3125～3128.

[13] Suresh M，Mandal A K，Saha S. Azine-Based Receptor for Recognition of Hg^{2+} Ion：Crystallographic Evidence and Imaging Application in Live Cells [J]. Org Lett，2010，12 (23)：5406～5409.

[14] Amao Y. Probes and polymers for optical sensing of oxygen [J]. Microchim Acta，2003，143：1～12.

[15] Ruggi A，van Leeuwen F W B，Velders A H. Interaction of dioxygen with the electronic excited state of Ir(Ⅲ) and Ru(Ⅱ) complexes：Principles and biomedical applicat ions [J]. Coord Chem Rev，2011，255 (21-22)：2542～2554.

[16] Schaferling M. The Art of Fluorescence Imaging with Chemical Sensors [J]. A ngew Chem Int Edit，2012，51：3532～3554.

[17] Leese R A，Wehry E L. Corrections for inner-filter effects in fluorescence quenching measurements via right-angle and front-surface illumination [J]. Anal Chem，1978，50 (8)：1193～1197.

[18] Yuan P D，Walt R. Calculation for fluorescence modulation by absorbing species and its application to measurements using optical fibers [J]. Anal Chem，1987，59 (19)：2391～2395.

[19] Beer P D, Cormode D P, Davis J J. Zinc metalloporphyrin-functionalised nanoparticle anion sensors [J]. Chem Commun, 2004, 4: 414～415.

[20] Kim E, Kim H E, Lee S J. Reversible solid optical sensor based on acyclic-type receptor immobilized SBA-15 for the highly selective detection and separation of Hg(Ⅱ) ion in aqueous media [J]. Chem Commun, 2008, 33: 3921～3923.

[21] Cordes D B, Gamsey S, Singaram B. Fluorescent Quantum Dots with Boronic Acid Substituted Viologens To Sense Glucose in Aqueous Solution [J]. Angew Chem Int Edit, 2006, 45: 3829～3832.

第6章

介孔二氧化硅/聚吡咯纳米材料修饰微生物燃料电池阳极

6.1 概述

微生物燃料电池（MFC）作为一种新兴的能源装置，可以将工业废水和生活污水作为燃料，利用微生物将这些废水中的有机物氧化分解产生电子，这些电子以电流的形式向外输出，也就是说在处理废水的过程中直接产生电能[1~10]，这就为解决环境污染和能源匮乏问题提供了切实可行的方案。美国的 Logan B E、Derek Lovley、韩国的 Byung Hong Kim 和比利时的 Willy Verstraete 四个课题组[11~32]，为微生物燃料电池的研究做了大量的前期工作，提出了基础理论框架和方法，为微生物燃料电池的研究奠定了基础。

MFC 在废水处理等方面具有潜在的应用价值。Fu 等[33] 将石墨棒作为阴极，在阴极合成了过氧化氢，经 12h 运行后，过氧化氢的浓度为 78.85mg/L。过氧化氢有强的氧化性，有可能氧化废水中的一些有机物，所以为同时利用阴阳极处理废水提供了一种思路。Qian 等人[34] 开发了光催化型微生物燃料电池，以 Shewanella oneidensis MR-1 为阳极生物催化剂，p 型一氧化铜纳米材料作为光催化阴极材料。在光强度为 $20mW \cdot cm^{-2}$ 的条件下，可以得到 $200\mu A$ 的电流，为直接利用光能和微生物处理废水提供了可能。

但是，微生物燃料电池的输出功率密度偏低，限制了其大规模的实际应用。电极材料的选择对输出功率的大小有着决定性的影响；产电微生物附着在阳极上，阳极不仅影响产电微生物的附着量，还影响电子从微生物到阳极的传递效率。因此，一种高效能的阳极材料对于提高微生物燃料电池的功率输出有着十分重要的影响。通过对 MFC 阳极进行表面预处理、修饰或者选择不同的阳极材料可以降低电极表面的能态，从而有效减少电池中阳极反应的活化过电能，降低电位损失，提高输出功率，因此对阳极材料的修饰是提高电池功率的关键技术之一。目前对阳极材料的修饰、改性是研究的热点之一。

导电聚合物（如聚苯胺、聚吡咯等）由于具有较好的电化学特性，被越来越多地用作 MFC 电极修饰材料。Lan 等[35] 研究了 HSO_4^- 掺杂聚苯胺改性碳布阳极，功率密度达到 $5.16W/m^3$，是没修饰碳布的 2.66 倍，启动时间缩短了 33.3%，电池内阻降低了 65.5%。Zhao 等[36] 用羧基化和胺化了的聚苯胺纳米线网络修饰阳极材料，也使电池的功率密度有所提高。Ghasemi 等[37] 研究了硝酸、乙二胺、乙二醇胺改性聚苯胺修饰碳材料阳极，发现经过乙二胺改性的聚苯胺阳极表现出的最大功率密度为 $136.2mW/m^2$，库仑效率为 21.3%。Wang 等[38] 研究了聚苯胺/多孔 WO_3 的复合物催化性能，发现复合物阳极的最大功率密度是 0.98W/m^2，而单独多孔三氧化钨和单独聚苯胺的分别是 0.76W/m^2 和 0.48W/m^2。Schröder 课题组[39] 将贵金属铂电镀于阳极表面，然后通过电化学氧化法将聚苯胺沉积在铂修饰电极上，制备出复合电极材料，使该微生物燃料电池的输出电流（19.5mA）有了大幅度地提高。Yuan 等[40] 用聚苯胺修饰天然丝瓜布碳化而获得 3D 立体丝瓜海绵复合材料，用作单室微生物燃料电池阳极材料，获得了最大功率密度（1090±72)mW/m^2。Li 等[41] 研究了聚苯胺和苯胺-邻氨基酚共聚物修饰碳毡阳极双室微生物燃料电池，其功率密度分别是 27.4mW/m^2 和 23.8mW/m^2，分别比无修饰的碳毡阳极 MFC 的功率密度提高 35%和 18%。

聚吡咯具有导电率高、空气稳定性好、生物相容性好、易于制备和无毒等优点，目前被认为是最具有应用前景的导电高分子材料之一。Yuan 等[42] 利用电聚合方法将聚吡咯修饰在微生物燃料电池阳极材料上，极大程度地改善了电池的输出功率。Chi 等[43] 采用循环伏安法在石墨毡阳极上修饰一层聚吡咯膜，将其作为阳极材料，成功构建了微生物燃料电池，实验结果表明，在电极上修饰聚吡咯后，电池的最大功率密度明显增加，可达 430mW/m^2。Zou 等研究了颗粒状和纤维状的聚吡咯在太阳能或光合微生物燃料电池阳极中的应用，发现纤维状聚吡咯的催化性能比颗粒状的好，负载 3mg/cm^2 纤维状聚吡咯修饰阳极的电池输出功率提高了 450%。

目前大多数的研究集中在电沉积聚吡咯或将聚吡咯直接掺杂在其他材料中，进而构建生物传感器。介孔二氧化硅不仅具有比表面积大、稳定性好、生物相容性好、水溶性等优点，而且制备方法简单、多样、表面易于修饰等，近几年被应用于生物医学、水处理、催化材料等领域，但在微生物燃料电池上的应用鲜见报道。由于二氧化硅生物相容性好并含有大量高反应活性的官能团，可以根据实际需要在复合微球的表面进一步进行特异性修饰。将介孔二氧化硅与导电聚合物结合共同修饰阳极材料，既可以增加阳极的比表面积，增加微生物的固定量，又可增强阳极的导电性，从而提高微生物燃料电池处理废水的效果。介孔二氧化硅孔道内外表面有大量的硅羟基，这些硅羟基可以吸附吡咯单体，进而完成聚吡咯（PPy）在二氧化硅上的原位聚合。MS/PPy 复合纳米材料有很大的比表面积，聚吡咯层又有很好的导电性，因此可加快电子在微生物与电极间的传递。

本章主要介绍一种应用于微生物燃料电池的介孔二氧化硅/聚吡咯修饰石墨毡电极。采用溶胶-凝胶法和聚合反应制得的 MS/PPy 纳米复合材料，在 Nafion 液中常温超声分散后，涂敷在石墨毡上，最后烘干黏结负载在石墨毡载体表面。该电极具有很好的微生物燃料电池产电性能，并且具有活性高、稳定性好等优点。

6.2 实验部分

6.2.1 试剂与仪器

氨水（$NH_3 \cdot H_2O$，成都市科隆化学品有限公司，分析纯）；正硅酸乙酯（TEOS，天津大茂试剂厂，分析纯）；十六烷基三甲基溴化铵（CTAB，天津科密欧，分析纯）；无水乙醇（C_2H_5OH，天津富宇精细化工厂，分析纯）；30% H_2O_2（莱阳市康德化工有限公司，分析纯）；无水乙酸钠、浓盐酸、碳酸氢钠以及其他无机金属盐，均购自上海化学试剂公司（上海，中国）。

Nafion 117质子交换膜（美国杜邦）；石墨毡（九华碳素高科有限公司，湘潭）；银导电胶（贵研铂业股份有限公司，昆明）；环氧树脂胶（JC-311型，江西宜春市化工二厂，宜春）；Nafion液［5%(质量分数)，Aldrich Chemical Co.，美国］。

集热式恒温加热磁力搅拌器（DF-101Z型，郑州科泰实验设备公司）；真空干燥箱（DZ-2A型，天津泰斯仪器）；超声波清洗器（KQ2200D型，昆山市超声仪器有限公司）；pH计（PHS-3C型，上海元析科学仪器公司）；电化学工作站（CHI760C型，上海辰华仪器有限公司）；傅里叶变换红外光谱仪（Bruker Vertex型，400～4000cm^{-1}，KBr压片法）；扫描电子显微镜（S-4800型，日立）。

6.2.2 介孔二氧化硅的合成

以十六烷基三甲基溴化铵（CTAB）作为模板剂，正硅酸乙酯（TEOS）为硅源，无水乙醇为共溶剂，浓氨水为碱源，来制备介孔二氧化硅。模板剂采用无水乙醇/浓盐酸溶液多次超声洗涤来去除。具体步骤：称取0.75g CTAB分散于100mL无水乙醇、150mL蒸馏水和6.0mL浓氨水的混合溶液中，超声分散30min。取2.0g TEOS与无水乙醇分散均匀后，缓慢滴加到混合溶液（在200r/min的磁力搅拌下）中。室温搅拌5h后，转移至离心管内，以3500r/min离心分离后，去除上层清液，分别用100mL无水乙醇/5mL浓盐酸混合溶液、蒸馏水、无水乙醇超声洗涤数次。于真空干燥箱内50℃干燥12h，即制备出介孔二氧化硅（MS）。

6.2.3 MS-PPy复合纳米材料的制备

将介孔二氧化硅分散于15mL乙醇中，再加入吡咯单体。混合液放在超声波清洗器中超声振荡20min后转到烧瓶中，在机械搅拌条件下，加入15mL含有

0.9g $FeCl_3$ 的水溶液，反应 12h 后把所得溶液离心分离，取离心后固体，用二次蒸馏水洗三遍，真空干燥，得到 MS-PPy 复合纳米材料。

6.2.4 MS-PPy 复合纳米材料修饰石墨毡电极的制作

6.2.4.1 石墨毡预处理

将石墨毡切割成 1.0cm×1.0cm 的正方形（厚 2mm），在 50℃条件下，分别在 1mol/L HCl 和 3% H_2O_2 中浸泡 30min，每一步之后都必须在去离子水中浸泡 30min。待其干燥后备用。用银导电胶把石墨毡粘到石墨棒上，80℃干燥 2h，再用环氧树脂胶固定封闭。

6.2.4.2 MS-PPy 复合纳米材料修饰石墨毡电极

将 MS-PPy 复合纳米材料分散在 1% Nafion 溶液中，均匀涂覆在石墨毡电极表面，室温隔夜干燥。

6.2.5 微生物接种培养基

微生物接种的培养基由以下物质组成：1.64g/L NaAc、2.5g/L $NaHCO_3$、0.3g/L KH_2PO_4、0.1g/L KCl、0.1g/L $MgCl_2$、0.1g/L $CaCl_2$、3g/L 酵母提取物。

6.2.6 质子交换膜的预处理

Nafion 117 质子交换膜预处理方法如下：

(1) 将裁剪好的质子交换膜置于 80℃、3% H_2O_2 中加热 1h，氧化表面吸附的有机杂质，注意多次搅拌，以免质子交换膜露出水面；

(2) 超纯水 80℃浸泡 1h，除去残留的过氧化氢；

(3) 80℃、1mol/L HCl 中处理 1h，除去一些无机杂质；

(4) 超纯水 80℃浸泡 1h，除去残留的盐酸；

(5) 将其置于超纯水中，并放于 4℃冰箱中保存备用。

6.2.7 微生物燃料电池构建

双室微生物燃料电池由两个相同体积的反应槽组成。质子交换膜使用美国杜邦公司生产的 Nafion 117 质子交换膜。裸石墨毡或 MS-PPy 修饰的石墨毡作为微生物燃料电池的阳极，另一裸石墨毡（3.0cm×3.0cm）作为微生物燃料电池的阴极，构建不同的微生物燃料电池。阳极室中富集接种腐败希瓦氏菌的阳极液。阴极室中有阴极液 {0.05mol/L $K_3[Fe(CN)_6]$/0.1mol/L KCl}。

6.3 结果与讨论

6.3.1 纳米材料的表征

6.3.1.1 形貌分析

采用扫描电子显微镜对 MS 和 MS-PPy 的形貌进行分析。图 6.1 是介孔二氧化硅（MS）的扫描电镜图，可以看出二氧化硅球球形良好、表面光洁、粒径均一。

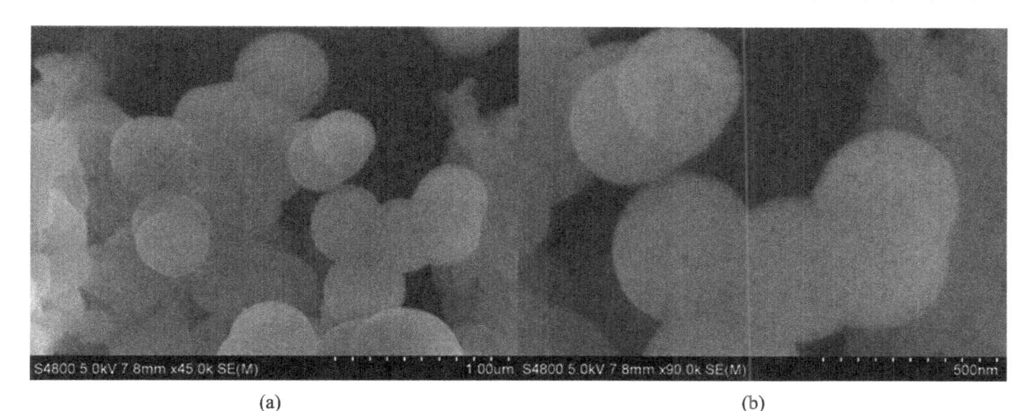

(a) (b)

图 6.1 介孔二氧化硅（MS）的扫描电镜

[（b）为（a）的局部放大图]

图 6.2 是聚吡咯修饰后的介孔二氧化硅（MS-PPy）的扫描电镜照片，可以看到复合微球仍保持完整的球形，PPy 均匀包覆在球体表面。目前大多数在介孔材料孔道内部或外部合成导电高分子的研究中，都使用硅烷偶联剂之类的表面活性剂，以达到表面改性的效果。在本实验中，没有使用表面活性剂的情况下，聚吡咯仍然均匀包覆在介孔硅球的表面，推测其可能的机理是：采用模板法制备的介孔硅球，有很好的机械和化学性能，硅球孔道和表面有大量的硅羟基，可以替代表面

图 6.2 聚吡咯修饰后介孔二氧化硅（MS-PPy）的扫描电镜图

活性剂吸附吡咯单体。此外，聚吡咯层和二氧化硅球之间会形成氢键，可以更牢固地固定聚吡咯。

6.3.1.2 红外光谱分析

将样品采用KBr进行压片（质量比为1∶100），用红外光谱仪测定。图6.3是介孔二氧化硅、二氧化硅聚吡咯复合微球的红外光谱图。其中，在$1084.6cm^{-1}$、$957.9cm^{-1}$、$801.4cm^{-1}$、$463.5cm^{-1}$等处对应着非常明显的MS的骨架中Si—O—Si键特征吸收峰，分别对应于不对称伸缩振动、对称伸缩振动和弯曲振动。由此可推断成功制备了介孔二氧化硅微球。与介孔二氧化硅相比，MS-PPy复合材料在$1549cm^{-1}$、$1465cm^{-1}$、$1183cm^{-1}$处分别对应C—N伸缩振动和═C—H平面振动，说明聚吡咯已经合成在二氧化硅表面。

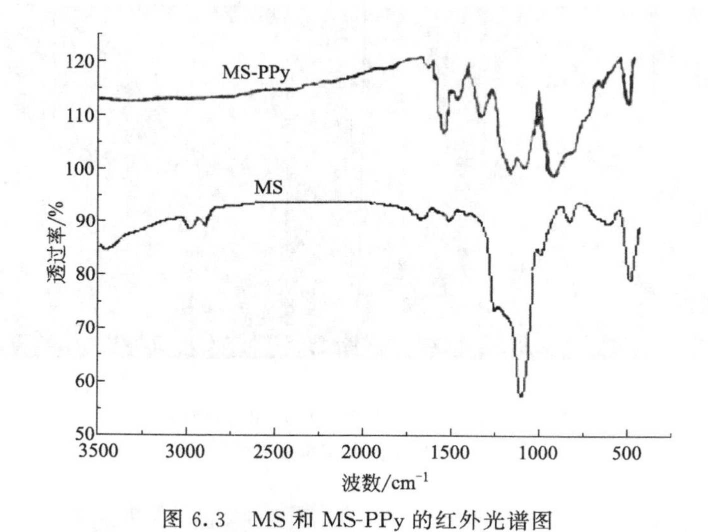

图6.3 MS和MS-PPy的红外光谱图

6.3.2 MS-PPy复合纳米材料修饰石墨毡电极的MFC电化学性能测试

对微生物燃料电池的阳极进行电化学性能测试，在CHI760C型电化学工作站上进行。利用MFC阳极进行循环伏安曲线（CV）和电化学阻抗谱（EIS）测试。测试采用三电极体系，其中阳极为工作电极，阴极为对电极，甘汞电极为参比电极。

图6.4是在$K_3[Fe(CN)_6]$/KCl溶液中扫描得到的MS和MS-PPy修饰电极的循环伏安图。从图6.4可以看出，MS导电性差，$K_3[Fe(CN)_6]$在电极上不能有效地发生氧化还原反应。而在MS-PPy电极的循环伏安图上能明显看到电极

的电容增大，并且 $K_3[Fe(CN)_6]$ 在电极上能够发生可逆的氧化还原反应，说明 PPy 修饰后的 MS 电极导电性良好。

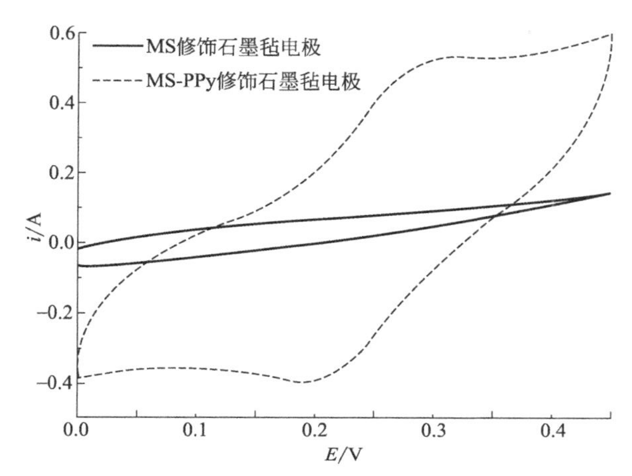

图 6.4 MS 和 MS-PPy 修饰电极的循环伏安图

{溶液：0.05mol/L $K_3[Fe(CN)_6]$/0.1mol/L KCl；扫描速率：100mV/s}

图 6.5 是裸石墨毡电极和 MS-PPy 修饰的石墨毡电极的交流阻抗谱图。从图 6.5 中高频区的半圆形比较可知，MS-PPy 修饰的石墨毡电极其半圆半径小，说明极化内阻小，产电性能高。将其作为 MFC 的阳极，在阳极上更容易发生氧化还原反应，从而可以增强 MFC 的产电性能。在低频区裸石墨毡电极直线范围更大，说明其传质阻力较大；MS-PPy 修饰的石墨毡电极直线范围小，说明其传质阻力较小，可能因为修饰电极具有更高的比表面积和更适宜的孔径结构，有利于各类代谢物质的传入和传出。

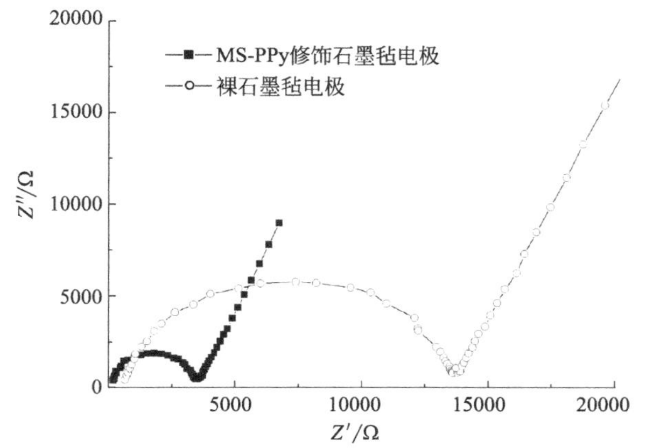

图 6.5 裸石墨毡电极和 MS-PPy 修饰石墨毡电极的交流阻抗图

{溶液：0.05mol/L $K_3[Fe(CN)_6]$/0.1mol/L KCl}

6.3.3 微生物燃料电池性能测试

6.3.3.1 阳极极化曲线

用 3.0cm×3.0cm 的裸石墨毡作为阴极，1.0cm×1.0cm 的裸石墨毡和 MS-PPy 修饰的石墨毡电极分别作为阳极，以 $K_3[Fe(CN)_6]$ 作为电子受体，同时阴极面积是阳极的 9 倍，可以使阴极完全不受限，从而可以准确评估阳极的性能。使阴阳极通过不同的电流，可以得到阳极的极化曲线（图 6.6）。从图 6.6 可以看出，裸石墨毡作为阳极时，极化十分明显。当电流密度从 $0mA/cm^2$ 增加到 $0.23mA/cm^2$ 时，引起阳极极化电压的大幅增加，从－0.35V 增加至－0.06V。这是由于裸石墨毡表面光滑，比表面积小，上面附着的微生物细菌数量很少，无法及时传递电子。在电池中，极化越严重，电势损失越多，在同等阴极的条件下，电池的整体输出电势越低，电池性能越差。以 MS-PPy 修饰石墨毡电极作为阳极，极化作用明显降低，电流密度从 $0mA/cm^2$ 到 $0.50mA/cm^2$，阳极极化电压从－0.38V 变化到－0.25V，极化效果并不明显。这样电势损失就越少，在同等阴极的条件下，电池的整体输出电压就越高，潜在的做功能力就越强。这说明 MS-PPy 修饰石墨毡作为阳极材料具有很好的电化学性能，有可能改善电池性能，提高功率。

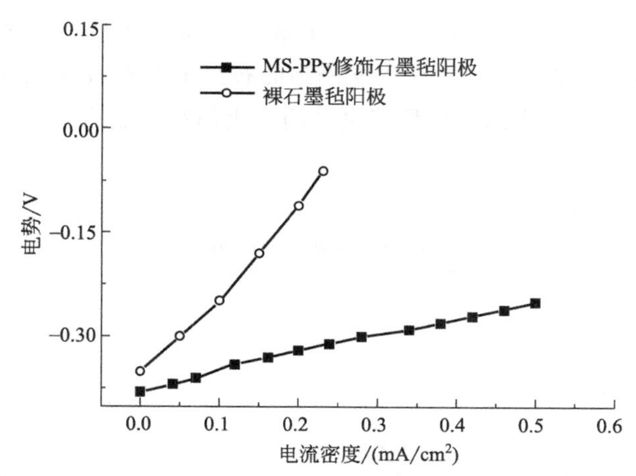

图 6.6 裸石墨毡阳极和 MS-PPy 修饰石墨毡阳极的极化曲线

6.3.3.2 功率密度曲线的测定

功率密度曲线是由不同电流密度下相对应的功率密度作图而得。一般功率密度曲线的最高点代表了该微生物燃料电池的最大功率密度，是评判微生物燃料电池产电性能的重要性能参数。从图6.7可以看出：MS-PPy修饰石墨毡作为阳极时，MFC最大功率密度为1121mW/m^2，是裸石墨毡作阳极时最大功率密度（372mW/m^2）的3倍多。

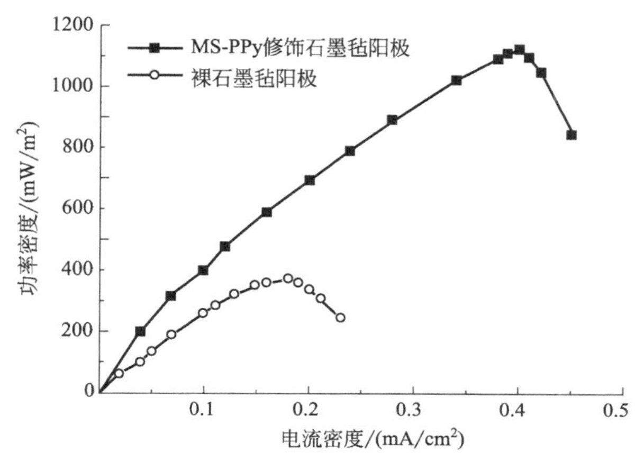

图6.7 裸石墨毡阳极和MS-PPy修饰石墨毡阳极的功率密度曲线

6.3.3.3 污水处理效果

利用快速消解法测试MS-PPy修饰石墨毡阳极MFC和裸石墨毡阳极MFC处理污水（来源于某污水处理厂入水口）的COD去除率，结果如图6.8所示。MS-PPy修饰石墨毡阳极MFC的COD去除率为89%，裸石墨毡阳极MFC的COD去除率为75%，说明MS-PPy修饰石墨毡阳极MFC的废水处理效率提高。

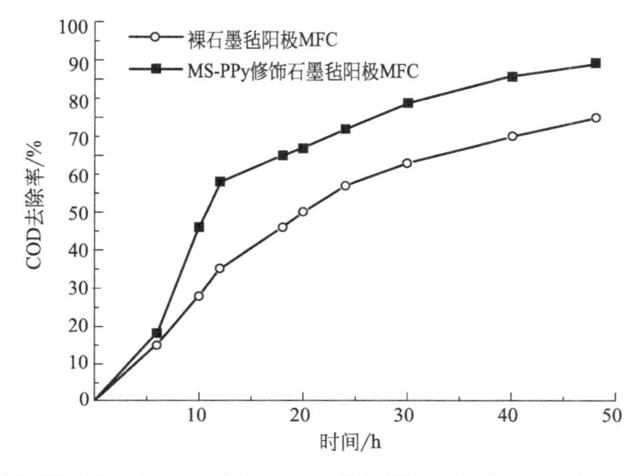

图6.8 裸石墨毡阳极MFC和MS-PPy修饰石墨毡阳极MFC的COD去除率

6.4 结论

本章制备得到的MS-PPy修饰石墨毡电极的比表面积大，将其应用到MFC上可以增加微生物的附着量。MS-PPy修饰石墨毡电极具有较好的氧化还原性，将其应用到MFC的阳极上，在阳极上更容易发生氧化还原反应，从而可以提高MFC的废水处理效率。MS-PPy修饰石墨毡阳极的电阻较低，具有较好的电化学性能。将MS-PPy修饰石墨毡电极应用到MFC的阳极上，可以降低MFC的内阻，提高MFC的功率密度、产电性能和COD去除率。介孔二氧化硅/聚吡咯纳米材料制作简单、成本较低，可以作为一种有效的MFC阳极修饰材料。

参考文献

[1] Logan B E. Simultaneous wastewater treatment and biological electricity generation [J]. Water Science and Technology，2005，52 (1-2)：31～37.

[2] Rozendal R A，Hamelers H V M，Rabaey K，et al. Towards practical implementation of bioelectrochemical wastewater treatment [J]. Trends in Biotechnology，2008，26 (8)：450～459.

[3] Song Y C，Yoo K S，Lee S K. Surface floating，air cathode，microbial fuel cell with horizontal flow for continuous power production from wastewater [J]. Journal of Power Sources，2010，195 (19)：6478～6482.

[4] Sun J，Hu Y Y，Bi Z，et al. Improved performance of air-cathode single-chamber microbial fuel cell for wastewater treatment using microfiltration membranes and multiple sludge inoculation [J]. Journal of Power Sources，2009，187 (2)：471～479.

[5] Lefebvre O，Tan Z，Shen Y J，et al. Optimization of a microbial fuel cell for wastewater treatment using recycled scrap metals as a cost-effective cathode material [J]. Bioresource technology，2013，127：158～164.

[6] Gong D，Qin G. Treatment of oilfield wastewater using a microbial fuel cell integrated with an up-flow anaerobic sludge blanket reactor [J]. Desalination and Water Treatment，2012，49 (1-3)：272～280.

[7] Zhang L J，Tao H C，Wei X Y，et al. Bioelectrochemical recovery of ammonia-copper(Ⅱ) complexes from wastewater using a dual chamber microbial fuel cell [J]. Chemosphere，2012，89 (10)：1177～1182.

[8] Zhuang L，Yuan Y，Wang Y Q，et al. Long-term evaluation of a 10-liter serpentine-type microbial fuel cell stack treating brewery wastewater [J]. Bioresource technology，2012，123：406～412.

[9] Wang Y P，Liu X W，Li W W，et al. A microbial fuel cell-membrane bioreactor integrated system for cost-effective wastewater treatment [J]. Applied. Energy，2012，98：230～235.

[10] Mardanpour M M，Esfahany M N，Behzad T，et al. Single chamber microbial fuel cell with spiral

anode for dairy wastewater treatment [J]. Biosensors & Bioelectronics, 2012, 38 (1): 264~269.

[11] Kim J R, Min B, Logan B E. Evaluation of procedures to acclimate a microbial fuel cell for electricity production [J]. Applied Microbiology and Biotechnology, 2005, 68 (1): 23~30.

[12] Ahn Y T, Logan B E. A multi-electrode continuous flow microbial fuel cell with separator electrode assembly design [J]. Applied Microbiology and Biotechnology, 2012, 93 (5): 2241~2248.

[13] Chen G, Wei B, Logan B E, et al. Cationic fluorinated polymer binders for microbial fuel cell cathodes [J]. Rsc Advances, 2012, 2 (13): 5856~5862.

[14] Deng Q, Li X Y, Zuo J E, et al. Power generation using an activated carbon fiber felt cathode in an up flow microbial fuel cell [J]. Journal of Power Sources, 2010, 195 (4): 1130~1135.

[15] Hao Y E, Cheng S, Scott K, et al. Microbial fuel cell performance with non-Pt cathode catalysts [J]. Journal of Power Sources, 2007, 171 (2): 275~281.

[16] Heilmann J, Logan B E. Production of electricity from proteins using a microbial fuel cell [J]. Water Environment Research, 2006, 78 (5): 531~537.

[17] Huang L P, Logan B E. Electricity generation and treatment of paper recycling wastewater using a microbial fuel cell [J]. Applied Microbiology and Biotechnology, 2008, 80 (2): 349~355.

[18] Kim J, Min B, Logan B. Development of a procedure to rapidly acclimate a microbial fuel cell (MFC) for electricity production [J]. Abstracts of Papers of the American Chemical Society, 2004, 228: U622~U622.

[19] Logan B E. Essential Data and Techniques for Conducting Microbial Fuel Cell and other Types of Bioelectrochemical System Experiments [J]. Chemsuschem, 2012, 5 (6): 988~994.

[20] Liu H, Logan B E. Electricity generation using an air-cathode single chamber microbial fuel cell in the presence and absence of a proton exchange membrane [J]. Environmental Science & Technology, 2004, 38 (14): 4040~4046.

[21] Kim H J, Park H S, Hyun M S, et al. A mediator-less microbial fuel cell using a metal reducing bacterium, Shewanella putrefaciense [J]. Enzyme and Microbial Technology, 2002, 30 (2): 145~152.

[22] Rabaey K, Boon N, Siciliano S D, et al. Biofuel cells select for microbial consortia that self-mediate electron transfer [J]. Applied and Environmental Microbiology, 2004, 70 (9): 5373~5382.

[23] Jang J K, Chang I S, Hwang H Y, et al. Electricity generation coupled to oxidation of propionate in a microbial fuel cell [J]. Biotechnology Letters, 2010, 32 (1): 79~85.

[24] Jang J K, Chang I S, Moon H, et al. Nitrilotriacetic acid degradation under microbial fuel cell environment [J]. Biotechnology and Bioengineering, 2006, 95 (4): 772~774.

[25] Jong B C, Kim B H, Chang I S, et al. Enrichment, performance, and microbial diversity of a thermophilic mediatorless microbial fuel cell [J]. Environmental Science & Technology, 2006, 40 (20): 6449~6454.

[26] Pham T H, Jang J K, Moon H S, et al. Improved performance of microbial fuel cell using membrane-electrode assembly [J]. Journal of Microbiology and Biotechnology, 2005, 15 (2): 438~441.

[27] Pham T H, Jang J K, Chang I S, et al. Improvement of cathode reaction of a mediatorless microbial fuel cell [J]. Journal of Microbiology and Biotechnology, 2004, 14 (2): 324~329.

[28] Kim B H, Park H S, Kim H J, et al. Enrichment of microbial community generating electricity using a fuel-cell-type electrochemical cell [J]. Applied Microbiology and Biotechnology, 2004, 63

(6): 672～681.

[29] Chang I S, Jang J K, Gil G C, et al. Continuous determination of biochemical oxygen demand using microbial fuel cell type biosensor [J]. Biosensors & Bioelectronics, 2004, 19 (6): 607～613.

[30] Kang K H, Jang J K, Pham T H, et al. A microbial fuel cell with improved cathode reaction as a low biochemical oxygen demand sensor [J]. Biotechnology Letters, 2003, 25 (16): 1357～1361.

[31] Kim B H, Chang I S, Gil G C, et al. Novel BOD (biological oxygen demand) sensor using mediator-less microbial fuel cell [J]. Biotechnology Letters, 2003, 25 (7): 541～545.

[32] Kim H J, Hyun M S, Chang I S, et al. A microbial fuel cell type lactate biosensor using a metal-reducing bacterium, Shewanella putrefaciens [J]. Journal of Microbiology and Biotechnology, 1999, 9 (3): 365～367.

[33] Fu L, You S J, Yang F L, et al. Synthesis of hydrogen peroxide in microbial fuel cell [J]. Journal of Chemical Technology and Biotechnology, 2010, 85 (5): 715～719.

[34] Qian F, Wang G M, Li Y. Solar-Driven Microbial Photoelectrochemical Cells with a Nanowire Photocathode [J]. Nano Letters, 2010, 10 (11): 4686～4691.

[35] Lan B, Tang X, Li H, et al. Power production enhancement with a polyaniline modified anode in microbial fuel cells [J]. Biosensors & Bioelectronics, 2011, 28 (1): 373～377.

[36] Zhao Y, Nakanishi S, Watanabe K, et al. Hydroxylated and aminated polyaniline nanowire networks for improving anode per-formance in microbial fuel cells [J]. Journal of Bioscience and Bio-engineering, 2011, 112 (1): 63～66.

[37] Ghasemi M, Daud W R W, Mokhtarian N, et al. The effect of nitric acid, ethylenediamine, and diethanolamine modified poly-aniline nanoparticles anode electrode in a microbial fuel cell [J]. In-ternational Journal of Hydrogen Energy, 2013, 38 (22): 9525～9532.

[38] Wang Y, Li B, Zeng L, et al. Polyaniline/mesoporous tungsten tri-oxide composite as anode electrocatalyst for high-performance microbial fuel cells [J]. Biosensors & Bioelectronics, 2013, 41: 582～588.

[39] Schröder U, Nießen J, Scholz F. A generation of microbial fuel cells with current outputs boosted by more than one order of magnitude [J]. Angewandte Chemie International Edition, 2003, 42 (25): 2880～2883.

[40] Yuan Y, Zhou S G, Liu Y, et al. Nanostructured macroporous bio-anode based on polyaniline-modified natural loofah sponge for high-performance microbial fuel cells [J]. Environ Sci Technol, 2013, 47 (27): 14525～14532.

[41] Li C, Zhang L, Ding L, et al. Effect of conductive polymers coated anode on the performance of microbial fuel cells (MFCs) and its biodiversity analysis [J]. Biosensors & Bioelectronics, 2011, 26 (10): 4169～4176.

[42] Yuan Y, Kim S H. Polypyrrole-coated reticulated vitreous carbon as anode in microbial fuel cell for higher energy output [J]. Bulletin of the Korean Chemical Society, 2008, 29 (1): 168～172.

[43] Chi M, He H, Wang H, et al. Graphite felt anode modified by electropolymerization of nano-polypyrrole to improve microbial fuel cell (MFC) production of bioelectricity [J]. J. Microb. Biochem. Technol. S, 2013, 12: 2～10.

第7章

磁性核壳Fe_3O_4@MCM-41/多壁碳纳米管复合材料修饰微生物燃料电池阳极性能研究

7.1 概述

微生物燃料电池是一种很有前途的绿色能源，尽管有很多优点，但燃料电池的功率仍然很低，限制了它在能源生产行业的应用。

阳极材料与阴极、电解质一样，是影响 MFC 能量转换的关键因素之一。在 MFC 发电的过程中，由于微生物向阳极传递电子的过程相对较慢，所以通常需要使用电子介质来实现快速电子传递。2-羟基-1,4-萘醌（HNQ）或硫氨酸等介质通常被用作电子穿梭剂以促进电子转移，这些类型的 MFC 称为介导型 MFC。由于介质大多有毒，采用人工投加方式存在价格和流失等问题，使 MFC 应用受到极大限制[1]。而无介体微生物燃料电池中的产电微生物可将体内产生的电子直接传递到阳极，无须介体作为传递介质，避免了介体带来的一系列问题[2]。

微生物燃料电池的电化学活性菌主要由异化金属还原菌如硫还原泥杆菌（Geobacter sulfurreducens）和奥奈达希瓦氏菌（Shewanella oneidensis MR-1）构成，该电化学活性菌能够在无中介体的情况下，催化底物氧化并释放电子，电子经细菌内膜、周质传递到细菌外膜，并在胞外蛋白质如细胞色素 C（Cyt C）的作用下，将电子传递到阳极表面，且胞外细胞色素 C 对 Fe(Ⅲ) 氧化物有高度的亲和活性，Fe(Ⅲ) 氧化物能够被异化金属还原菌识别并还原远端电子受体（如碳电极）。纳米 Fe_3O_4 具有优良的生物兼容性，制备工艺简单且成本低，多用来促进氧化还原蛋白质间的电子传递过程，同时元素 Fe 具有两种不同的价态，具有电容存储特性。Nahm 课题组[3] 合成了一种 Fe_3O_4/CNT 纳米复合材料，并将其用于碳纸阳极无介质微生物燃料电池的改性，以提高 MFC 性能。Fe_3O_4/CNT 改性阳极的功率密度远高于未改性的碳阳极，且 30wt% Fe_3O_4/CNT 改性阳极的最大功率密度为 830mW/m^2，说明 Fe_3O_4 可用于无介质 MFC 阳极修饰以提高功率密度。

传统 MFC 的功率密度较低、能量转换效率较差是由细菌与电极之间的电子传递缓慢造成的。对阳极表面进行修饰可以降低电荷转移电阻，增加电子转移，从而提高 MFC 的整体性能。利用各种纳米工程技术对阳极进行改性，有利于促进微生物与阳极之间的电子传递，具有广阔的应用前景[4]。细菌附着和阳极表面生物膜或网络的形成是 MFC 中电子高效生物转移的关键。为了提高电极的电子接受能力，改善电子传递和功率密度，人们提出了各种各样的改性策略，包括纳米材料和构建方法。

碳纳米管有特定空隙结构，机械强度高，比表面积大，导电性好，也是能源领域的热门研究材料，其一维纳米尺度可促进细菌细胞膜纳米纤维的电子传递，增强微生物向电极传输电子的能力，可作为微生物燃料电池催化剂的载体。Tsai等用碳纳米管修饰单室微生物燃料电池处理污水，功率密度为 $65mW/m^2$，COD去除率达到95%，最大库仑效率为67%。Liang等[5] 发现在阳极添加碳纳米管粉末可大幅降低阳极电阻，大大提高电池电压。Roh等[6] 用碳纳米管修饰石墨毡阳极，获得 $252mW/m^2$ 的功率密度，比空白石墨毡阳极 MFC 的功率密度 $214mW/m^2$ 高出15%。

毫无疑问，CNTs确实可大幅改善MFCs性能，但其生物相容性问题仍有待解决，因此研究者们用导电聚合物、金属、金属化合物等材料修饰碳纳米管以获得较好的电催化性能。Qiao等[7] 将碳纳米管/聚苯胺纳米结构复合材料作为阳极材料，结果表明，在20wt%碳纳米管复合阳极上，电化学活性最高，功率密度最大。此外，还提出了一种独特的纳米材料——聚苯胺/介孔 TiO_2 纳米复合材料，结果表明，添加30wt% PANI的复合材料具有最佳的电催化和生物催化性能[8]。Sun等[9] 制备了碳纳米管/TP改性阳极，增强了电子转移和功率的产生。Sharma等通过将纳米晶体Pt分散在多壁碳纳米管上制备了纳米流体修饰的碳纳米管复合阳极材料，其产电功率达到 $2470mW/m^2$，是纯石墨电极的6倍。Logan课题组[10] 还报道了垂直生长的多壁碳纳米管/硅化镍复合阳极的微型（1.25mL）微生物燃料电池，获得 $197mA/m^2$ 的电流密度和 $392mW/m^3$ 的功率密度，研究认为碳纳米管提高了阳极材料的表面积，从而改善了微生物燃料电池转移电子的能力。Wen等[11] 报道了用 TiO_2/碳纳米管复合材料修饰碳布阳极，其功率密度达到 $1.12W/m^2$，分别是碳纳米管阳极和二氧化钛阳极的1.5倍和1.7倍。Wang等[12] 报道了碳化钼/碳纳米管复合材料修饰碳毡，研究发现，含有质量分数16.7% Mo的 Mo_2C/CNTs复合材料的功率密度达到 $1.05W/m^2$，催化性能与20% Pt/C（$1.26W/m^2$）的催化性能相当。

Peng等[13] 在阳极表面固定 Fe_3O_4 与活性炭（AC）的混合物，使MFC最大功率密度为 $809mW/m^2$。由此可见，无论电子传递机制如何，阳极表面结构及其与细菌相互作用的能力都是非常重要的。因此，利用纳米材料对阳极进行改性是一种有效提高MFC产电量的方法。

介孔二氧化硅不仅具有比表面积大、稳定性好、生物相容性好、水溶性等优点，而且制备方法简单、多样，表面易于修饰，近几年被应用在生物医学、水处理、催化材料等领域，有报道称其可增加电池的电容。Arvand课题组[14] 研究了用磁性核壳结构 Fe_3O_4@SiO_2/MWCNT修饰碳糊电极，进行尿酸的电化学检测，说明介孔二氧化硅可与 Fe_3O_4 构建核壳结构纳米材料用以改善电极的电化学性能。MCM-41 是一类介孔二氧化硅分子筛，具有高比表面积、较大孔径（2.0～10.0nm），已有报道称其可增加电极的电容。

本章将用 Fe_3O_4@MCM-41/MWCNT 修饰 MFC 阳极石墨毡，构建无介质微生物燃料电池，研究此纳米材料对阳极性能的改性以及对 MFC 功率密度和污水处理能力的影响。

7.2 实验部分

7.2.1 试剂与仪器

无水乙酸钠（NaAc，天津市富宇精细化工，分析纯）；碳酸氢钠（$NaHCO_3$，天津市富宇精细化工，分析纯）；磷酸二氢钾（KH_2PO_4，莱阳市康德化工，分析纯）；十二水合磷酸氢二钠（$Na_2HPO_4 \cdot 12H_2O$，莱阳市康德化工，分析纯）；二水合磷酸二氢钠（$NaH_2PO_4 \cdot 2H_2O$，天津大茂试剂厂，分析纯）；铁氰化钾｛$K_3[Fe(CN)_6]$，国药集团，分析纯｝；酵母提取物（唐山拓普生物科技，唐山）。

石墨毡孔径 200～300μm（九华碳素高科有限公司，湘潭）；银导电胶（贵研铂业股份有限公司，昆明）；环氧树脂胶（JC-311 型，江西宜春市化工二厂，宜春）；Nafion 液［5%（质量分数），Aldrich Chemical Co.，美国］；羧基化多壁碳纳米管（MWCNT-COOH，苏州碳丰石墨烯科技有限公司，苏州）；石墨棒（直径 6mm，九华碳素高科有限公司，湘潭）；Nafion 117 质子交换膜（美国杜邦）。

MFC 阳极液：乙酸钠 1.64g/L，酵母提取物 3g/L，磷酸二氢钾 0.3g/L，碳酸氢钠 2.5g/L，氯化钾 0.1g/L，氯化镁 0.1g/L，氯化钙 0.1g/L。配制 250mL 阳极液，用棉花塞住瓶口，再用报纸和棉线包裹完好，121℃ 灭菌 20min，放入冰箱 4℃保存备用。

MFC 阴极液：0.05mol/L 铁氰化钾，0.1mol/L 氯化钾，溶解定容后放入 250mL 棕色容量瓶中，室温保存备用。

1.00×10^{-2}mol/L $K_3[Fe(CN)_6]$ 和 0.500mol/L KCl 溶液：称取 0.211g $K_3[Fe(CN)_6]$ 和 1.86g KCl，用水溶解，定容至 50mL，避光保存。

PBS（pH 7.4，0.15mol/L NaCl，7.6×10^{-3}mol/L Na_2HPO_4，2.4×10^{-3}mol/L NaH_2PO_4）：称取 1.70g NaCl、0.516g $Na_2HPO_4 \cdot 12H_2O$、0.087g $NaH_2PO_4 \cdot 2H_2O$ 溶于水中，然后定容至 200mL 容量瓶中。放于锥形瓶中并用

无菌膜密封好，121℃灭菌 20min，放入冰箱 4℃保存备用。

样品的红外光谱（IR）数据分别来自 Bruker Vertex 傅里叶变换红外光谱仪（400～4000cm^{-1}，KBr 压片法）。X 射线衍射图由 Rigaku D/Max-Ra 型 X 射线衍射仪测得（λ=1.5418Å）。样品形态分析由日立 S-4800 型扫描电子显微镜完成。用 Nova 1000 分析仪 Barrett-Joyner-Halenda（BJH）方法对介孔结构进行分析。电化学数据由 CHI760C 电化学工作站提供。

7.2.2 石墨毡阳极的构建

7.2.2.1 氨基化的磁性核壳 Fe_3O_4@MCM-41 纳米颗粒合成

将乙二醇（200mL）、$FeCl_3 \cdot 6H_2O$（6.4g）、SDS（3.0g）和醋酸钠（16g）混合，在室温下搅拌 30min，倒入特氟龙瓶中。200℃加热 8h 后，收集固体样品，得到 Fe_3O_4 颗粒。然后将这些 Fe_3O_4 颗粒（0.2g）分散在乙醇（40mL）中，超声振荡使颗粒分散。依次添加下列试剂，包括乙醇（40mL）、去离子水（20mL）、浓氨水（1.0mL）和正硅酸乙酯（TEOS）（0.2g）。将浑浊液在室温下搅拌 6h，然后用去离子水清洗固体产物，制得二氧化硅核。将乙醇（60mL）、去离子水（80mL）、十六烷基三甲基溴化铵（CTAB）（0.30g）、浓氨水（1.0mL）和正硅酸乙酯（TEOS）（0.8g），依次与二氧化硅核混合，在室温下搅拌 6h。将固体产物再分散在乙醇（100mL）和浓盐酸（5mL）中，在乙醇-浓盐酸体系中回流 5h，重复两次去除模板剂，用去离子水洗涤 3 次，最后在 80℃真空干燥收产物，制得 Fe_3O_4@MCM-41。

将上述产物按照 0.5g 样品/(100mL 乙醇+20mL 乙醇胺）的比例进行回流 12h，重复 1～2 次，洗涤、干燥后得到的粉末即为氨基化的磁性核壳 Fe_3O_4@MCM-41 纳米颗粒，记作 Fe_3O_4@MCM-41-NH_2。

7.2.2.2 MFC 石墨毡阳极的预处理与修饰

将石墨毡切割成 1.5cm×1.0cm 的长方形（厚 2mm），在 50℃条件下，分别用 1mol/L HCl、1mol/L NaOH、3% H_2O_2、丙酮、去离子水清洗。待其干燥后备用。用导电银胶将石墨棒固定在石墨毡一侧，再用环氧树脂胶封闭固定，室温干燥，保证石墨毡的有效面积为 1.0cm×1.0cm。

按照质量比为 3∶7 比例准确称取 Fe_3O_4@MCM-41-NH_2 和清洗干燥后的 MWCNT-COOH，在研钵中研磨，使二者混合均匀，并且由于氨基和羧基之间的氢键作用，二者能够结合成 Fe_3O_4@MCM-41/MWCNT 纳米复合材料。按照 10mg 混合物分散在 1mL 1% Nafion/乙醇溶液中的比例，超声分散均匀，每 500μL 滴于 1cm^2 石墨毡，将悬浊液滴涂在石墨毡的双面，室温干燥后备用。

7.2.3 MFC阴极的制备

将裸石墨毡剪成1.5cm×1.0cm大小的长方形。预处理：①1mol/L HCl中50℃处理30min；②去离子水中浸泡30min；③3% H_2O_2 中50℃处理30min；④去离子水中浸泡30min。烘干备用。

用导电胶把预处理过的石墨粘到石墨棒上，80℃干燥2h，再用环氧树脂胶固定，晾干24h后使用。这主要是防止金属铜在电池运行过程中溶解，避免产生对微生物有毒害作用的重金属离子。

7.2.4 质子交换膜的预处理

将新买来的Nafion117表面的塑料薄膜揭掉，浸泡在去离子水中备用。使用过的Nafion117膜经处理后可以反复利用，具体处理过程如下：在3% H_2O_2 溶液中煮沸1h，然后依次在去离子水、0.5mol/L的 H_2SO_4 溶液、去离子水中保持80℃各处理1h，最后保存在去离子水中备用。

7.2.5 微生物燃料电池的构建

微生物燃料电池主要由阴极室、阳极室和质子交换膜三部分组成。即两个圆柱槽作为两室，中间用带正方形窗口的有机玻璃圆盘夹置质子交换膜构成。电池用橡胶垫圈固定，用螺栓拧紧，保证电池不漏液。阳极室上端有三个孔，用来插阳极、参比电极和铂片对电极。阳极室下端有一个孔，用于通氮气和更换溶液。阳极液内含10g/L葡萄糖和5g/L酵母浸膏或生活废水，阴极液内含0.05mol/L $K_3[Fe(CN)_6]$，阴极液和阳极液都以PBS为溶剂。向阳极室内通氮气15min以除去 O_2，接着接种5mL的菌液。接种后密封，然后将电池放入35℃恒温水浴槽中，负载1000Ω的电阻，连上数据采集卡测试。

7.2.6 微生物燃料电池表征和性能测试

7.2.6.1 电化学表征

循环伏安法（cyclic voltammetry，CV）是一种最常用的电化学研究方法。它是指在工作电极上加载一个电势，从初始电位开始，在一定的扫描速率下扫描到一定的终电位后，然后再以相反的扫描方向从终电位仍以相同的扫描速率扫描到初始电位，从而形成一个循环式的扫描情况。整个扫描过程中，在某一个扫描方向进行扫描时，会失去电子继而出现氧化峰；以相反方向进行扫描时，会得到电子形成还原峰，这样就完成了氧化还原过程的一个循环。可以从循环伏安法扫描过程得到的图中，由产生的氧化峰和还原峰的峰电流和峰电势差判断电化学活性物质在电极表面反应的可逆程度；也可以根据不同扫描速率下对应的峰电流，计算出电极的有效面积。

本书的循环伏安法测试是在CHI760C型电化学工作站上进行，采用三电极体系：分别以石墨毡电极为工作电极，Ag/AgCl电极为参比电极，铂丝电极为对电极。电化学实验均在室温条件下进行。利用循环伏安法分别对裸石墨毡和修饰后的石墨毡进行电化学表征，循环伏安法是在磷酸缓冲液（10mmol/L PBS，pH 7.4），或铁氰化钾溶液（1.00×10^{-2}mol/L $K_3[Fe(CN)_6]$ 和 0.500mol/L KCl溶液）中进行的。

电化学阻抗谱（EIS），可以通过电极的内阻大小判断微生物燃料电池的产电能力。在CHI760C型电化学工作站上进行，采用三电极体系：分别以石墨毡电极为工作电极，饱和甘汞电极为参比电极，铂丝电极为对电极。

7.2.6.2 时间电压图

输出电压是衡量一个微生物燃料电池实用性的重要指标，因此获得高且稳定的输出电压是其实际应用的必要条件。以时间为横坐标、以输出电压为纵坐标，绘制时间电压图，判断该微生物燃料电池的优劣。

7.2.6.3 功率密度曲线的测定

功率密度曲线是分析微生物燃料电池特性的重要手段之一。功率密度曲线主要体现的是功率密度与电流密度之间的关系，可以通过改变外电阻值，从而得到一系列电压以及该电阻值下的电流，再进一步得到其电流密度和功率密度。因此，要想得到功率密度曲线，当微生物燃料电池达到最高电压且处于稳态时，通过调节不同电阻（100～5000Ω）得到相应的稳定电压，求得电流，再根据电极面积计算出电流密度，同时得到功率密度。

微生物燃料电池的功率密度曲线图是由不同电流密度下相对应的功率密度作图而得。一般功率密度曲线图的最高点代表了该微生物燃料电池的最大功率密度，也是评判微生物燃料电池产电性能的重要参数。

7.3 结果与讨论

7.3.1 SEM和TEM分析

制备的核壳结构 Fe_3O_4@MCM-41-NH_2 的SEM和边缘的TEM图像示于

图 7.1 Fe_3O_4@MCM-41-NH_2 的 SEM 图

图 7.1 和图 7.2。从图 7.1 观察到 Fe_3O_4@MCM-41-NH_2 颗粒均匀、表面光滑，大小约 200nm。从图 7.2 中能看到 Fe_3O_4@MCM-41-NH_2 的核壳结构，表明 SiO_2 在 Fe_3O_4 颗粒表面成功包覆，黑色为 Fe_3O_4，灰色为 SiO_2 壳层，并且外层的 SiO_2 分布有规律的孔道。图 7.3 是 Fe_3O_4@MCM-41/MWCNT 纳米复合材料的 SEM 图，表明在碳纳米管中掺杂了许多 Fe_3O_4@SiO_2 纳米粒子。

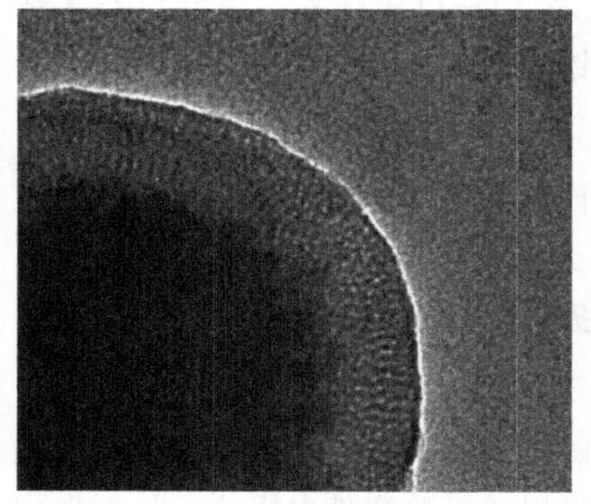

图 7.2 Fe_3O_4@MCM-41-NH_2 边缘的 TEM 图

图 7.3 Fe_3O_4@MCM-41/MWCNT 纳米复合材料的 SEM 图

通过 SEM 研究了裸石墨毡和 Fe_3O_4@MCM-41/MWCNT 纳米复合材料修饰石墨毡的表面形貌（图 7.4）。图 7.4(a) 为裸石墨毡的 SEM 图，能看到石墨

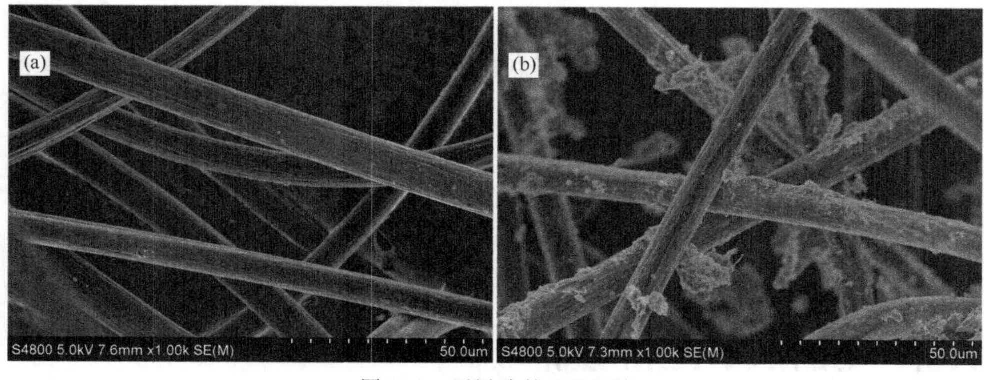

图 7.4 石墨毡的 SEM 图

(a) 裸石墨毡；(b) Fe_3O_4@MCM-41/MWCNT 纳米复合材料修饰后的石墨毡

毡的纤维光滑，上边没有沉积物。而图7.4(b) 为 Fe_3O_4@MCM-41/MWCNT纳米复合材料修饰后的石墨毡的SEM图，很明显纤维表面附着了纳米材料。

7.3.2 红外光谱（FT-IR）

图7.5给出了MWCNT-COOH、Fe_3O_4@MCM-41和Fe_3O_4@MCM-41/MWCNT的FT-IR光谱。图7.5(a) 中，在$1381cm^{-1}$和$1636cm^{-1}$处的峰分别对应于C═O和C—O拉伸，在$2850cm^{-1}$和$2928cm^{-1}$处的两个弱峰对应于—CH拉伸，在$3439cm^{-1}$处的宽带峰归因于MWCNT外表面的—COOH基团[15]。此外，在图7.5(b) 和 (c) 中，$605cm^{-1}$处的峰是由于Fe—O—Fe在Fe_3O_4中的相互作

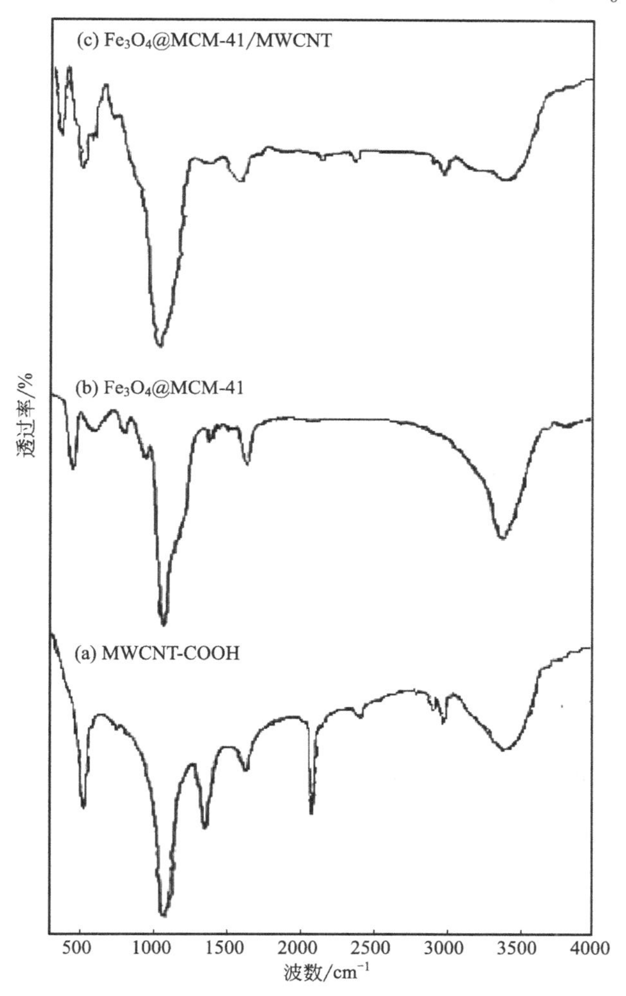

图7.5 红外光谱（FT-IR）图

(a) MWCNT-COOH；(b) Fe_3O_4@MCM-41；(c) Fe_3O_4@MCM-41/MWCNT

用而产生的拉伸振动；同时在 $458cm^{-1}$、$802cm^{-1}$ 和 $1080cm^{-1}$ 处存在特征 Si—O 峰。这是表明二氧化硅壳层形成的直接证据[11]。

7.3.3 介孔结构分析

通过 N_2 吸附/脱吸测量进一步分析了 Fe_3O_4@MCM-41-NH_2 样品表面的六边形 MCM-41 孔道。Fe_3O_4@MCM-41-NH_2 的吸附/脱吸等温线示于图 7.6。显示出Ⅳ型等温线，与标准的 MCM-41 样品的等温线相似。这样的结果证实了正六边形的隧道已经成功构建于 Fe_3O_4@MCM-41-NH_2 中，并且在 Fe_3O_4@MCM-41 的表面修饰氨基，并未影响 Fe_3O_4@MCM-41 的孔道结构。其孔径、孔体积和表面积分别为 2.47nm、$0.56cm^3/g$ 和 $717.1m^2/g$。这些值与标准 MCM-41 样品的文献值相当。

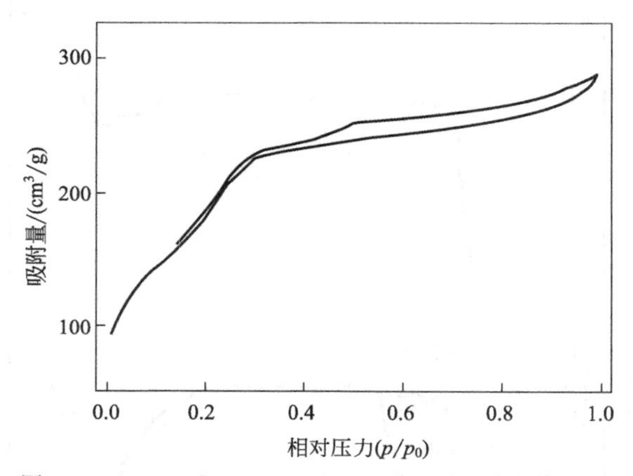

图 7.6 Fe_3O_4@MCM-41-NH_2 的吸附/脱吸等温线

7.3.4 石墨毡阳极的性能表征

7.3.4.1 电化学循环伏安曲线

图 7.7 是在 $K_3[Fe(CN)_6]$/KCl 溶液中扫描得到的修饰后阳极和未修饰裸石墨毡电极的循环伏安图。从图 7.7 可以看出，修饰后的电极电容增大，并且 $K_3[Fe(CN)_6]$ 在电极上能够发生可逆的氧化还原反应，说明修饰后的阳极导电性良好。

7.3.4.2 交流阻抗图

图 7.8 是裸石墨毡和修饰后石墨毡电极的交流阻抗图。从图中高频区的半圆形比较可知，Fe_3O_4@MCM-41/MWCNT 修饰的石墨毡电极其半圆半径小，说明极化内阻小，产电性能高。将其作为 MFC 的阳极，在阳极上更容易发生氧化

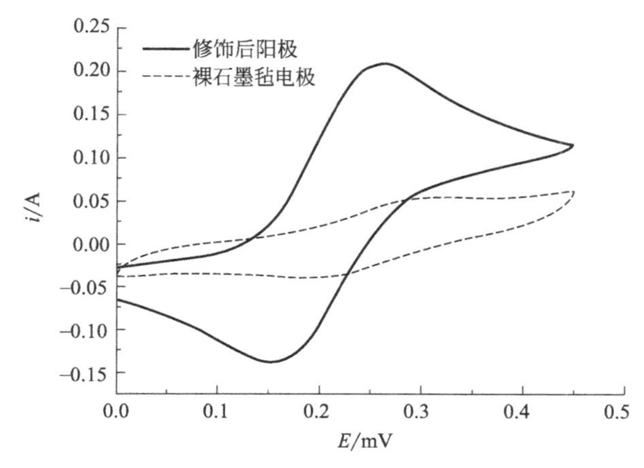

图 7.7 裸石墨毡电极和修饰后阳极的循环伏安曲线

还原反应，从而可以增强 MFC 的产电性能。在低频区裸石墨毡电极直线范围更大，说明其传质阻力较大；Fe_3O_4@MCM-41/MWCNT 修饰电极直线范围小，说明其传质阻力较小，可能因为修饰电极具有更高的比表面积和更适宜的孔径结构，有利于各类代谢物质的传入和传出。

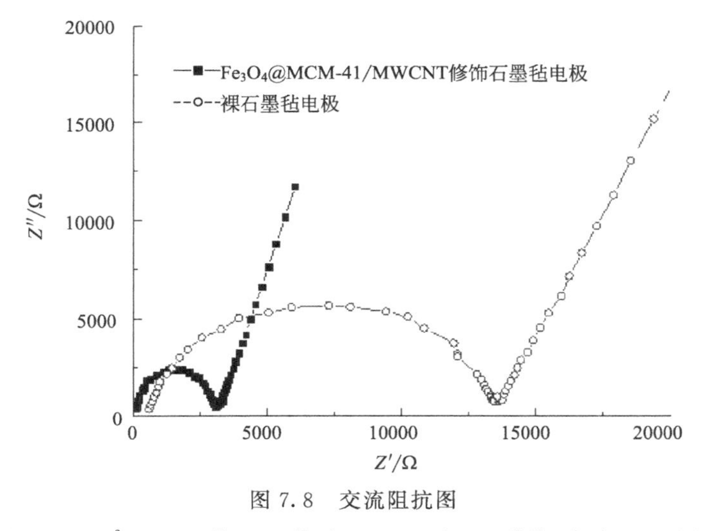

图 7.8 交流阻抗图

{1.00×10^{-2}mol/L $K_3[Fe(CN)]_6$ 和 0.500mol/L KCl 溶液，扫速 50mV/s}

7.3.5 MFC 性能测试

7.3.5.1 阳极放电曲线

阳极恒电流放电曲线被广泛用于微生物燃料电池的性能测试中，具体是在电

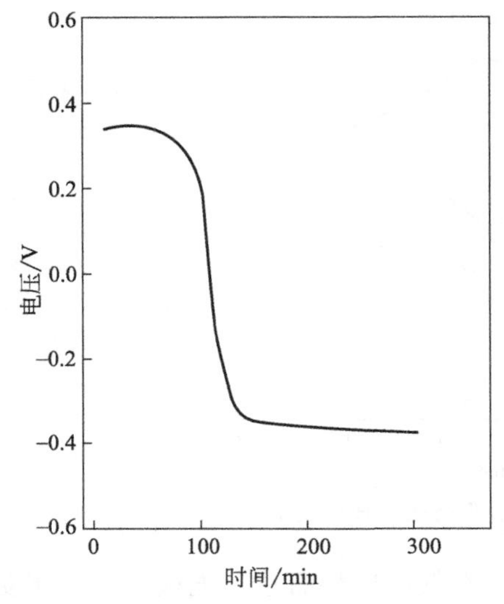

图 7.9 Fe_3O_4@MCM-41/MWCNT 修饰阳极的电压时间曲线

池阳极施加一个不超过电池运行最大电流的恒电流，观察电极的电压变化来评价电极性能。以 Fe_3O_4@MCM-41/MWCNT 修饰电极为工作电极，饱和甘汞电极为参比电极，铂电极为辅助电极，构成三电极体系。在工作电极上施加 0.02mA/cm^2 的电流，观察其电压的变化。图 7.9 是微生物燃料电池使用 Fe_3O_4@MCM-41/MWCNT 修饰电极为阳极的电压时间曲线。从图中可以看出，最初的极化电压为 0.32V，极化电压随着时间的增长开始降低，最终趋于一条直线。在前期降低的幅度较小，这是由于接种到电池中的细菌需要一段时间的生长才能达到浓度最大值。经过大约 300min 后，极化电压降至－0.38V。在相同的阴极条件下，阳极的极化电压越低，整个电池可提供的开路电压就会越高，则电池潜在做功的能力就越强。Fe_3O_4@MCM-41/MWCNT 修饰阳极之所以能够获得比较低的极化电压，主要是因为其良好的导电性和生物兼容性，可以提供更多的活性位点从而减少阳极的极化。

7.3.5.2 电极极化曲线

微生物燃料电池阳极、阴极的极化曲线可以反映出电极材料的性能。电池在运行过程中会发生电极电位偏离平衡电位的现象，这种现象称为电极的极化，电极的极化会使得电池的实际电压远低于理论电压。极化曲线反映电流密度与输出电压之间的关系。通过调节外电路电压获得极化曲线的具体方法是：①断开外电路使电池处于开路状态，待电压达到稳定后连通电路；②调节外电路电阻，记录对应电阻下燃料电池的输出电压；③用欧姆定律计算出电流密度；④以电流密度为横坐标，电压为纵坐标作曲线即得到极化曲线。

为了准确评价修饰后阳极材料的性能，设计了如下实验条件：用电极面积为 3cm×3cm 的碳纸作为阴极，电极面积为 1cm×1cm 的 Fe_3O_4@MCM-41/MWCNT 修饰石墨毡电极作为阳极，在阴极室使用含有 0.05mol/L $K_3[Fe(CN)_6]$ 的溶液。$K_3[Fe(CN)_6]$ 作为良好的电子受体，具有反应过电势低、电子传递速率快等优点，往往能获得极高的电流密度，同时阴极面积是阳极面积的 9 倍，可以使阴极完全不受限，从而可以准确评估阳极的性能。使阴阳极通过大小不同的电流，可以得到阴阳极的极化曲线（图 7.10）。对于阴极极化曲线，电流密度从 0mA/cm^2 增加到 0.5mA/cm^2，电压由 0.38V 降低到 0.27V，变化值不大。从图 7.10 可以看出，阴极极化曲线极其平缓，极化现象不明显，这是由于 $K_3[Fe(CN)_6]$ 反应过电势较低造成的，显示了 $K_3[Fe(CN)_6]$ 的良好性能，实现了阴极不受限的设计目标。从图 7.10 可以看出，裸石墨毡作为阳极时，极化十分明显。当电流密度从 0mA/cm^2 增加到 0.24mA/cm^2 时，引起阳极极化电压的大幅增加，从−0.35V 增加至−0.04V。这是由于裸石墨毡表面光滑，比表面积小，上面附着的微生物细菌数量很少，无法及时传递电子。在电池中，极化越严重，电势损失越多，在同等阴极的条件下，电池的整体输出电势越低，电池性能越差。以 Fe_3O_4@MCM-41/MWCNT 修饰石墨毡电极作为阳极，极化作用明显降低，电流密度从 0mA/cm^2 到 0.50mA/cm^2，阳极极化电压从−0.38V 变化到−0.28V，极化效果并不明显。这样电势损失就越少，在同等阴极的条件下，电池的整体输出电压就越高，潜在的做功能力就越强。这说明 Fe_3O_4@MCM-41/MWCNT 修饰石墨毡作为阳极材料具有很好的电化学性能，有可能改善电池性能，提高电池的输出功率。

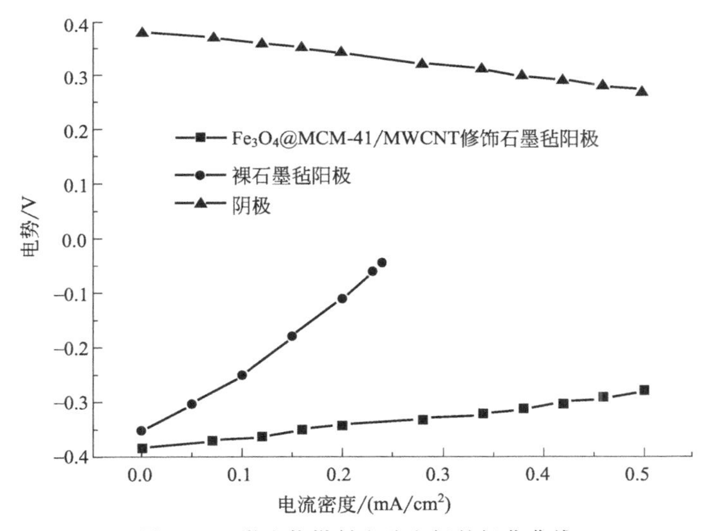

图 7.10 微生物燃料电池电极的极化曲线

7.3.5.3 功率密度曲线

功率密度曲线是关于功率密度和电流密度的曲线，功率密度由 $P=EI$ 计算得出。功率密度曲线图是由不同电流密度下相对应的功率密度作图而得。一般功率密度曲线图的最高点代表了该微生物燃料电池的最大功率密度，是评判微生物燃料电池产电性能的重要性能参数。从图 7.11 可以得到：Fe_3O_4@MCM-41/

MWCNT 修饰石墨毡作阳极时，MFC 最大功率密度为 2289mW/m^2，远远大于裸石墨毡作阳极时最大功率密度（372mW/m^2），也大于第 6 章 MS/PPy 修饰石墨毡作阳极时的最大功率密度（1121mW/m^2）。

7.3.5.4 污水处理效果

利用快速消解法测试 Fe_3O_4@MCM-41/MWCNT 修饰石墨毡阳极 MFC 和裸石墨毡阳极 MFC 处理污水（来源于某污水处理厂入水口）的 COD 去除率，结果如图 7.12 所示。Fe_3O_4@MCM-41/MWCNT 修饰石墨毡阳极 MFC 的 COD 去除率为 90%，裸石墨毡阳极 MFC 的 COD 去除率为 75%，说明 Fe_3O_4@MCM-41/MWCNT 修饰石墨毡阳极 MFC 的废水处理效率高。

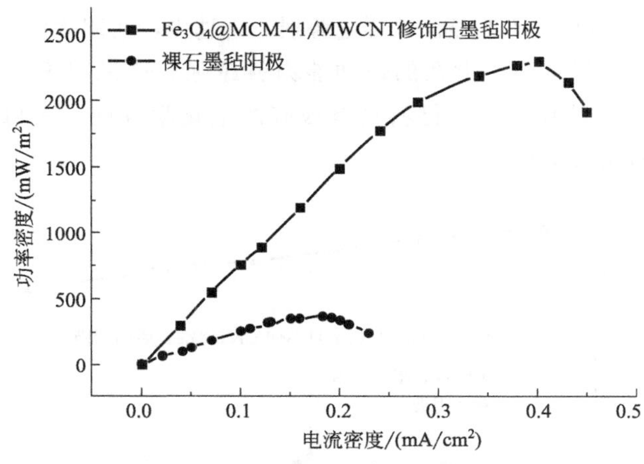

图 7.11 阳极的功率密度曲线

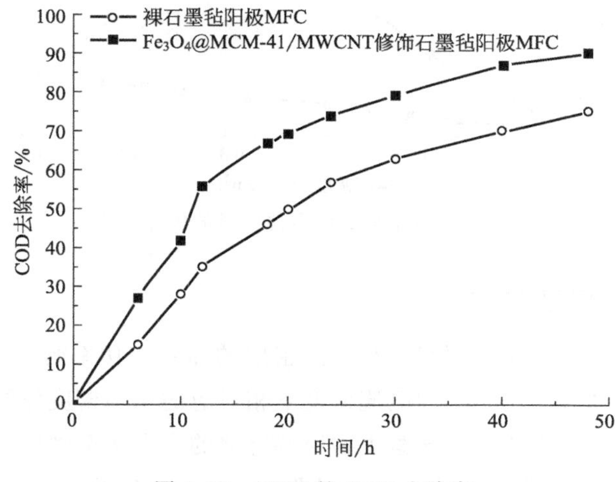

图 7.12 MFC 的 COD 去除率

7.4 结论

本章制备得到的 Fe_3O_4@MCM-41/MWCNT 修饰石墨毡电极的比表面积大，将其应用到 MFC 上可以增加微生物的附着量；Fe_3O_4@MCM-41/MWCNT 修饰石墨毡电极具有较好的氧化还原性，将其应用到 MFC 的阳极上，在阳极上更容易发生氧化还原反应，从而可以提高 MFC 的废水处理效率。Fe_3O_4@MCM-41/MWCNT 修饰石墨毡阳极的电阻较低，具有较好的电化学性能。将 Fe_3O_4@MCM-41/MWCNT 修饰石墨毡电极应用到 MFC 的阳极上，可以降低 MFC 的内阻，提高 MFC 的功率密度（2289mW/m^2）和 COD 去除率（90%）。

参考文献

[1] Logan B E，Hamelers B，Rozendal R，et al. Microbial fuel cells：methodology and technology [J]. Enlviron Sci Techno，2006，40：5181～5192.

[2] 黄霞，梁鹏，曹效鑫，等. 无介体微生物燃料电池的研究进展 [J]. 中国给水排水，2007，23 (4)：1～6.

[3] Park I H，Christy M，Kim P，et al. Enhanced electrical contact of microbes using Fe_3O_4/CNT nano-composite anode in mediator-less microbial fuel cell [J]. Biosensors and Bioelectronics，2014，58：8075～8076.

[4] Scott K，Rimbu G A，Katuri K P，et al. Application of modified carbon anodes in microbial fuel cells [J]. ProcessSafety Environ Protect，2007，85 (5)：481～488.

[5] Liang P，Wang H，Xia X，et al. Carbon nanotube powders aselectrode modifier to enhance the activity of anodic biofilm in microbial fuel cells [J]. Biosensors & Bioelectronics，2011，26 (6)：3000～3004.

[6] Roh S H，Kim S I. Construction and performance evaluation of mediator-less microbial fuel cell using carbon nanotubes as an anode material [J]. Journal of Nanoscience and Nanotechnology，2012，12 (5)：4252～4255.

[7] Qiao Y，Li C M，Bao S J，et al. Carbon nanotube/polyaniline composite as anode material for microbial fuel cells [J]. Power Sources，2007，170：79～84.

[8] Qiao Y，Bao S J，Li C M，et al. Nanostructured Polyaniline/Titanium Dioxide Composite Anode for Microbial Fuel Cells [J]. ACS Nano，2008，2 (1)：113～119.

[9] Sun J J，Zhao H Z，Yang Q Z，et al. A novel laye-by-layer self-assembled carbon nanotube-based anode：Preparation，characterization，and application in microbial fuel cell [J]. Electrochim. Acta，2010，55：3041～3047.

[10] Mink J E，Rojas J P，Logan B E，et al. Vertically grown multi-walled carbon nanotube anode and nickel silicide integrated high performance microsized (1.25 ml) microbial fuel cell [J]. Nano. Letters，2012，12 (2)：791～795.

[11] Wen Z, Ci S, Mao S, et al. TiO_2 nanoparticles-decorated carbon nanotubes for significantly improved bioelectricity generation in microbial fuel cells [J]. Journal of Power Sources, 2013, 234: 100~106.

[12] Wang Y, Li B, Cui D, et al. Nano-molybdenum carbide/carbonnanotubes composite as bifunctional anode catalyst for high-perfor-mance Escherichia coli-based microbial fuel cell [J]. Biosensors & Bio-electronics, 2014, 51: 349~355.

[13] Peng X, Yu H, Wang X, et al. Enhanced performance and capacitance behavior of anode by rolling Fe into activated carbon in microbial fuel cells [J]. Bioresour. Technol. 2012, 121: 450~453.

[14] Arvand M, Hassannezhad M. Magnetic core-shell Fe_3O_4@SiO_2/MWCNT nanocomposite modified carbon paste electrode for amplified electrochemical sensing of uric acid [J]. Materials Science and Engineering C, 2014, 36: 160~167.

[15] Singh B P, Singh D, Mathur R B, et al. Influence of Surface Modified MWCNTs on the Mechanical, Electrical and Thermal Properties of Polyimide Nanocomposites [J]. Nanoscale Res Lett, 2008, 3: 444~453.

[16] Baby T T, Ramaprabhu S. SiO_2 coated Fe_3O_4 magnetic nanoparticle dispersed multiwalled carbon nanotubes based amperometric glucose biosensor [J]. Talanta, 2010, 80: 2016~2022.

第8章

Fe_3O_4@SiO_2/多壁碳纳米管/聚吡咯修饰阳极的微生物燃料电池-人工湿地系统研究

8.1 概述

随着我国居民生活水平的提高，生活污水的排放量也日益增多，由于资金、技术等条件的限制，我国城市生活污水还不能达到100%的处理，未经处理过的生活污水被人为地排放到自然水体中，造成许多河流、湖泊严重污染，以及水体富营养化，严重威胁水中生物的生存。因此寻找一种低能耗且污水处理效果较好的水处理技术迫在眉睫。

微生物燃料电池（microbial fuel cell，MFC）是最近10年来的研究热点，其可以在分解代谢各类污染物的同时输出电能，且不需任何动力及能源输入。其利用自然界中廉价易得的微生物（细菌）作为生物催化剂，将有机物中的化学能转变为电能。在当今能源紧张及环境压力较大的背景下，MFC吸引了越来越多的关注，在废水处理、植入式医疗设备和生物传感器等方面有巨大的潜在应用价值。污水中的有机物在产电菌的作用下被分解利用，同时产生电能，完成污水处理的同时实现电能的回收，这无疑为水处理技术开辟了新的发展方向。但是微生物燃料电池的输出功率密度偏低，限制了其大规模的实际应用。影响微生物燃料电池性能的因素有电池构型、接种体、培养基、质子交换材料和电极面积等。其中，阴阳极材料是影响其性能的主要因素，阳极材料决定着细菌的实际附着量和界面电子传递电阻的大小。因此，一个高效能的阳极材料对于提高微生物燃料电池的功率输出起着十分重要的作用。

人工湿地（constructed wetland，CW）通过物理、化学及生化反应三重协同作用实现污水的净化，是一种投资省、处理效果较好、运行维护方便并兼有景观功能的低成本、具有生态概念的污水处理技术，已广泛运用于市政、工业、农业和城市暴雨径流污水的处理领域，对于保护水环境及生态恢复具有重要的意义。但由于其对污染物净化速率慢，水力停留时间（HRT）较长导致人工湿地的占地面积大，限制了其实际应用。因此寻找一种可以促进污染物在湿地处理过程中加速降解的技术具有重要理论意义和实用价值。

目前，国内外学者对MFC-CW系统的研究主要集中在利用该系统处理猪场废水、合成染料废水及葡萄糖配水并已取得良好的处理效果。Asheesh等人[1]研究了CW-MFC系统对染料废水中COD及燃料的降解情况，取得良好处理效果。Zhao等[2]研究了CW-MFC系统和CW系统后发现，CW-MFC系统较CW系统能获得更高的COD去除率和功率密度。Villasenor等[3]采用水平表面流人工湿地系统-微生物燃料电池系统对不同浓度的葡萄糖配水进行处理取得良好的效果。李先宁等[4] 构建了一种连续流无膜人工湿地-微生物燃料电池系统，其水力停留时间为2d，系统以葡萄糖为基质启动2～3d后，在外接电阻为1kΩ时，其稳定输出电流密度高于$2A/m^3$。阴阳极间距为20cm时，系统的产电电压、库仑效率和能量密度皆最高，分别为560mV、0.313%和$0.149W/m^3$，且COD去除率达到94.9%。结果表明，COD去除率越高，系统产能越高，因而库仑效率也越高。人工湿地-微生物燃料电池系统作为一种低成本及环境友好的污水处理同步产电技术显示出实际应用潜力。

碳纳米管有特定空隙结构，机械强度高，比表面大，导电性好，也是能源领域热门的研究材料，其一维纳米尺度可促进细菌细胞膜纳米纤维的电子传递，增强微生物向电极传输电子的能力，可作为微生物燃料电池催化剂的载体。聚吡咯具有导电率高、空气稳定性好、生物相容性好、易于制备和无毒等优点，目前被认为是最具有应用前景的导电高分子材料之一。

鉴于导电聚合物易加工、生物相容性较好，研究者们最早用导电聚合物来修饰碳纳米管制备复合催化材料。如新加坡南洋理工大学的Qiao等研究了将聚苯胺负载在碳纳米管上，利用大肠杆菌产电，发现20%的碳纳米管复合阳极其电子能力传输得到改善，电池电压为450mV，功率密度为$42mW/m^2$。Kim等[5,6] 研究了聚丙烯腈/碳纳米管（PAN-CNTs）复合材料修饰碳布，当负载$5mg/cm^2$ PAN-CNTs时电池的最大功率密度为$480mW/m^2$。Qiao等[7] 将质量分数为20%的碳纳米管掺入到聚苯胺阳极中，可以增加微生物燃料电池的输出功率，表明碳纳米管可以有效地提高微生物燃料电池的产电能力。Zou等[8] 将碳纳米管和聚吡咯形成的复合材料作为阳极材料构建微生物燃料电池，结果表明，该阳极的电化学性能优于裸碳纸，且该电池的最大功率密度也在随复合材料负载量的增加而不断增高，当复合材料的负载量达到$5mg/cm^2$时，电池的输出功率为$228mW/m^2$，表明碳纳米管/聚吡咯复合材料是用于微生物燃料电池的一种高效且具有前景的阳极材料。

阳极材料掺入少量金属离子或金属化合物充当电子传递中间体，也可改善MFCs性能。Rosenbaum用贵金属铂修饰电极可加速底物的氧化速率。石墨电极表面沉积Mn^{4+}、Fe_3O_4，能缩短MFCs的启动时间。Kim等将铁氧化物涂覆于多孔碳纸阳极，电池输出功率由$8mW/m^2$提升至$30mW/m^2$。

由于微生物具有识别铁（Ⅲ）氧化物（Fe_3O_4）表面并启动细胞外电子转移机制的能力，因此人们对Fe_3O_4纳米结构[9] 进行了大量的研究。Fe_3O_4纳米结构具有混合价离子、高催化活性、生物相容性、中性pH和氧化环境下的化学稳定性、反应性表面、比表面积大、可利用性广等独特的特性，这些特性共同提高了Fe_3O_4纳米结构在MFC中应用的能力。此外，Fe_3O_4纳米粒子的磁性行为可以有效降低传统催化剂所带来的其他风险，如催化剂浆料的制备、催化剂黏结剂的选择和优化、烦琐的涂覆工艺等。

虽然 Fe_3O_4 纳米粒子已被广泛应用在电化学传感器[10]、电镀[11] 和电化学工程技术[12] 等中，但由于其在水环境下会严重团聚，降低 Fe_3O_4 纳米粒子的表面活性和反应活性，导致细菌与电极界面的粘附性差、电子传递速度慢，因此限制了裸 Fe_3O_4 纳米粒子在 MFC 系统中的应用。

为了突破上述限制，Fe_3O_4 纳米粒子在活性炭载体上成核生长，碳载体优异的物理和电化学性能大大提高了合成材料的电化学性能。因此，通过对 Fe_3O_4/活性炭[13]、Fe_2O_3/壳聚糖[14]、Fe_2O_3/石墨[15]、Fe_3O_4/碳纳米管[16] 的研究，得到了理想的 MFC 功率输出。

Park 等[16] 合成了一种新型的 Fe_3O_4/CNT 纳米复合材料，并在无介质微生物燃料电池中对碳纸阳极进行了改性以提高其性能。Fe_3O_4/CNT 改性阳极的功率密度远高于未改性的碳阳极，且 30wt%的 Fe_3O_4/CNT 改性阳极的最大功率密度为 830mw/m^2。研究发现：在 Fe_3O_4/CNT 复合修饰阳极中，Fe_3O_4 通过其磁性吸引作用将碳纳米管吸附在阳极表面，形成多层网状结构，而 CNT 为细菌生长提供了更好的纳米结构环境，有助于电子从大肠杆菌传递到电极。Park 课题组[17] 还采用简单的湿溶液法制备了固定在不同活性炭载体上的 Fe_3O_4 纳米颗粒，将其自组装在电极表面，并作为无介质微生物燃料电池的阳极。在所研究的阳极修饰材料中，碳纳米管（CNT）负载的 Fe_3O_4 纳米粒子具有较低的电荷转移电阻、较高的库仑效率以及优异的耐久性，得到最大 MFC 功率密度为 865mW/m^2，这是由于微生物与 Fe_3O_4/CNT 复合材料之间有特殊的相互作用。

本章主要介绍通过对微生物燃料电池阳极的纳米材料修饰优化来提高 MFC 废水处理能力和功率密度，并且进一步将 MFC 与人工湿地结合提高废水处理能力。首先制备 Fe_3O_4@SiO_2/多壁碳纳米管复合纳米材料，将此材料固定在微生物燃料电池阳极，再用电化学方法将聚吡咯修饰在阳极表面，最后测试修饰后 MFC 阳极的系统性能。以微生物燃料电池为模型，结合人工湿地的结构特征，构建微生物燃料电池（MFC）-人工湿地（CW）系统，考察 MFC-CW 系统对生活污水中污染物降解效果及产电性能。

8.2 实验部分

8.2.1 试剂与仪器

六水合三氯化铁（$FeCl_3 \cdot 6H_2O$，国药集团，分析纯）；七水合硫酸亚铁

($FeSO_4 \cdot 7H_2O$，天津市光复精细化工厂，分析纯)；1-丁基-3-甲基咪唑四氟硼酸盐 ([Bmim]BF_4，上海阿拉丁生化科技股份有限公司，≥97.0%)；氨水 ($NH_3 \cdot H_2O$，成都市科隆化学品有限公司，分析纯)；正硅酸乙酯 (TEOS，天津大茂试剂厂，分析纯)；十六烷基三甲基溴化铵 (CTAB，天津科密欧，色谱纯)；乙醇胺 (C_2H_7NO，上海阿拉丁生化科技股份有限公司，色谱纯)；氢氧化钠 (NaOH，西陇科学，分析纯)；无水乙醇 (C_2H_5OH，天津富宇精细化工厂，分析纯)；硫酸铜 ($CuSO_4$，天津市大茂科学试剂厂，分析纯)；硫酸 (H_2SO_4，天津市富宇精细化工厂，分析纯)；丙酮 (莱阳市康德化工有限公司，分析纯)；无水乙酸钠 (NaAc，天津市富宇精细化工厂，分析纯)；吡咯 (C_4H_5N，上海阿拉丁生化科技股份有限公司，色谱纯)；对甲苯磺酸钠 ($C_7H_7NaO_3S$，上海麦克林生化科技有限公司，98%)；碳酸钠 (Na_2CO_3，国药集团，分析纯)；酵母提取物 (唐山拓普生物科技有限公司，唐山)；碳酸氢钠 ($NaHCO_3$，天津市富宇精细化工厂，分析纯)；磷酸二氢钾 (KH_2PO_4，莱阳市康德化工有限公司，分析纯)；十二水合磷酸氢二钠 ($Na_2HPO_4 \cdot 12H_2O$，莱阳市康德化工有限公司，分析纯)；二水合磷酸二氢钠 ($NaH_2PO_4 \cdot 2H_2O$，天津大茂试剂厂，分析纯)；铁氰化钾 {$K_3[Fe(CN)_6]$，国药集团，分析纯}。其他试剂均为分析纯。试剂配制所用水为去离子水。

石墨毡 (孔径 200～300μm) (九华碳素高科有限公司，湘潭)；银导电胶 (贵研铂业股份有限公司，昆明)；环氧树脂胶 (JC-311 型，江西宜春市化工二厂，宜春)；Nafion 液 [5%(质量分数)，Aldrich Chemical Co.，美国]；羧基化多壁碳纳米管 (MWCNT-COOH，苏州碳丰石墨烯科技有限公司，苏州)；石墨棒 (直径 6mm) (九华碳素高科有限公司，湘潭)；Nafion 117 质子交换膜 (美国杜邦)。

集热式恒温加热磁力搅拌器 (DF-101Z 型，郑州科泰实验设备公司)；真空干燥箱 (DZ-2A 型，天津泰斯仪器)；超声波清洗器 (KQ2200D 型，昆山市超声仪器有限公司)；蠕动泵 (保定兰格恒流泵有限公司)；光电子能谱仪 (ES-CALAB MARK Ⅱ型，英国 Vacuum-Generators 公司)；傅里叶变换红外光谱仪 (Nicolet IS 10 型，赛默飞世尔科技)；扫描电子显微镜 (S-4800 型，日立)；CHI760C 电化学工作站 (上海辰华仪器有限公司)；总有机碳/总氮测定仪 (TOC-VCPN，上海精密科学仪器有限公司)。

8.2.2 实验材料及溶液配制

1.00mol/L $FeCl_3$ 溶液：准确称取 13.5145g $FeCl_3 \cdot 6H_2O$ 于烧杯中，用体积比 1∶1 的 [Bmim] BF_4 与 H_2O 的混合溶液溶解，定容至 50mL。

0.50mol/L $FeSO_4$ 溶液：准确称取6.9505g $FeSO_4 \cdot 7H_2O$ 于烧杯中，用体积比1∶1的［Bmim］BF_4 与 H_2O 的混合溶液溶解，定容至50mL。现用现配。

1.00mol/L NaOH溶液：准确称取40.00g氢氧化钠于烧杯中，用水溶解，定容至1L。

0.15mol/L吡咯+0.1mol/L对甲苯磺酸钠+0.1mol/L $NaCO_3$ 溶液：吡咯单体在使用前需经过蒸馏。准确称取1.0064g吡咯、1.9418g对甲苯磺酸钠和1.0599g碳酸钠，用去离子水溶解后定容至100mL。避光，现用现配。

MFC阳极液：NaAc 1.64g/L，酵母提取物3g/L，KH_2PO_4 0.3g/L，$NaHCO_3$ 2.5g/L，KCl 0.1g/L，$MgCl_2$ 0.1g/L，$CaCl_2$ 0.1g/L。用棉花塞住瓶口，再用报纸和棉线包裹完好，121℃灭菌20min，放入冰箱4℃保存备用。

1.00×10^{-2}mol/L $K_3[Fe(CN)_6]$ 和0.500mol/L KCl溶液：称取0.211g $K_3[Fe(CN)_6]$ 和1.86g KCl，用水溶解，定容至50mL，避光保存。

PBS溶液（pH 7.4，0.15mol/L NaCl，7.6×10^{-3}mol/L Na_2HPO_4，2.4×10^{-3}mol/L NaH_2PO_4）：称取1.70g NaCl、0.516g $Na_2HPO_4 \cdot 12H_2O$、0.087g $NaH_2PO_4 \cdot 2H_2O$ 溶于水中，然后定容至200mL容量瓶中。放于锥形瓶中并用无菌膜密封好，121℃灭菌20min，放入冰箱4℃保存备用。

MFC阴极液：0.05mol/L $K_3[Fe(CN)_6]$，0.1mol/L KCl，溶解定容后放入250mL棕色容量瓶中，室温保存备用。

人工废水：所用的废水为实验室配制的不同浓度的葡萄糖溶液与其他营养物质以及缓冲溶液的混合液，配制好的人工废水经过高温灭菌后于4℃下冷藏备用。

实验所用城市生活污水取自某段市政管道，其pH值为6.8～7.3，化学需氧量（COD）为186.33～281.67mg/L，氨氮（NH_4^+-N）为7.91～9.33mg/L，悬浮物（SS）为147.21～263.94mg/L。

8.2.3 Fe_3O_4@SiO_2-NH_2 纳米颗粒合成

制备 Fe_3O_4 纳米颗粒：分别取25mL的1.00mol/L $FeCl_3$ 溶液与0.50mol/L $FeSO_4$ 溶液于烧杯中混合均匀，同时用水浴加热并保温在30℃。在搅拌条件下缓慢滴入1.00mol/L NaOH溶液约50mL，再滴加浓氨水约10mL，直至溶液完全变黑，测pH值约10.0，直至溶液完全变黑，然后继续滴加少量氢氧化钠溶液保温2h。30℃下搅拌保温2h。反应结束后，离心分离反应混合物。将分离得到的黑色固体用无水乙醇洗涤3次，再用去离子水洗涤3次，经磁分离后80℃真空干燥，得到 Fe_3O_4 纳米颗粒。

制备 Fe_3O_4@SiO_2：取上一步制备的 Fe_3O_4 纳米颗粒0.5g，分散在100mL无水乙醇中，超声振荡使颗粒分散均匀。依次添加100mL无水乙醇、50mL去离子水、2.5mL 浓氨水，溶液 pH 值约为 9.0。将悬浊液在 80℃下搅拌 0.5h，缓慢滴加 0.5g TEOS，在 80℃下搅拌回流反应 2h。将反应后的溶液离心得到固体产物，再用去离子水洗涤三次，制得磁性 SiO_2 核。将磁性 SiO_2 核分散在 150mL 无水乙醇中，超声 0.5h，再依次加入 100mL 去离子水、0.97g CTAB、2.5mL 浓氨水，溶液 pH 值约为 9.0。将悬浊液在 80℃下搅拌 0.5h，缓慢滴加 2.0g TEOS，在 80℃下搅拌回流反应 2h。将固体产物在 200mL 无水乙醇和 10mL 浓盐酸混合液中 90℃回流 48h 以去除模板剂 CTAB。此过程重复两次以上，直至红外光谱中 CTAB 的吸收峰消失，再将固体产物用无水乙醇、去离子水分别洗涤 3 次，经磁分离后，80℃真空干燥，得到 Fe_3O_4@SiO_2。

制备 Fe_3O_4@SiO_2-NH_2：将上述产物按照 0.5g 样品/(100mL 乙醇+20mL 乙醇胺）的比例进行回流 12h，重复 1～2 次，洗涤、干燥后得到的粉末即为 Fe_3O_4@SiO_2-NH_2 纳米颗粒。

8.2.4 MFC 石墨毡阳极的构建

8.2.4.1 石墨毡阳极的纳米材料修饰

将石墨毡切割成需要的尺寸，在 50℃条件下，分别用 1mol/L HCl、1mol/L NaOH、3% H_2O_2、丙酮、去离子水清洗。待其干燥后备用。用导电银胶将石墨棒固定在石墨毡一侧，再用环氧树脂胶封闭固定，室温干燥。按照质量比为 3∶7 比例准确称取 Fe_3O_4@SiO_2-NH_2 和清洗干燥后的 MWCNT-COOH，在研钵中研磨，使二者混合均匀，并且由于氨基和羧基之间的氢键作用，二者能够结合成 Fe_3O_4@SiO_2/MWCNT 纳米复合材料。按照 10mg 混合物分散在 1mL 1% Nafion/乙醇溶液中的比例，超声分散均匀，每 500μL 滴于 1cm^2 石墨毡，将悬浊液滴涂在石墨毡的双面，室温干燥后备用。

8.2.4.2 石墨毡阳极的聚吡咯修饰

通过电化学方法将吡咯聚合在已固定有 Fe_3O_4@SiO_2/MWCNT 纳米材料的石墨毡表面。利用三电极体系（石墨毡作工作电极，Pt 网作对电极，甘汞电极作参比电极），在 0.15mol/L 吡咯溶液中，CHI760C 电化学工作站起始电位 0V，在 0～+1.2V 之间，循环伏安扫描 40 圈。

8.2.5 实验装置

本实验采用 MFC 和 MFC-CW 两套装置。其中，MFC 装置按照 7.2.6 节进行组装。MFC-CW 装置由有机玻璃做成，规格为 20cm×30cm×40cm。阳极尺寸为 20cm×30cm×30cm，在阳极区不同层填充 3 种粒径的碳颗粒和 Fe_3O_4@

SiO_2 纳米颗粒作为基质（填料厚度 15cm），用黑色塑料包裹整个阳极区以防止藻类的生长。阴极尺寸 20cm×30cm×10cm。阴极添加一定浓度的电解液并曝气。阳极和阴极由质子交换膜隔开。Fe_3O_4@SiO_2/MWCNT/聚吡咯修饰石墨毡电极均匀地插入填料中，经由导线连接外电阻和电流表与阴极石墨毡相连。在阳极区插入饱和甘汞参比电极以测量阳极电极电势。本实验使用的湿地植物为美人蕉，美人蕉具有耐污能力强、生长快速等优点。

8.2.6 外接电阻及数据采集和记录系统

外接电阻为可调整阻值的变阻箱，用于调节不同的外阻阻值。数据采集装置为优利德公司生产的 IJT803 型数字台式万用表。两台同型号的万用表分别串联及并联接入电路，测量 MFC 反应器产生的电流和电压。将万用表与计算机相连接后，通过“Interface Program Ver 1.00”软件即可实现数据的连续记录。记录的数据量、间隔时间均可自行设置。

8.2.7 MFC-CW 系统的启动及运行

本实验以生活污水和厌氧污泥的混合物作为接种底物，采用连续流的启动模式，为了缩短接种时间，将一部分出水回流至阳极内，以改善阳极内的水力条件，加速产电细菌的富集。当每个周期电流最大值和平均值达到稳定，电流形态也无明显变化后，可以认为 MFC 启动完毕。产电系统的启动实质上是阳极电极对产电微生物的定向选择，也就是产电菌与系统中其他种群微生物的竞争适应过程，随着系统电压的升高并达到稳定，产电菌成功地附着在系统基质表面并形成生物膜。

系统启动成功后，根据 MFC-CW 系统阳极的有效容积，设置蠕动泵的进出水流速，将 MFC-CW 系统运行划分为Ⅰ～Ⅳ四个阶段，水力停留时间（HRT）依次设置为 6h（Ⅰ）、12h（Ⅱ）、24h（Ⅲ）和 48h（Ⅳ），在每个 HRT 结束后采集系统不同基质层出水，然后断开外电路形成开路状态，待开路电压达到稳定后重新连接电路，调节外电阻记录系统相应的输出电压，绘制极化曲线，考察不同 HRT 下出水水质及系统的产电性能。

8.2.8 材料和电极测试表征方法

扫描电子显微镜检测时工作电压为 10.0kV；X 射线粉末衍射仪采用 Cu K_α 靶（λ=1.5406Å），以 4°/min 的扫描速度进行物相分析测定样品晶体结构（XRD）；XPS 分析采用光电子能谱仪，X 射线为 Al K_α 射线（能量为 1486.3eV）。实验过程中，样品表面因失去电子（光电子）而带正电荷，为校正静电荷对电子结合能测量带来的偏差，我们用污染碳 C_{1s} 电子结合能（284.6eV）来定标；使用Mettler Toledo公司TGA/SDTA851e差热/热重分析仪进行样品热稳定性分析，在空气气氛中，从室温开始进行程序升温至900℃，升温速率为10℃/min。

8.2.9 废水分析测试方法

对MFC-CW系统出水的化学组分进行分析，主要指标包括pH、化学需氧量（COD)、总氮（TN)、氨氮（NH_4^+-N）和悬浮物（SS)，以上指标均采用标准方法测定[18]。

MFC-CW系统对COD的去除率由如下公式计算：

$$TCOD=\frac{TCOD_{in}-TCOD_{out}}{TCOD_{in}}\times 100\% \tag{8.1}$$

式中，TCOD为总化学需氧量去除率,%；$TCOD_{in}$为起始化学需氧量，mg/L；$TCOD_{out}$为反应后化学需氧量，mg/L。

8.2.10 系统电流密度

电流密度表征电极单位面积或体积上通过电流的大小，与电池的电化学反应速率有关。因此，电流密度的计算是由电流除以阳极表面积或阳极有效体积，得到面积电流密度（A/m^2）或体积电流密度（A/m^3）。

8.2.11 系统极化曲线及功率密度曲线

通过调节外电路电压获得极化曲线的具体方法是：①断开外电路使电池处于开路状态，待电压达到稳定后连通电路；②调节外电路电阻，记录对应电阻下燃料电池的输出电压；③用欧姆定律计算出电流密度；④以电流密度为横坐标、电压为纵坐标作曲线即得到极化曲线。功率密度曲线是关于功率密度和电流密度的曲线，功率密度由$P=EI$计算得出。

8.3 结果与讨论

8.3.1 吡咯聚合条件

吡咯的电化学聚合是在电化学工作站上通过不同的实验手段对电极加载一定的聚合时间和聚合电场，实验结束后会在电极表面聚合一层黑色薄膜从而得到聚吡咯（PPy）膜。其原理与化学氧化聚合原理相似：首先，电中性的吡咯单体在外加电场的作用下失去电子而成为阳离子自由基；然后，该阳离子自由基会与另一阳离子自由基经过歧化成为吡咯的二聚体。经过周而复始的链增长步骤，最终会在电极基体的表面得到长分子链的PPy。电化学聚合与化学氧化聚合相同的是制备成的PPy都是较轻的黑色固体；不同的是化学氧化聚合制备得到的PPy一般是黑色粉末，而电化学聚合制备的PPy则是在电极基体表面，是一层致密的、均匀的PPy薄膜。并且电化学聚合方法具有操作简单快捷等优点，缺点是不能大批量生产，耗能较大。目前常用的电化学聚合方法有恒电压聚合、恒电流聚合、循环伏安、单极脉冲等方法。控制不同的聚合条件可合成各种不同形貌和性能的PPy膜，可控聚合条件包括电解液、吡咯浓度、溶剂类型、聚合电流大小、聚合方法、温度等因素。

文献报道，对甲苯磺酸根等表面活性剂阴离子是水溶液中吡咯电化学聚合的优良支持电解质阴离子，在其电解液中制备的聚吡咯膜电导率高，力学强度好[19]。其对聚合过程的影响机理可能是：表面活性剂阴离子易吸附到沉积聚吡咯膜的阳极上，从而阻止了亲核性水分子与聚吡咯链生成缺陷结构。所以本实验我们选用对甲苯磺酸钠作为支持电解质。

为了确定吡咯单体的氧化电位，我们首先利用电化学三电极系统，Fe_3O_4@SiO_2/MWCNT纳米材料修饰的石墨毡作工作电极，铂网作对电极，甘汞电极作参比电极，在0.15mol/L吡咯+0.1mol/L对甲苯磺酸钠+0.1mol/L $NaCO_3$溶液中，起始电位0V，在0～+1.2V之间，作循环伏安曲线（示于图8.1）。从图8.1可看出，吡咯单体在+0.5V开始氧化，随着电位的逐渐变高，氧化电流逐渐增大。根据循环伏安曲线，再结合文献报道的吡咯电聚合的电位，最终我们选择+1.2V作为下一步吡咯恒电位电聚合的工作电位。

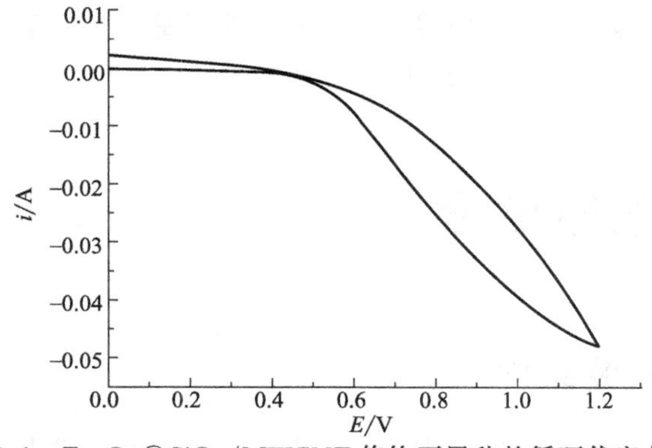

图8.1 Fe_3O_4@SiO_2/MWCNT修饰石墨毡的循环伏安曲线

（0.15mol/L吡咯+0.1mol/L对甲苯磺酸钠+0.1mol/L $NaCO_3$溶液，扫速50mV/s）

接下来实验对比了循环伏安法和恒电位法电聚合吡咯的效果。两种方法均采用上述的三电极系统和溶液，循环伏安法在 0～+1.2V 之间循环扫描 40 圈，得到循环伏安曲线（图 8.2）；恒电位法固定工作电位+1.2V 1000s，得到 i-t 曲线（示于图 8.3）。通过扫描电镜观察石墨毡的形貌，示于图 8.4。裸石墨毡［图 8.4(a)］表面光滑，上边没有任何沉积物；循环伏安法电聚合吡咯修饰的石墨毡［图 8.4(b)］表面能看到沉积物（Fe_3O_4@SiO_2 颗粒和纤维状多壁碳纳米管的外层包裹一层较薄聚吡咯），较平滑均匀；恒电位法电聚合吡咯修饰的石墨毡［图 8.4(c)］形成了很明显的团块状聚吡咯。聚吡咯层若太厚，完全覆盖内层的 Fe_3O_4@SiO_2/MWCNT 纳米材料，则失去了 Fe_3O_4@SiO_2/MWCNT 修饰的意义。所以我们选择循环伏安法进行吡咯的电聚合。

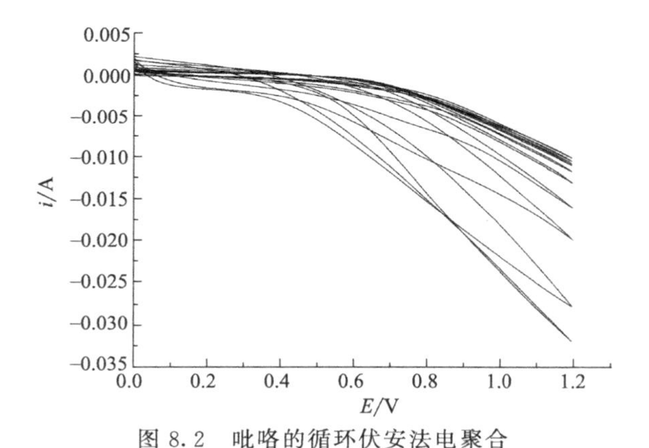

图 8.2 吡咯的循环伏安法电聚合

（Fe_3O_4@SiO_2/MWCNT 修饰石墨毡的循环伏安曲线，循环 40 圈，0.15mol/L 吡咯+0.1mol/L 对甲苯磺酸钠+0.1mol/L $NaCO_3$ 溶液，扫速 50mV/s）

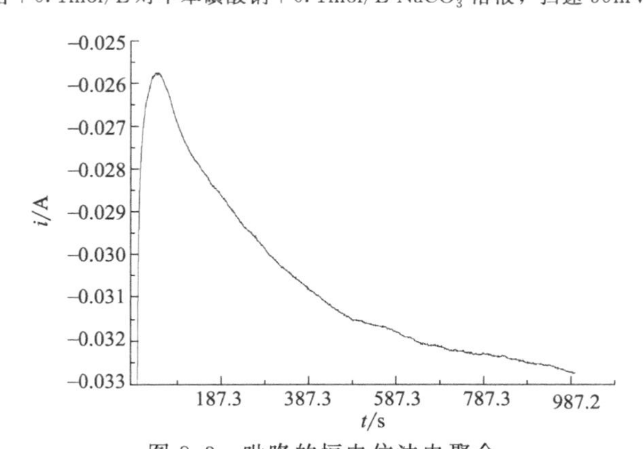

图 8.3 吡咯的恒电位法电聚合

（Fe_3O_4@SiO_2/MWCNT 修饰石墨毡的电流-时间曲线，0.15mol/L 吡咯+0.1mol/L 对甲苯磺酸钠+0.1mol/L $NaCO_3$ 溶液，1.2V）

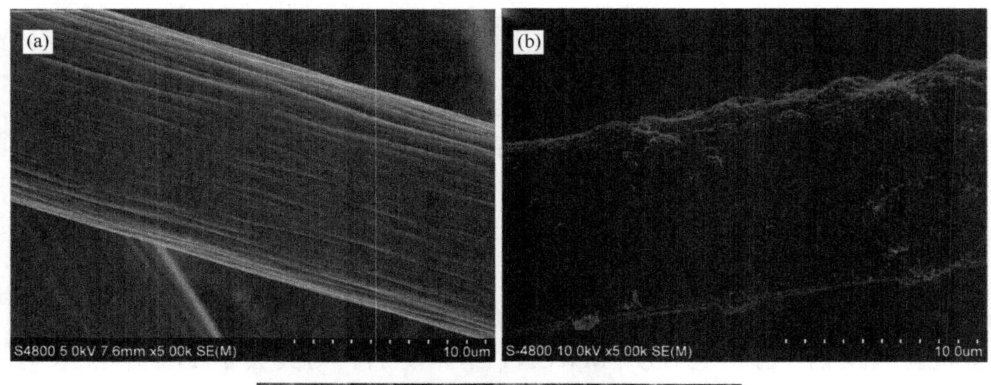

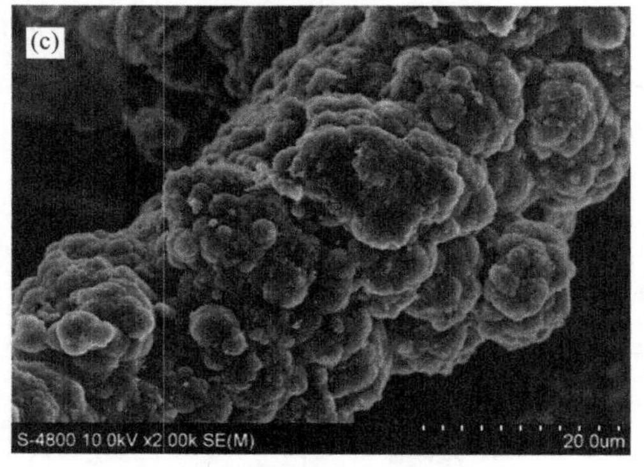

图 8.4　石墨毡的扫描电镜（SEM）图

(a) 裸石墨毡；(b) 循环伏安法电聚合吡咯修饰的石墨毡；(c) 恒电位法电聚合吡咯修饰的石墨毡

8.3.2 红外光谱（FT-IR）

图 8.5 给出了 Fe_3O_4@SiO_2、Fe_3O_4@SiO_2/MWCNT 和修饰了 Fe_3O_4@SiO_2/MWCNT/PPy 的石墨毡的 FT-IR 光谱。其中，$605cm^{-1}$ 处的峰是由于 Fe—O—Fe 在 Fe_3O_4 中的相互作用而产生的拉伸振动。$801.4cm^{-1}$、$957.9cm^{-1}$、$1084.6cm^{-1}$ 处存在特征 Si—O—Si 峰，对应着非常明显的 SiO_2 骨架中 Si—O—Si 键特征吸收峰，分别对应于弯曲振动、对称伸缩振动、不对称伸缩振动。在 $1381cm^{-1}$ 和 $1636cm^{-1}$ 处的峰分别对应于 C═O 和 C—O 拉伸。在 $3439cm^{-1}$ 处的宽带峰归因于 C═O 和 O—H。图 8.5(c) 中的 $1549cm^{-1}$、$1465cm^{-1}$、$1183cm^{-1}$ 处分别对应 C—N 伸缩振动和═C—H 平面振动，说明聚吡咯（PPy）已经合成在石墨毡表面。在图 8.5(a) 中明显的由 Fe_3O_4 引起的 $605cm^{-1}$ 处的峰，在图 8.5(c) 中变得不明显，被其他峰掩盖，分析可能原因：①Fe_3O_4 被包裹在最内层，信号可能变弱；②石墨毡中会有其他杂质和官能团产生新的峰，掩盖了原来 Fe—O—Fe 的峰。

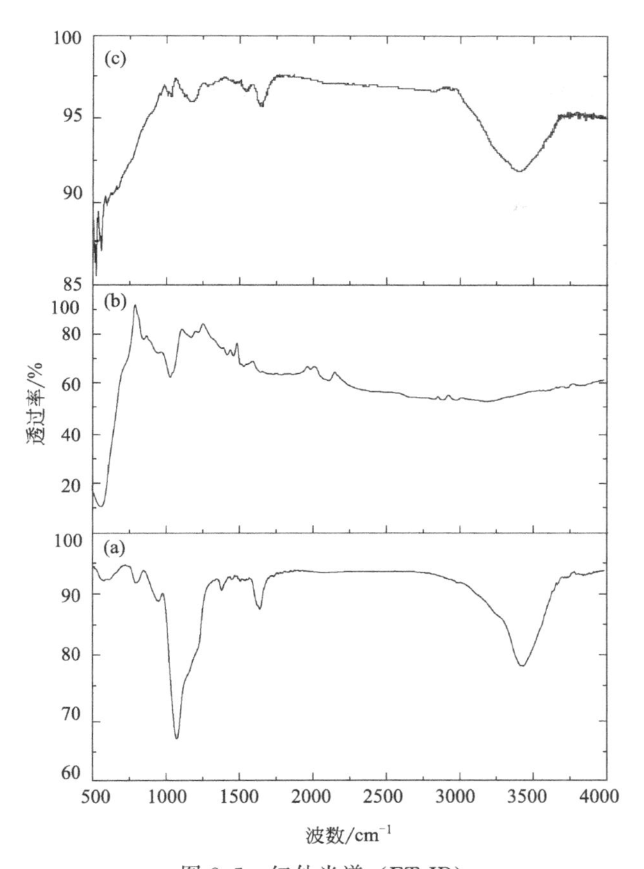

图 8.5 红外光谱（FT-IR）

(a) Fe_3O_4@SiO_2；(b) Fe_3O_4@SiO_2/MWCNT；

(c) 修饰了 Fe_3O_4@SiO_2/MWCNT/PPy 的石墨毡

8.3.3 XPS 图谱

图 8.6 是修饰了 Fe_3O_4@SiO_2/MWCNT/PPy 的石墨毡的 X 电子能谱图（XPS）。如图 8.6 所示，XPS 表征表明了 Fe_3O_4@SiO_2/MWCNT/PPy 存在 Fe、O、N、C、Si 几种元素。图 8.7(a)～(e) 分别是 Fe 2p、O 1s、N 1s、C 1s、Si 2p 的高分辨图谱。图 8.7(a) 是 Fe 2p 的高分辨图谱，能看到有两个峰，分别对应不同化合价的铁元素 Fe^{2+} 和 Fe^{3+}。图 8.7(b) 是 O1s 的高分辨图谱，在 535.5eV 和 532.5eV 处的两个峰分别对应了 C═O 键和 Si—O 键。图 8.7(d) 是 C1s 的高分辨图谱，将其分成了两个不同碳的峰；其中，284.5eV 处应该对应着 C—C 键和 C—N 键，二者主要来自聚吡咯。

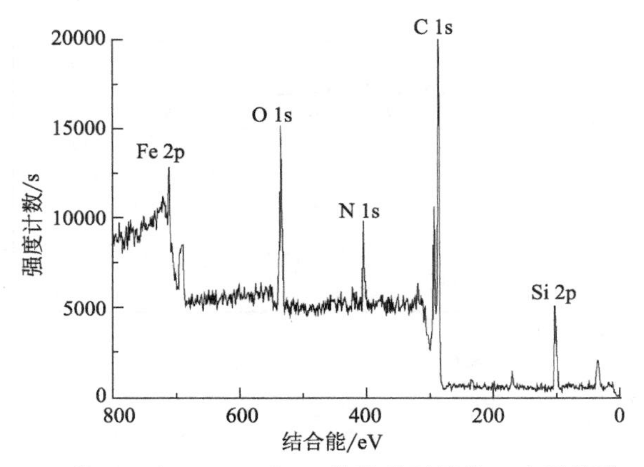

图 8.6 Fe_3O_4@SiO_2/MWCNT/PPy 修饰的石墨毡 X 电子能谱（XPS）图

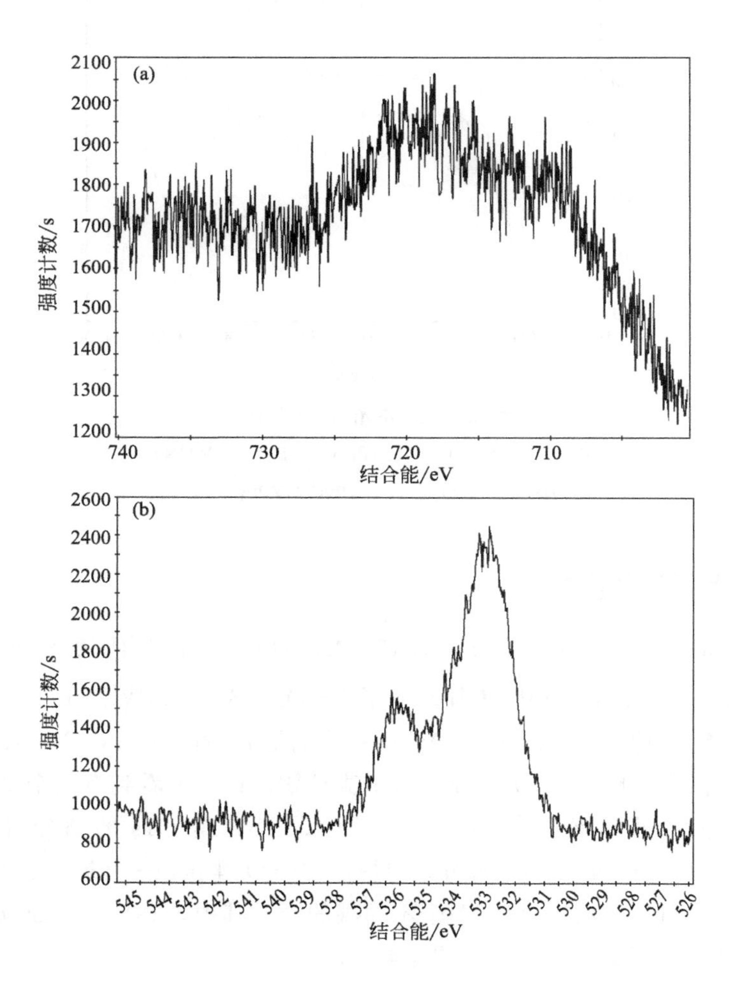

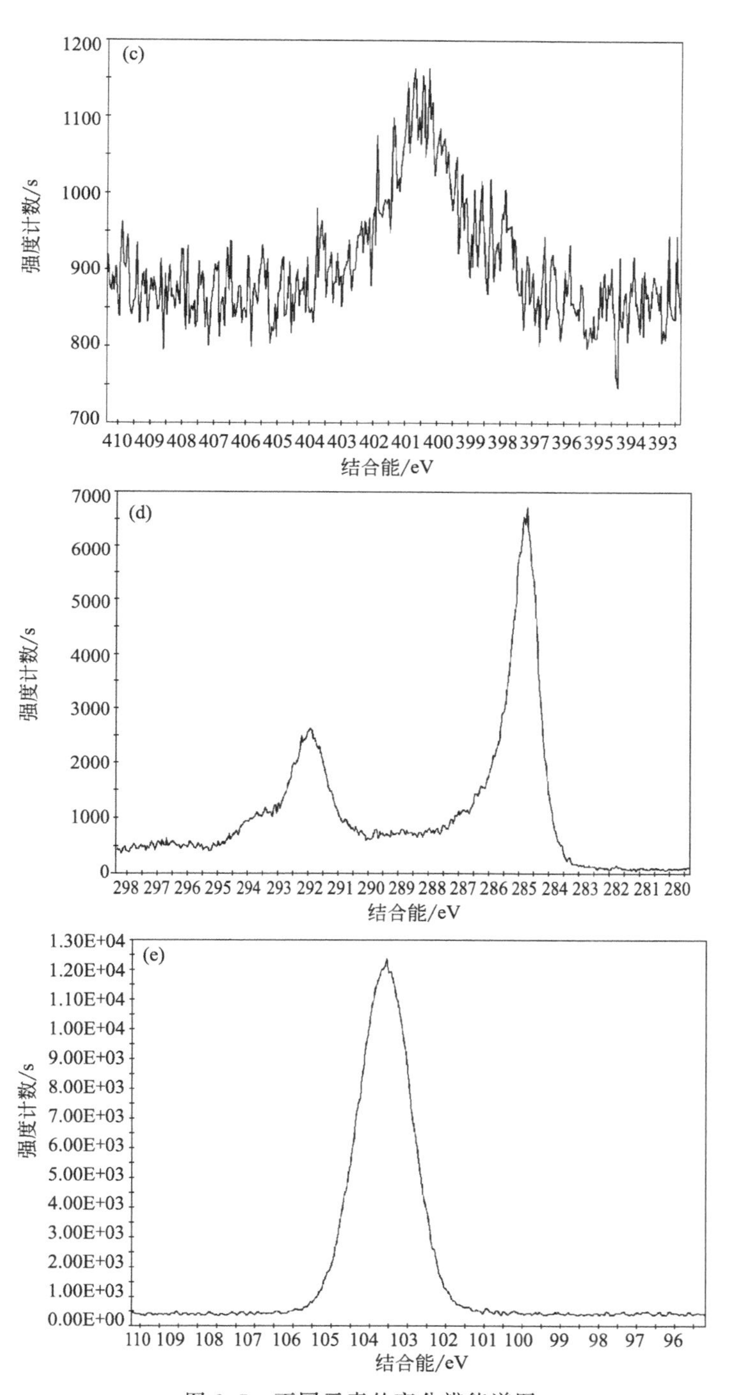

图 8.7 不同元素的高分辨能谱图

(a) Fe 2p; (b) O 1s; (c) N 1s; (d) C 1s; (e) Si 2p

8.3.4 石墨毡阳极的性能表征

8.3.4.1 电化学循环伏安曲线

图 8.8 是具有相同有效面积的经不同方式处理或修饰后的石墨毡作为 CHI 电化学工作站的工作电极，在 PBS 溶液中的循环伏安曲线。其中曲线 *A* 对应裸石墨毡，曲线 *B* 对应 Fe_3O_4@SiO_2/MWCNT 修饰石墨毡；曲线 *C* 对应 Fe_3O_4@SiO_2/MWCNT/PPy 修饰石墨毡。从三条曲线的对比，能看到曲线 *A* 电流最小，曲线 *B* 电流较大，并且在 0.1V 和 −0.3V 分别出现了氧化峰和还原峰，分析应该是电极上由 Fe_3O_4 产生的 Fe^{2+} 和 Fe^{3+} 之间转化形成的，这也说明由 Fe_3O_4 修饰的阳极可以应用于无介质的 MFC。而聚吡咯修饰后的曲线 *C* 这两个峰消失，说明聚吡咯包裹在了 Fe_3O_4 外面，电流更大，电极的电容也更大。说明 Fe_3O_4@SiO_2/MWCNT/PPy 修饰石墨毡适合作为微生物燃料电池的阳极。

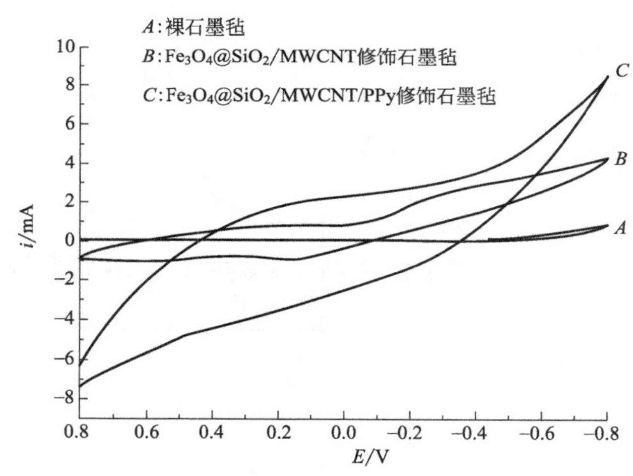

图 8.8 不同石墨毡电极在 PBS 溶液中的循环伏安曲线

(PBS 溶液，扫速 50mV/s)

8.3.4.2 交流阻抗图

阻抗谱（EIS）分析频率范围为 100kHz～0.1Hz。图 8.9 是裸石墨毡和修饰石墨毡电极的交流阻抗图。从图 8.9 中高频区的半圆形比较可知，裸石墨毡电极的半圆半径最大，电极内阻最大；Fe_3O_4@SiO_2/MWCNT 修饰石墨毡电极其半圆变小，说明电极经纳米材料修饰后极化内阻变小；而高频区半圆半径最小、低频区直线范围最小的是 Fe_3O_4@SiO_2/MWCNT/PPy 修饰石墨毡电极，说明此电极传质阻力最小。分析原因：修饰材料具有更高的比表面积，更适宜的孔径结构和更好的导电性，有利于各类代谢物质的传入和传出。将其作为 MFC 的阳极，在阳极上更容易发生氧化还原反应，从而可以增强 MFC 的产电性能。

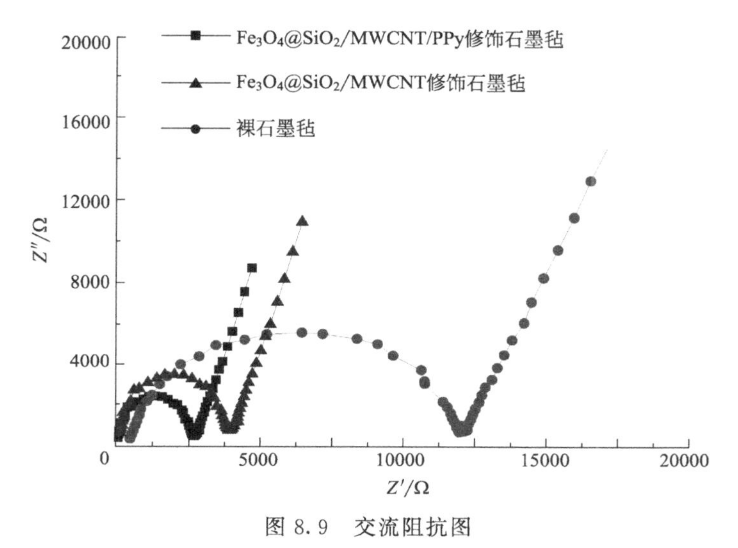

图 8.9 交流阻抗图

{1.00×10^{-2}mol/L $K_3[Fe(CN)_6]$ 和 0.500mol/L KCl 溶液，频率 100kHz～0.1Hz}

8.3.5 MFC 性能测试

8.3.5.1 电极极化曲线

微生物燃料电池阳极、阴极的极化曲线可以反映出电极材料的性能。电池在运行过程中会发生电极电位霹雳平衡电位的现象，这种现象称为电极的极化，电极的极化会使得电池的实际电压远低于理论电压。极化曲线反映电流密度与输出电压之间的关系。

为了准确评价修饰后阳极材料的性能，我们用电极面积为 3cm×3cm 的石墨毡作为阴极，电极面积为 1cm×1cm 的 Fe_3O_4@SiO_2/MWCNT/PPy 修饰石墨毡作为阳极，在阴极室使用 0.05mol/L $K_3[Fe(CN)_6]$ 溶液。$K_3[Fe(CN)_6]$ 作为电子受体，往往能获得极高的电池输出电流密度，同时阴极面积是阳极面积的 9 倍，可以使阴极完全不受限，从而可以准确评估阳极的性能。使阴阳极通过大小不同的电流，可以得到阴阳极的极化曲线（图 8.10）。对于阴极极化曲线，当电流密度从 0mA/cm^2 增加到 0.5mA/cm^2，电势由 0.40V 降低到 0.28V，变化值不大。从图 8.10 可以看出，阴极极化曲线极其平缓，极化现象不明显，这是由于 $K_3[Fe(CN)_6]$ 反应过电势较低造成的，显示了 $K_3[Fe(CN)_6]$ 的良好性能，实现了阴极不受限的设计目标。从图 8.10 可以看出，裸石墨毡作为阳极时，极化十分明显。当电流密度从 0mA/cm^2 增加到 0.25mA/cm^2 时，引起阳极极化电势的大幅增加，从−0.35V 增加至−0.15V。这是由于裸石墨毡比表面积相对较小，上面附着的微生物细菌数量很少，无法及时传递电子。在电池中，极化越严重，电势损失越多，在同等阴极的条件下，电池的整体输出电势越低，电池性能越差。以 Fe_3O_4@SiO_2/MWCNT/PPy 修饰石墨毡电极作为阳极，极化作用明显降低，电流密度从 0mA/cm^2 到 0.50mA/cm^2，阳极极化电势从−0.40V 变化到−0.29V，极化效果并不明显。这样电势损失就越少，在同等阴极的条件下，电池的整体输出电压就越高，潜在的做功能力就越强。这说明 Fe_3O_4@SiO_2/MWCNT/PPy 修饰石墨毡作为阳极材料具有很好的电化学性能，有可能改善电池性能，提高电池的输出功率。

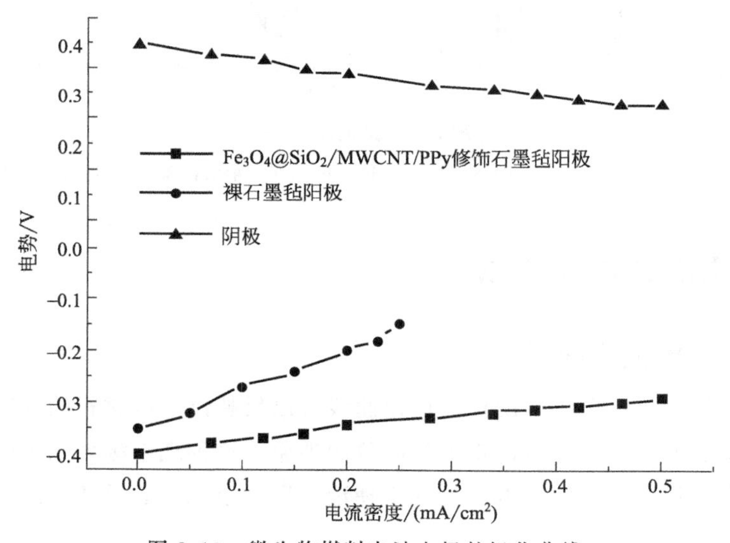

图 8.10　微生物燃料电池电极的极化曲线

8.3.5.2　MFC 功率密度曲线

功率密度曲线是由不同电流密度下相对应的功率密度作图而得。一般功率密度曲线的最高点代表了该微生物燃料电池的最大功率密度，是评判微生物燃料电池产电性能的重要参数。从图 8.11 可以看出：Fe_3O_4@SiO_2/MWCNT/PPy 修饰石墨毡作为阳极时，MFC 最大功率密度为 2583mW/m^2，远远大于裸石墨毡作阳极时最大功率密度（407mW/m^2）。

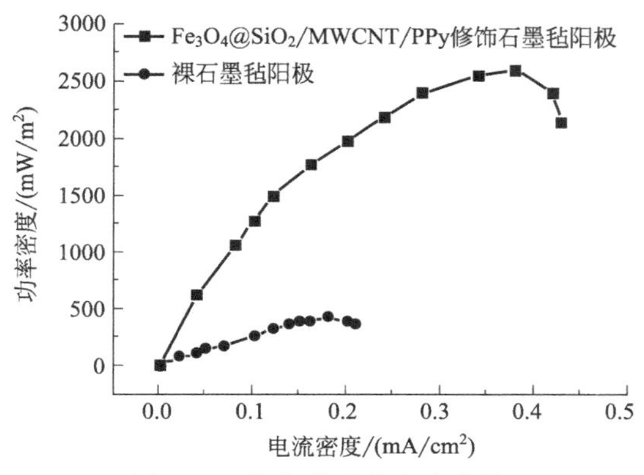

图 8.11 阳极的功率密度曲线

8.3.6 MFC-CW 系统性能测试

8.3.6.1 极化曲线及功率密度曲线

图 8.12～图 8.14 分别是 HRT 6h、12h、24h 下 MFC-CW 系统的极化曲线和功率密度曲线。经计算，随着 HRT 的延长，系统的内阻随之变大。这主要是由于 HRT 短时水对生物膜的剪切作用减少了生物膜上不导电物质的附着，提高了微生物和电极间电子的传递效率，从而降低了电池的内阻[20,21]。同时，在 MFC-CW 系统运行过程中，植物的存在有助于降低生物产电系统的内阻，这可能是由于植物根系在输送氧气的同时向系统中分泌代谢产物，如糖类、氨基酸、有机酸等，这些物质较易被产电菌利用，其种类与含量和生物产电水平成正比。随着水力停留时间的延长，系统的功率密度逐渐变小，由 HRT 为 6h 时的 3067mW/m^2 降低到 HRT 为 24h 时的 925mW/m^2。功率密度的降低主要是由于系统内阻增加所致。

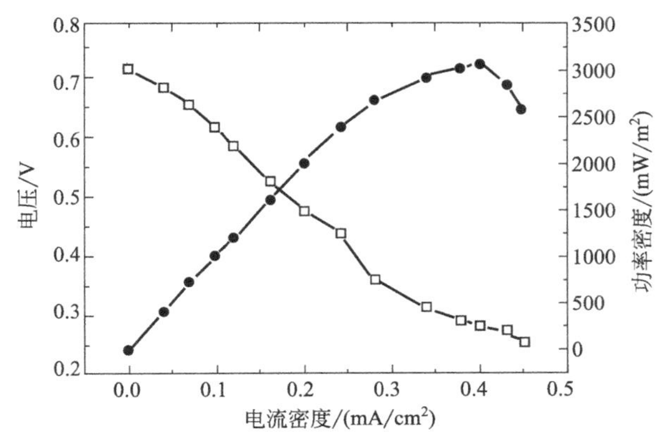

图 8.12 水力停留 HRT 6h 的 MFC-CW 系统极化曲线及功率密度曲线

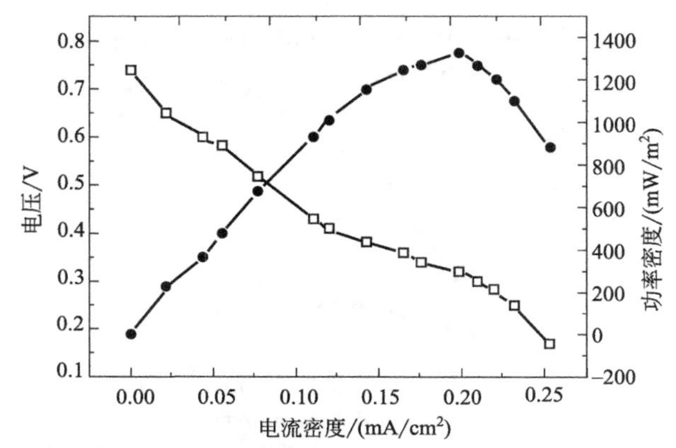

图 8.13 水力停留 HRT 12h 的 MFC-CW 系统极化曲线及功率密度曲线

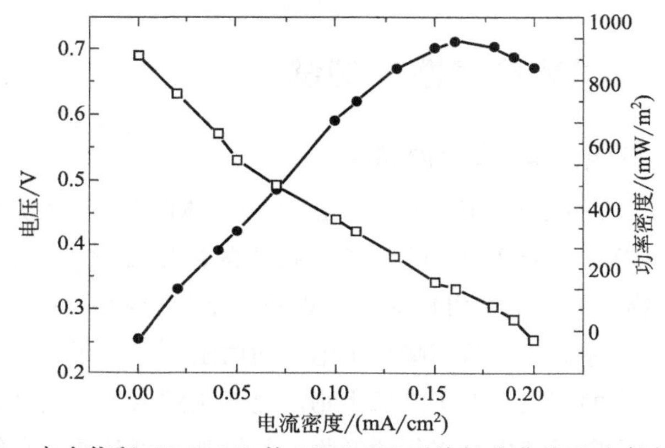

图 8.14 水力停留 HRT 24h 的 MFC-CW 系统极化曲线及功率密度曲线

随后对 HRT 为 6h 和 12h 的系统阳极及阴极极化情况进行考察，如图 8.15 所示。结果表明，系统的极化主要是阴极极化所致，阳极电化学性能相对稳定。

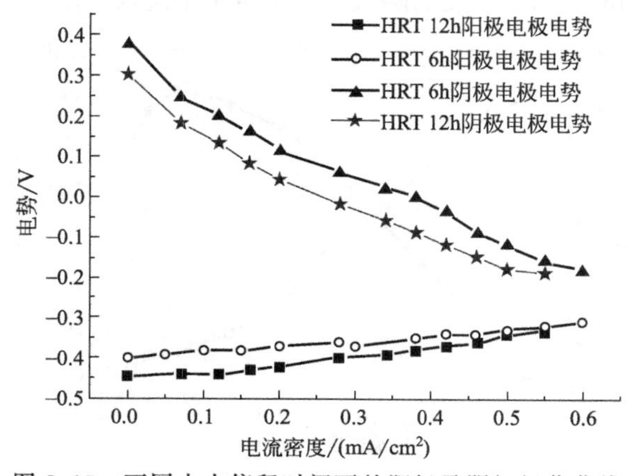

图 8.15 不同水力停留时间下的阳极及阴极极化曲线

8.3.6.2 COD去除率

图8.16反映了系统在不同水力停留时间（HRT）下COD去除率的变化情况。由图可知，HRT为6h时，系统对COD的去除效果最差；HRT为12h时，系统对COD的去除率显著增加，最高去除率达到88.3%；HRT为24h时，系统对COD的去除效率有所降低；水力停留时间为48h时，系统对COD的去除效果最好，最稳定，去除率为93.8%。Zhang[22] 通过在城市污水厂中设置管式MFC实现HRT为11h时COD去除率达到65%～70%。Zhao等[23] 的研究结果表明，MFC-CW系统对猪场废水COD的去除率平均可达71.5%。Fang等[24] 用葡萄糖作为碳源的MFC-CW系统对COD的去除率最高可达85.65%。本章方法COD去除率高于第7章只用MFC进行污水处理的方法。

实验结果表明，当HRT较短时，吸附在生物膜上的有机物还未来得及被降解即被带出系统，生化反应不充分，COD去除率较低。随着HRT的延长，基质对污水中有机物的截留、产电菌对污水中溶解性有机物的直接利用产电、基质上微生物对截留在基质上的有机物的生物降解共同作用，实现系统对COD去除率的显著提升。继续延长HRT，易引起系统污水滞留和厌氧区的扩大，使得来自湿地系统的生物降解效率降低，COD去除率随之降低。随后随着HRT的继续延长，系统中单位时间内通过的有机物含量减少，原水中可被产电菌优先利用的溶解性有机物已不能为产电菌提供充足的“燃料”，此时由于较长的HRT导致系统厌氧区的扩大，截留在基质上的有机物及可沉降颗粒在厌氧菌的作用下水解为小分子有机物，这些中间产物为产电菌所利用作为“燃料”将其转化为电子、质子和二氧化碳，因此系统COD去除率有所升高。

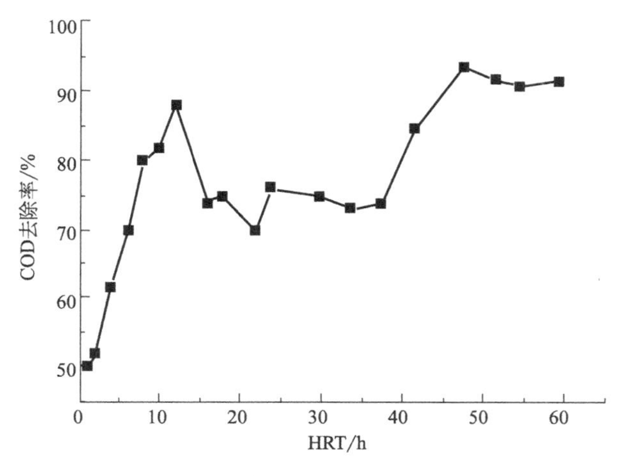

图8.16 COD去除率随水力停留时间变化情况

8.3.6.3 对 NH_4^+-N 的去除

图 8.17 反映了在不同 HRT 下系统对污水中 NH_4^+-N 的去除效果。随着 HRT 的延长，NH_4^+-N 的去除率呈现先升高后下降的趋势，当 HRT 为 12h 的时候 NH_4^+-N 去除率最佳，达到 48%。在较短的 HRT 下，吸附在生物膜上的 NH_4^+-N 还未来得及反应充分便被带出系统，出水 NH_4^+-N 浓度较高。随着 HRT 的延长，系统对 NH_4^+-N 的去除效果增强，出水 NH_4^+-N 浓度降低。系统中 NH_4^+-N 的去除主要通过湿地系统和产电系统共同完成。湿地植物通过根系向根际释放氧，使根际形成了一个适宜好氧微生物生长繁殖的小环境，而离根际较远的基质处于缺氧或厌氧状态，使得 MFC-CW 系统内部存在许多好氧、缺氧和厌氧区，使得硝化和反硝化作用在 MFC-CW 系统可以同时发生。反硝化菌在脱氮时需要补充碳源，能直接去除一部分有机物，因此当 HRT 为 12h 时，系统 COD 和 NH_4^+-N 的去除率同时达到最大值。

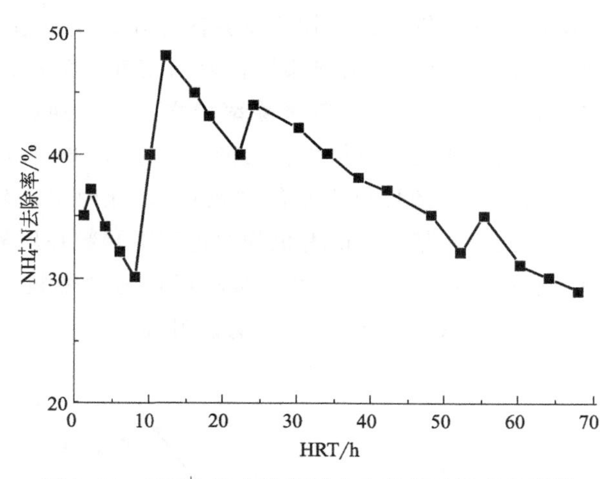

图 8.17 NH_4^+-N 去除率随水力停留时间变化情况

8.3.6.4 对悬浮物的去除率

图 8.18 反映了在不同 HRT 下系统对污水中悬浮物（SS）的去除效果。随着 HRT 的延长，系统对 SS 的去除率明显提高，最高去除率可达 98.2%。单独的 MFC 系统对生活污水 SS 的去除率仅为 50%左右[19]，Zhao 等[23] 以猪场废水为底物的 MFC-CW 对 SS 的去除率为 92.92%±7.91%，因此 MFC-CW 系统对污水中 SS 具有较高的去除效果。MFC-CW 系统对 SS 的去除主要通过以下途径：首先植物的机械阻挡作用使污水流速减缓，便于悬浮物的沉降，污水流经基

质表面和缝隙时，通过基质的过滤、吸附、沉积、离子交换作用将不可溶及胶体类颗粒物很快地截留下来（添加介孔二氧化硅/Fe_3O_4 作为基质，增加悬浮物、有机质、重金属等的吸附），然后被微生物分解利用；可溶性有机物则通过植物根系及基质表面生物膜和阳极微生物的吸附、吸收并在微生物的代谢作用下降解去除，实现系统对 SS 的去除[25,26]。

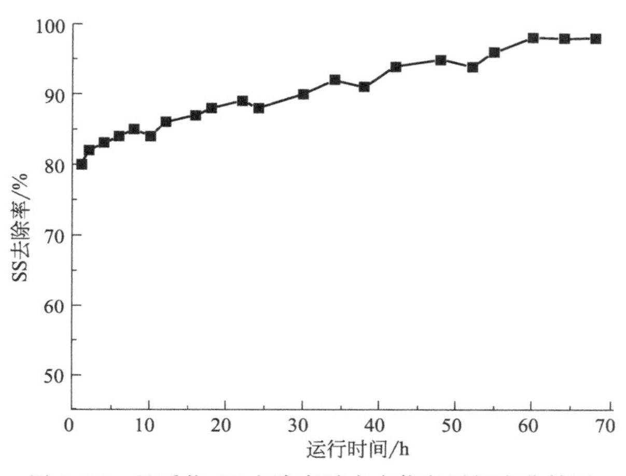

图 8.18 悬浮物 SS 去除率随水力停留时间变化情况

8.4 结论

Fe_3O_4@SiO_2/MWCNT/PPy 修饰石墨毡作为阳极时，MFC 最大功率密度为 2583mW/m^2。利用 MFC-CW 系统处理生活污水，采用 Fe_3O_4@SiO_2/MWCNT/PPy 修饰石墨毡电极作为阳极，填料中加入 SiO_2@Fe_3O_4 纳米材料，结果显示污水处理效果较好：COD 去除率为 93.8%，NH_4^+-N 去除率最佳达到 48%，SS 去除率可达 98.2%，最大功率密度为 3067mW/m^2。当 HRT 为 12h 时，该系统可获得较好的污染物去除率，明显低于普通人工湿地 2d 的水力停留时间。MFC-CW 系统对污水的净化主要是通过植物和基质对污水中污染物的吸附截留、产电菌对污水中溶解性有机物的直接利用产电、基质上微生物对附着在生物膜上的污染物生物降解共同作用。由于产电菌的存在，加速了人工湿地系统污染物的降解；同时，由于湿地植物的存在，降低了生物产电系统的内阻。

参考文献

[1] Asheesh K Y, Purnanjali D, Ayusman M, et al. Performance assessment of innovative constructed wetland-microbial fuel cell for electricity production and dye removal [J]. Ecological Engineering, 2012, 47: 126～131.

[2] Zhao Y, Sean C, Mark P, et al. Preliminary investigation of constructed wetland incorporating microbial fuel cell: Batch and continuous flow trials [J]. Chemical Engineering Journal, 2013, 229: 364～370.

[3] Villasenor J, Capilla P, Rodrigo M A, et al. Operation of a horizontal subsurface flow constructed wetland Microbial fuel cell treating wastewater under different organic loading rates [J]. Water research, 2013, 47: 6731～6738.

[4] 李先宁，宋海亮，项文力，等. 微生物燃料电池耦合人工湿地处理废水过程中的产电研究 [J]. 东南大学学报，2012，28 (2)：175～178.

[5] Kim S I, Lee J W, Roh S H. Performance of polyacrylonitrile-carbon nanotubes composite on carbon cloth as electrode material for microbial fuel cells [J]. Journal of Nanoscience and Nanotechnology, 2011, 11 (2): 1364～1367.

[6] Kim S I, Roh S H. Multiwalled carbon nanotube/polyarcylonitrile composite as anode material for microbial fuel cells application [J]. Journal of Nanoscience and Nanotechnology, 2010, 10 (5): 3271～3274.

[7] Qiao Y, Li C M, Bao S J, et al. Carbon nanotube/polyaniline composite as anode material for microbial fuel cells [J]. Journal of Power Sources, 2007, 170 (1): 79～84.

[8] Zou Y, Xiang C, Yang L, et al. A mediatorless microbial fuel cell using polypyrrole coated carbon nanotubes composite as anode material [J]. International Journal of Hydrogen Energy, 2008, 33 (18): 4856～4862.

[9] Manzella M P, Reguera G, Kashefi K. Extracellular electron transfer to Fe(Ⅲ) oxides by the hyperthermophilic archaeon Geoglobus ahangari via a direct contact mechanism [J]. Applied and Environment Microbiology, 2013, 79 (15): 4694～4700.

[10] Zhang W, Li X, Zou R, et al. Multifunctional glucose biosensors from Fe_3O_4 nanoparticles modified chitosan/graphene nanocomposites [J]. Scientific Reports, 2015, 5: 1～9.

[11] Huang S, Gu L, Zhu N, et al. Heavy metal recovery from electroplating wastewater by synthesis of mixed-Fe_3O_4@SiO_2/metal oxide magnetite photocatalysts [J]. Green Chemistry, 2014, 16 (5): 2696～2705.

[12] Bock D C, Kirshenbaum K C, Wang J, et al. 2D cross sectional analysis and associated electrochemistry of composite electrodes containing dispersed agglomerates of nanocrystalline magnetite Fe_3O_4[J]. ACS Applied Materials & Interfaces, 2015, 7 (24): 13457～13466.

[13] Peng X, Yu H, Wang X, et al. Enhanced performance and capacitance behavior of anode by rolling Fe_3O_4 into activated carbon in microbial fuel cells [J]. Bioresource Technology, 2012, 121: 450～453.

[14] Ji J, Jia Y, Wu W, et al. A layer-by-layer self-assembled Fe_2O_3 nanorod-based composite multilayer film on ITO anode in microbial fuel cell [J]. Colloids and Surfaces A: Physicochemical and Engineering Aspects, 2011, 390 (1-3): 56～61.

[15] Wang P, Li H, Du Z. Deposition of iron on graphite felts by thermal decomposition of Fe $(CO)_5$ for anodic modification of microbial fuel cells [J]. International Journal of Electrochemical Science, 2013, 8 (4): 4712～4722.

[16] Park I H, Christy M, Kim P, et al. Enhanced electrical contact of microbes using Fe_3O_4/CNT nanocomposite anode in mediator-less microbial fuel cell [J]. Biosensors and Bioelectronics, 2014, 58: 75～80.

[17] Park I H, Kim P, Kumar G G, et al. The influence of active carbon supports toward the electrocatalytic behavior of Fe_3O_4 nanoparticles for the extended energy generation of mediatorless microbial fuel cells [J]. Appl Biochem Biotechnol, 2016, 179: 1170～1183.

[18] 国家环境保护总局. 水和废水监测分析方法（第4版）[M]. 北京：中国环境科学出版社，2002.

[19] 李永舫. 从导电聚吡咯到共轭聚合物光伏材料——我在中科院化学所30年共轭高分子研究历程 [J]. 高分子通报，2016，9：10～26.

[20] Karathanasis A D, Potter C L, Coyne M S. Vegetation effects on fecal bacteria, BOD, and suspended solid removal in constructed wetlands treating domestic wastewater [J]. Ecological Engineering, 2003, 20 (2): 157～169.

[21] Leropoulos L, Winfield J, Greenman J. Effects of flow-rate, in oculum and time on the internal resistance of microbial fuel cells [J]. Bioresource technology, 2010, 101 (10): 3520～3525.

[22] Zhang F, Ge Z, Grimaud J, et al. Long-Term Performance of Liter-Scale Microbial Fuel Cells Treating Primary Effluent Installed in a Municipal Wastewater Treatment Facility [J]. Environ Sci Technol, 2013, 47 (9): 4941～4948.

[23] Zhao Y, Sean C, Mark P, et al. Preliminary investigation of constructed wetland incorporating microbial fuel cell: Batch and continuous flow trials [J]. Chemical Engineering Journal, 2013, 229: 364～370.

[24] Fang Z, Song H L, Cang N, et al. Performance of microbial fuel cell coupled constructed wetland system for decolorization of azo dye and bioelectricity generation [J]. Bioresource technology, 2013, 144: 165～171.

[25] 张永勇，张光义，夏军，等. 湿地污水处理机理的研究 [J]. 环境科学与技术，2005，28（6）：165～167.

[26] 杨芳，李兆华，肖本益. 微生物燃料电池内阻及其影响因素分析 [J]. 微生物学通报，2011，38（7）：1098～1105.